三维光场偏振理论及应用

Polarization Theory for Three-Dimensional Light Field and Its Applications

刘智颖　贺文俊　付跃刚　著

科学出版社

北　京

内 容 简 介

本书首先介绍了偏振光学技术的产生、发展以及目前偏振光学理论的前沿应用领域和研究动态。其次介绍了传统偏振光追迹的基本方法和偏振像差的基础理论,详细论述了三维相干光场的偏振特性计算方法,并深入研究了其在角锥棱镜偏振特性分析、激光通信链路光学保偏衰减器、深紫外光刻投影物镜等工程领域的实际应用。再次针对部分相干光场自身的光学特性,研究了部分相干光场的三维偏振理论的数学模型和数值仿真,并探讨了其在实际工程中的应用。最后结合科研和工程实际,对三维偏振理论及其应用进行了简要介绍。

本书可作为从事光学工程领域科研人员的参考资料,也可作为高等院校、科研院所的光学、光学工程、光信息科学与技术等专业的研究生教材。

图书在版编目(CIP)数据

三维光场偏振理论及应用/刘智颖,贺文俊,付跃刚著.—北京:科学出版社,2020.12
ISBN 978-7-03-063957-8

Ⅰ.①三… Ⅱ.①刘…②贺…③付… Ⅲ.①光—偏振 Ⅳ.①O436.3

中国版本图书馆 CIP 数据核字(2019) 第 287677 号

责任编辑:刘凤娟 郭学雯/责任校对:杨 然
责任印制:赵 博/封面设计:无极书装

科 学 出 版 社 出版
北京东黄城根北街 16 号
邮政编码:100717
http://www.sciencep.com

涿州市般润文化传播有限公司印刷
科学出版社发行 各地新华书店经销
*
2020 年 12 月第 一 版 开本:720 × 1000 B5
2025 年 2 月第三次印刷 印张:13 1/4
字数:260 000
定价:96.00 元
(如有印装质量问题,我社负责调换)

前　　言

　　偏振特性是光携带信息的又一理想载体，这为人们利用偏振光开展成像、探测、目标识别等研究提供了可能。近年来，随着椭偏测量术、偏振全息术、偏振成像探测、仿生偏振光学、涡旋光学以及奇异光学等新兴现代光学技术的发展，人们对光的矢量性质的研究越来越深入，偏振光学逐渐成为一个倍受关注的光学领域。

　　对光场偏振特性的准确掌握是有效利用偏振信息的前提，研究发现，很多光学系统都是偏振敏感的，特别是具有高数值孔径、高集成度、非近轴运用等特点的高性能光学系统。在这些系统的性能评估中，必须考虑光的矢量性，因为偏振像差将会影响光学成像质量以及聚焦光斑的能量分布等，这也是利用径向偏振光束能够实现超衍射极限聚焦的原因。需要注意的是，考虑光的偏振特性，光场与光学系统之间的相互作用分为两个方面：① 光学系统对入射偏振光束的偏振特性的影响和调制作用；② 入射光的偏振特性对光学系统性能的影响作用。这两个方面代表了现代光学技术对未来高性能光学系统的设计要求，这意味着对光学系统成像质量等技术指标的精确定量分析必须将光场的偏振特性作为主要因素来考虑，即在严格的矢量波衍射理论框架下去建立和发展光学系统的完全矢量化模型。

　　但是，光线追迹过程中的完全矢量化导致传统的偏振分析方法不能适用于三维光场。因为对于高数值孔径显微镜下的聚焦场、辐射光源的近场、隐失波、横向磁致导波等三维光场，每条光线的传播矢量都各不相同，光场的传播不再满足傍轴传输条件。而传统的偏振计算方法所涉及的电场矢量都是在与传播矢量垂直的二维横截面上定义的，这使得每条光线的偏振追迹计算并不在同一个坐标系中，这样会导致分析过程十分复杂且误差较大。关于三维光场偏振理论的研究在国内外都刚刚起步，理论体系还不完整。分析方法的不完善限制了人们精确地分析三维光场的偏振特性演化、优化设计高性能光学系统、研究三维非均匀偏振光场与光学系统的相互作用等。

　　本书针对目前偏振光学技术亟须相关理论作为支撑的现状，分别从琼斯矩阵和相干矩阵在三维空间的推广出发，以三维相干光场的偏振理论和三维部分相干光场的偏振算法为主线开展了相关理论研究，初步构建了三维光场的偏振理论体系。并以三维光场的偏振理论体系为基础，深入研究了角锥棱镜的偏振特性，研制了激光通信链路光学保偏衰减器，分析了深紫外光刻投影物镜的三维偏振像差，研究了基于双延迟器级联系统的矢量光场调控方法，探讨了浸液式高倍显微物镜的偏振特性，以这些应用实例验证了三维偏振理论体系的有效性。

　　在三维相干光场的偏振理论方面，首先，针对三维相干光场，将琼斯矢量推广到三维空间，研究了三维偏振态的琼斯表示方法。三维偏振态不仅包含了光场矢量的偏振椭圆信息，同时也表征了光场传播的方向特性。其次，推导出三维偏振光追迹中三维琼斯矩阵的数学模型，各光学界面的三维琼斯矩阵不仅取决于光学界面的相关物理特性，还依赖光线的传播矢量。再次，给出了基于三维琼斯矩阵的二向衰减系数和相位延迟量的计算方法，并讨论了这两个偏振参量在光学系统中传播的一般规律，利用三维相位延迟空间解释了相位延迟的包裹现象，并进一步推导出相位延迟解包裹的数学方法。基于三维琼斯矩阵将偏振像差函数拓展到三维空间，推导出了三维偏振像差函数的数学模型，构建了三维偏振像差理论。最后，以角锥棱镜的偏振特性、激光通信链路光学保偏衰减器、深紫外光刻投影物镜的三维偏振像差、基于双延迟器级联系统的矢量光场调控方法等几个光学实例，详细阐述了三维相干光场的偏振理论的实际应用。

　　在三维部分相干光场的偏振理论方面，首先，从所包含光波光信息的维度出发，基于三维相干矩阵 (9×9) 构造了一种适用于表征所有三维偏振光场的 9×1 相干矢量，并基于盖尔曼基底矩阵推导得出了 9×1 相干矢量与三维斯托克斯矢量之间的内在关系；其次，基于矢量斯涅耳定律以及薄膜特征矩阵法，针对不同面型以及镀制不同薄膜的光学界面提出了一套偏振矢量光线追迹理论，可定量求得三维偏振光场与光学界面之间的偏振作用；最后，利用全局坐标系与局部坐标系的旋转变换，进一步推导得出了全局坐标系下光学元件/系统三维相干转换矩阵 (9×9) 的计算方法。在此基础之上，结合 9×1 相干矢量与三维斯托克斯矢量之间的内在关系，推导了由三维相干转换矩阵向三维缪勒矩阵 (9×9) 的转换关系。并针对所设计的浸液式高倍显微物镜的偏振特性进行了研究，主要考察上述浸液式高倍显微物镜在中心视场和边缘视场对入射光线的偏振改变作用。对于高数值孔径 (NA) 和大视场的光学系统而言，其系统的工作性能对偏振极其敏感，在设计阶段应综合考虑偏振的影响或对已完成像差校正的光学系统的偏振特性进行偏振定标，进而实现偏振补偿以保证光学系统的高工作性能。

　　本书研究的内容对解决偏振光学领域的一些前沿问题，如精确掌握和分析三维相干光场偏振态的非均匀分布及其演化规律，研究偏振效应对涡旋光束的紧聚焦特性的影响、三维相干光场与光学系统的相互作用机理，以及优化设计高性能光学系统等科学问题，都具有一定的理论价值和指导意义。

　　本书在形成过程中，得到了所在科研团队的大力协助，在此向他们表示衷心的感谢！由于作者水平有限，不妥之处在所难免，敬请使用本书的广大教师和读者批评指正。

目　　录

第1章 绪 论

偏振特性是光作为电磁波除了光强、相位、光谱等特性之外的重要属性，主要包含光的偏振态和偏振度两个方面，表征了光的矢量性。然而，考虑光的矢量性质会导致很多光学问题的处理变得非常复杂，为了简化分析，人们通常忽略光的偏振特性而把光当作标量波来处理。例如，在处理衍射积分的简单解析形式、平面屏的二维衍射、光在介质上的散射等边界条件问题时，都仅用一个光电场分量代表光扰动而忽略电磁波的矢量性 [1]。这种简化在某些场合有助于研究和探讨相关问题的物理本质，避免复杂的数学细节，从而得出比较整齐、解析的结果，但与此同时也丢失了大量的与光矢量属性相关的信息 [2]。

现代光学技术是人们利用光的某种本质属性 (如光强、相位、光谱等) 作为信息的载体而发展出来的，而这些本质属性都可以携带光传播过程中或传播路径上目标和环境的信息而成为某种测量、成像、探测和目标识别的工具。事实上，光波不仅具有时间特性、空间特性、光谱特性，而且具有偏振特性，即光束的偏振空间分布。偏振特性也是光波携带信息的一种理想载体，原因如下 [3]。

(1) 偏振特性在光传播过程中能够被调制而加载目标或环境的信息。

例如，在宇宙微波背景辐射中显示出一定规律的偏振分布 [4]，其反映了宇宙演化过程的相关信息；此外，天空背景中也存在呈规律分布的偏振图样 [5,6]，反映出光在大气中的多次散射。

(2) 表征偏振特性的一些物理参量满足一定的传播方程 [7]。

例如，光束的偏振度和偏振态等参量会随着光的传播而满足一定的演化规律，我们可以根据这些规律反演出光在传播过程中所受到的调制或变换作用，从而预测光束偏振状态的时空分布。

(3) 偏振特性的改变与光传播路径中媒介的几何形状、光学性质、空间分布、时域特性 [8] 等因素有密切关系。

光传播路径中不同媒介的几何性质、光学特性、物理属性、时空分布等都各不相同，其对光束偏振特性的改变也存在着较大的差异，这正是利用偏振光进行成像、探测和目标识别的理论基础。

相对于光强、光谱、相位等光学参数，偏振特性作为信息载体的优越性体现在它是电磁场性质更全面、更深层次的描述，对偏振特性的提取实际上是对表征电磁场性质的多个自由度的综合利用 [3]。表 1.1 给出了一些现有光学技术中光携带的信息量与利用光的自由度数量的关系, 可以看出, 利用光的自由度数量越多, 光作为信息的载体所携带的信息量越大。

表 1.1 光携带的信息量与利用光的自由度数量的关系

现代光学技术	携带信息	自由度数量	技术特征
黑白照相	光强	一个实数	二维灰度图像
彩色照相	光强 + 光谱	两个实数	二维彩色图像
全息成像	光强 + 相位	一个复数	三维图像
矢量图技术	光矢量	两个复数	矢量图像
激光干涉术	相位	一个复数	干涉条纹和纳米级波前测量
白光干涉术	相位 + 光谱	一个复数和一个实数	小尺度物体表面形貌测量
偏振成像	偏振度和偏振态	一个实数和两个复数	复杂背景下弱小目标探测
缪勒成像	对偏振输入的完全响应	16 个缪勒矩阵元素	区分材质、形状等物理特征

1.1 偏振光学的应用领域

当涉及光波的偏振性问题时, 将光当作标量波来处理已经无法满足人们对光的矢量性的研究, 人们不得不在矢量波衍射理论体系下去重新认识光的偏振性质, 并进一步利用光场的偏振特性。很多现代光学技术的突破证明, 对光的偏振特性的研究为光学技术的发展和应用提供了丰富的自由度, 在解决很多瓶颈问题上取得了立竿见影的效果。人们利用光的偏振性质而发展的光学技术主要包含偏振成像探测、矢量光场调控、椭偏测量技术、仿生偏振光导航、生物医学诊断、量子计算和量子通信等。

1.1.1 偏振成像探测

任何目标在反射和发射电磁辐射的过程中都会表现出由它们自身特性和光学基本定理所决定的偏振特性, 偏振成像技术将图像的信息从三维 (光强、光谱、空间) 扩展到更多维 (光强、光谱、空间、偏振度、偏振方位角、偏振椭率)。它提供了通过普通成像探测技术所无法获得的有关目标反射或辐射光的偏振信息, 得到的偏振图像提供了比普通的强度图像和光谱图像更加丰富的关于场景或环境的信息。主要应用领域如下所述。

(1) 天文探测 (行星表面土壤和大气探测 [9], 恒星、行星以及星云状态, 如图 1.1 所示);

(2) 大气探测 (云层空间分布、种类和高度, 大气气溶胶粒子的尺度分布, 大气风场的速度和温度);

图 1.1　X 射线偏振成像探测星云状态

(3) 地球资源调查 (偏振信息与地物目标的物理结构、化学成分、水分含量、金属含量等有关, 用于地质资源勘探、监控土壤侵蚀、研究植被生长的环境状态等 [10]);

(4) 医学诊断 (对生物组织病变前后的偏振特性进行测量、对比和分析 [11], 如图 1.2 所示);

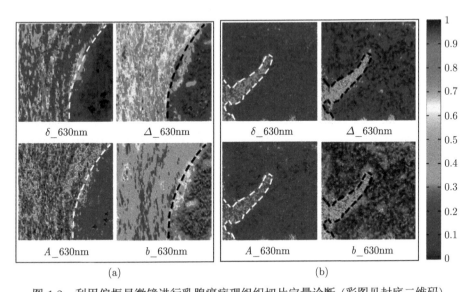

图 1.2　利用偏振显微镜进行乳腺癌病理组织切片定量诊断 (彩图见封底二维码)

(a) 乳腺原位癌；(b) 浸润性乳腺癌；δ 为相位延迟；Δ 为散射退偏；A 为二向衰减；b 为对比度

(5) 军事应用 (复杂背景下或伪装军事目标的探测和识别 [12,13](图 1.3), 海面或水下目标识别 [14](图 1.4), 烟雾气候环境下的导航);

(6) 特征识别 (指纹识别 [15]、检测材料的物理特征)。

图 1.3   对阴影区目标的长波红外偏振成像

(a) 可见光图像; (b) 红外强度图像; (c) 红外偏振图像

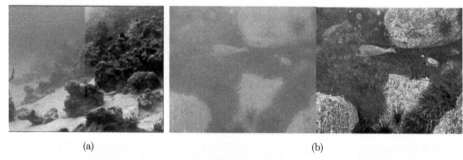

图 1.4   自然照明或全色主动照明条件下的水下目标常规成像与偏振成像

(a) 常规成像; (b) 偏振成像

1.1.2   矢量光场调控

矢量光场是指在同一时刻同一波面上偏振态分布非均匀的光场，如径向偏振光场、切向偏振光场等典型的柱对称矢量光场 [16,17]，以及具有轨道角动量和螺旋形相位分布的矢量涡旋光场 [18,19]，如图 1.5 所示。矢量光场的主要应用领域如下所述。

(1) 超分辨率光学成像。轴对称偏振光束独特的紧聚焦特性使它在超高分辨率成像技术领域有着巨大的应用潜力，比如二次谐波显微术 [20]、三次谐波显微术 [21]、暗场显微术 [22] 等。Bokor 等利用轴对称偏振光束获得了超小的球对称焦斑并成功应用于 4π 显微系统 [23,24]；Zhan 将柱矢量光束用在椭偏测量仪中来提高其空间分辨率 [25]，Sun 通过对径向偏振光束的偏振态和振幅进行调制得到了长焦深的超小焦斑 [26]。

(2) 表面等离子体激发。表面等离子体激发与入射光场的偏振态空间分布特性有着紧密关系，通过研究已经发现，当利用径向偏振光束激发轴对称的金属/介质结构时，可以获得最佳的激发效果 [27]，在生化传感、成像、粒子操控以及光刻等方面有广泛应用。

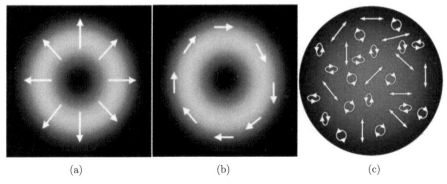

图 1.5 矢量光场

(a) 径向偏振光场; (b) 切向偏振光场; (c) 复杂偏振光场

(3) 光学微操控。利用涡旋光场的轨道角动量，运用梯度力和散射力原理实现对微粒和原子的光陷，捕获 [28,29] 和引导粒子，旋转粒子等 [30]，如图 1.6 所示。

图 1.6 利用涡旋光束对粒子进行旋转

(4) 材料加工。研究发现，在激光加工 (图 1.7) 中控制聚焦光场的强度分布以及三维偏振态是提高材料加工性能的一种有效技术手段。通过对光学系统的优化设计，可以对聚焦的轴对称偏振光束进行光束整形，从而获得平顶的光场分布，实现快速的高质量的激光切割，进一步获得更好的加工均匀性。研究发现，径向偏振或切向偏振这两种特殊的偏振态分布形式是进行材料激光加工的理想选择 [31]。

图 1.7 激光加工

1.1.3 椭偏测量技术

椭偏测量技术是研究两媒介间界面或薄膜中发生的现象及其特性的一种光学方法,其主要利用偏振光束在界面或薄膜上反射或透射时表现出来的偏振态变化,实现高灵敏度的非接触测量,已广泛应用于各种光学薄膜、纳米结构的光学常数和几何特征尺寸的快速表征及分析,主要包括以下几个方面。

(1) 半导体:介电/金属薄膜,AlGaN、ZnO 等宽禁带半导体材料。

(2) 集成电路:周期性纳米结构 (如光刻掩模光栅结构、纳米压印结构、刻蚀深沟槽结构等)。

(3) 平板显示:薄膜晶体管 (TFT)、有机发光二极管 (OLED)、量子显示板、柔性显示板多层薄膜结构。

(4) 光伏太阳能:硅、多元化合物、有机化合物、高分子聚合物等光伏薄膜材料。

(5) 新材料、新物理现象研究:材料的光学各向异性、退偏效应、电光效应等物理现象。

图 1.8 为椭圆偏振测量原理图,图 1.9 为宽光谱缪勒矩阵椭偏仪。

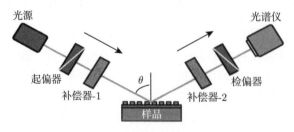

图 1.8 椭圆偏振测量原理

图 1.9 宽光谱缪勒矩阵椭偏仪

1.1.4 仿生偏振光导航

仿生偏振光导航是一种新型自主导航方法, 天空中的大气偏振模式蕴含重要的方向信息, 许多生物利用大气偏振模式来获得方向信息实现偏振光导航 (图 1.10)。例如, 沙蚁具有高度敏感的偏振视觉感知与导航功能, 通过检测大气中的偏振光

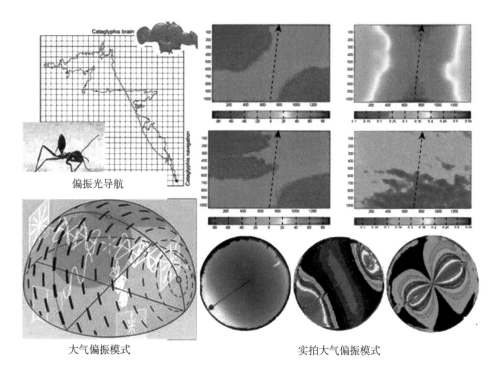

偏振光导航

大气偏振模式

实拍大气偏振模式

图 1.10 偏振光导航的大气偏振模式 (彩图见封底二维码)

确定方位信息，可以从距离巢穴数百米的地方沿直线准确返回；蜜蜂、蝴蝶等昆虫也可以通过感知天空偏振光强度和方向的分布来实现导航定位。利用具有自然属性的天空偏振光实现自主导航，对于车辆、船舶、飞行器等领域具有广泛的应用前景。

1.1.5　生物医学诊断

偏振成像是生物医学诊断的新方法，光与生物组织相互作用的方式主要为吸收和散射，在生物组织中，吸收主要是由蛋白质分子/水分子以及色素等分子引起的，而散射主要是由细胞、细胞核、线粒体、溶解酶、核糖体等结构的折射率与周围细胞液折射率的差异产生的。偏振光在生物组织中散射传播时，经历少次散射或者几乎没有散射的光子保持了原来的偏振特性，因此利用偏振成像可以保留组织浅表层的少次散射和几乎没有散射的光子的信号，从而去除组织深层的多次散射光子的信号，提高组织浅表层的对比度。另外，生物组织的微光结构和光学特性会极大地改变偏振态，利用偏振成像的方法可以获得生物浅表层的微观结构信息和光学特性。

1.1.6　量子计算和量子通信

量子计算和量子通信的编码方式通常采用偏振编码，偏振编码方式是利用光子的偏振态进行信息编码。量子态发生的改变可以使用量子计算机的语言进行描述，利用量子回路和基本的量子门实现量子的编码和操作，能够构成量子计算机的基础框架，偏振编码是研究量子计算和量子通信时最常采用的方式。

综上所述，偏振特性是光携带信息的又一理想载体，这为人们利用偏振光开展成像、探测、目标识别等研究提供了可能。近年来，随着椭偏测量术、偏振全息术、偏振成像探测、仿生偏振光学、涡旋光学以及奇异光学等新兴现代光学技术的发展，人们对光的矢量性质的研究越来越深入，偏振光学逐渐成为一个倍受关注的光学领域。

对光场偏振特性的准确掌握是有效利用偏振信息的前提，研究发现很多光学系统都是偏振敏感的，特别是具有高数值孔径、高集成度、非近轴运用等特点的高性能光学系统，在这些系统的性能评估中，必须考虑光的矢量性，因为偏振像差将会影响光学成像质量以及聚焦光斑的能量分布等，这也是利用径向偏振光束能够实现超衍射极限聚焦的原因。需要注意的是，在考虑了光的偏振特性后，光场与光学系统之间的相互作用分为以下两个方面。

(1) 光学系统对入射偏振光束的偏振特性的影响和调制作用；

(2) 入射光的偏振特性对光学系统性能的影响作用。

这两个方面代表了现代光学技术对未来高性能光学系统的设计要求，这意味着，对光学系统成像质量等技术指标的精确定量分析必须将光场的偏振特性作为主要因素来考虑，即在严格的矢量波衍射理论框架下去建立和发展光学系统的完全矢量化模型。研究发现，如果根据实际需要对入射光束的偏振特性 (如偏振椭圆、偏振度等参数的空间分布) 进行有意识的 "设计"，则能够显著地提高光学系统的性能。如何通过设计入射光束的偏振特性来最大限度地优化光学系统的性能，也是当前偏振光学技术领域中的一个研究热点。

但是，光线追迹过程中的完全矢量化导致传统的偏振分析方法不能适用于三维光场。因为对于高数值孔径显微镜下的聚焦场、辐射光源的近场、隐失波、横向磁致导波等三维光场，每条光线的传播矢量都各不相同，光场的传播不再满足傍轴传输条件。而传统的偏振计算方法所涉及的电场矢量都是在与传播矢量垂直的二维横截面上定义的，这使得每条光线的偏振追迹计算并不在同一个坐标系中，这样会导致分析过程十分复杂且误差较大。因此，从理论层面上研究三维光场的偏振特性计算方法，对于我们精确分析三维光场的偏振特性演化、优化设计高性能光学系统、研究三维非均匀偏振光场与光学系统的相互作用等都有重要的指导意义和应用价值。

1.2 研究历史和发展现状

1.2.1 偏振光计算方法的研究历史和发展现状

人们对偏振光的研究最早可以追溯到 17 世纪。哥本哈根大学的丹麦数学家 Bartholinus 最早于 1669 年发现了光在方解石晶体中的双折射现象。1690 年，荷兰物理学家惠更斯 (C. Huygens) 通过假设方解石晶体内部除了主球面波外，还存在另一个椭球面波来初步解释双折射现象；同时他发现，如果经过双折射的两个光束再次经过绕光轴方向旋转的方解石晶体，那么两种光束都会产生消光现象。在此之后的很长时间里，由于以著名英国科学家牛顿 (I. Newton) 为代表的光的微粒学说占据统治地位，对晶体中光的双折射现象的研究没有任何实质性的进展。直到 1801 年，英国物理学家托马斯·杨 (T. Young) 通过著名的杨氏双缝实验证明了光以波动的形式存在，奠定了波动光学的基础；并发现如果假设光振动既有横向分量也有纵向分量则可以解释晶体双折射现象。1808 年，法国物理学家马吕斯 (E. L. Malus) 发现了反射时光的偏振现象，并确定了偏振光强度变化的规律，即著名的马吕斯定律。1812 年，布儒斯特 (D. Brewster) 发现，当光以特定的角度 (布儒斯特角) 入射到玻璃上时，反射光经过方解石晶体后可以完全消光，并进一步研究了布儒斯特角与玻璃折射率的关系。1821 年，法国物理学家菲涅耳 (A. J. Fresnel) 和 Arago 一起研究了偏振光的干涉，确定了光的横波性；并于 1823 年发现了光的圆偏振和椭圆偏振现象, 用波动光学解释了偏振面的旋转, 以及马吕斯的反射光偏振现象和晶体双折射现象, 奠定了晶体光学的基础。

　　1852 年, 英国数学家斯托克斯 (G. G. Stokes) 引入四个可测量的参数 (即著名的斯托克斯矢量) 来表征光束的偏振态 [32], 在偏振光学中具有里程碑式的意义。自 1864 年英国物理学家麦克斯韦 (J. C. Maxwell) 建立麦克斯韦方程组, 到经典电磁理论的完善, 人们才逐渐认识到光属于电磁波, 而偏振就是电磁场的矢量特性。1892 年, 法国数学家庞加莱 (J. H. Poincaré) 研究了光波偏振态的一种几何表示法, 即庞加莱球表示法, 第一次给出了偏振态变换的直观几何表示方法 [33]。从此之后的很长时间里, 偏振光学都被认为是已经成熟的领域而没有新的发展。直到 1930 年, 美国应用数学家 Wiener 首次将光的相干理论建立在严格的统计数学基础上 [34], 人们才认识到光场矢量其实是空域和时域的随机过程。在建立了光统计理论严格的数学基础后, 光的相干性研究自然延伸到对光的偏振特性的研究上来, 并引发了研究方法的重大革新。

　　1941 年, 美国物理学家琼斯 (R. C. Jones) 提出了光束偏振态的琼斯矢量表示方法 [35], 并用 2×2 的琼斯矩阵来表示线性光学元件对光束偏振态的作用, 其意义在于用简单的矩阵方法将电磁场的矢量特性用振幅和相位的形式来表示, 可以解决偏振光束的相干性叠加等很多难题。1943 年, 美国麻省理工学院物理学教授缪勒 (H. Mueller) 在研究光的散射问题时提出了 4×4 的缪勒矩阵, 结合缪勒矩阵和斯托克斯矢量来表征部分偏振光束与偏振元件的相互作用过程, 他的学生 Perrin[36] 基于他提出的这种新的偏振光计算方法研究了乳白色介质中散射光的偏振特性。缪勒矩阵的重要意义体现在其能够用于计算偏振光束的非相干合成和退偏效应, 且其参量均可测量。1959 年, 美国物理学家 Wolf 首次将光的偏振特性的研究与光的相干性联系起来, 构造了一个 2×2 的相干矩阵 [37], 矩阵的每一个元素表示在空间域和时间域中的一点处光场矢量各垂直分量之间的相关性函数; 而相干矩阵中的每一个元素都遵守波动方程, 这使得用光场传播的方法去研究光的偏振特性成为可能。光场的相干函数, 而不是光场本身, 提供了表示偏振光学现象的可观测量。1982 年, Simon 从群论的观点出发, 给出了从非奇异的琼斯矩阵推导出缪勒矩阵的数学方程 [38]。1997 年, Han 等研究了琼斯矩阵的洛伦兹群表示形式 [39]。2000 年, Carozzi 通过对电场复振幅做傅里叶变换将相干矩阵从时间域推广到频率域, 构建了一个二阶谱密度张量来表示光场的偏振特性, 并研究了描述谱强度和圆偏振的两个谱密度斯托克斯参数 [40]。2003 年, Wolf 提出了相干偏振统一理论, 在空间–频率域构造交叉谱密度矩阵来表示随机电磁光场 [41], 进一步阐明了光的相干性和偏振特性的内在联系 [42]。2009 年, Frigo 提出了一种偏振光束传播过程中绝对相位的几何表示方法, 即四维旋转法, 并分别给出了琼斯相位空间和斯托克斯相位空间的四维旋转表示形式 [43]。2010 年, Tahir 以狄拉克矩阵为数学工具, 用相干矩阵将琼斯矢量和斯托克斯矢量联系起来,并揭示了 Wolf 矩阵与缪勒矩阵的变换关系 [44]。2011 年,美国新奥尔良大学 Azzam 教授发表了关于准单色光场的三维偏振态表示方法的论文,并研究了三维偏振态在庞加莱球上的表示,以及其与二维偏振态之间的关系 [45];2012 年,浙江大学刘超等采用光线椭圆叠加的办法来分析部分偏振光的能量传递和偏振态 [46]。

综上所述,目前传统的偏振光分析方法主要有琼斯矢量法、斯托克斯矢量法、庞加莱球表示法、相干矩阵法以及交叉谱密度矩阵法,各自特点如表 1.2 所示。Shurcliff[47]、Azzam[48] 以及 Kliger 等 [49] 都曾经研究过琼斯矢量法和斯托克斯矢量法,O'Neill[50] 和 Collett[7] 对所有的矩阵法做了比较系统和严格的讨论。Sutton和 Panati[8] 研究了很多种不同偏振光束的矢量表示和很多不同偏振元件的矩阵形式。在斯托克斯矢量法中,光束的偏振态用斯托克斯矢量来表示,该矢量的全部元素都为表示光束强度性质的实数,因此它难以处理涉及相位变化或者相干光场的合成问题。在琼斯矢量法中,由于琼斯矢量的元素为复数,包含了光束的振幅和相位特性,所以很适合处理光的相干叠加问题,但是它不能处理部分偏振光以及光束的退偏效应。

表 1.2 传统偏振光分析方法

偏振光分析方法	技术特点	优缺点
琼斯矢量法	用两个正交的电场分量来表示平面波在指定横截面上的偏振态,用 2×2 的琼斯矩阵表示线性光学元件对光束偏振态的作用	含振幅和相位信息,可解决偏振光束相干叠加问题;只适用于完全偏振光
斯托克斯矢量法	用四个可测量的光强值来表征光束偏振态,用 4×4 的缪勒矩阵来表示光学系统对偏振光的作用	可表示任意偏振状态的光束,可解决偏振光束的非相干叠加问题以及退偏效应
庞加莱球表示法	从斯托克斯参数入手,利用球极投影法,将复平面上表示偏振态的每个点都立体投影到球面上	用几何图示法来表示任意偏振态,属于直观的定性分析
相干矩阵法	用 2×2 的相干矩阵来表征光束偏振态,可观测量为光场的相干函数而不是光场本身	表征准单色平面波的偏振性与相干性,但是只包含同一时刻某一点电场矢量两个正交分量之间的相干性
交叉谱密度矩阵法	用 2×2 的交叉谱密度矩阵来表示傍轴传输的随机电磁光束的二阶相干偏振性质	在空间–频率域建立了偏振相干统一理论,可以表征部分相干、部分偏振随机电磁光束的偏振态

1.2.2 偏振像差理论的研究历史和发展现状

偏振像差的概念最早由美国亚利桑那大学的 Chipman 教授于 1987 年提出 [51],通过构建二维偏振像差函数来评价简单光学系统的偏振像差;1989 年,Chipman提出了二维偏振像差函数的二次扩展式,将偏振像差与表征波像差的泽尼克多项

式联系起来 [52]，用传统像差的概念初步解释了偏振像差的部分物理含义。1994年，McGuire 讨论了包含两种非旋转对称型光学系统的偏振像差 [53]。从 2003 年起，国内外逐步意识到偏振像差的重要性并对其展开研究：2003 年，李刚和高劲松综合论述了偏振像差理论，指出偏振是影响光学系统性能的一个重要因素 [54]；2005年，Zhang 等分析了地球资源卫星光学系统中的偏振像差 [55]；2007 年，Yamamoto 等采用泡利–泽尼克系数来表征偏振像差对高数值孔径光刻物镜成像质量的影响 [56]；2009 年，Ruoff 和 Totzeck 提出了用方向泽尼克多项式表征二向衰减像差和相位延迟的数学方法，讨论了方向泽尼克系数所表征的物理含义 [57]；2011 年，Yun 等定义了光学系统中倾斜像差的概念 [58]，并指出倾斜像差属于偏振像差中的一种，对于大视场、高数值孔径的光学系统特别需要注意减小倾斜像差；2013 年，Tu 和 Wang 根据 Hopkins 矢量部分相干成像理论分析出偏振像差对光刻投影系统中光栅图形成像质量的影响 [59]；2013 年，卢进军等分析了 Schmidt 棱镜偏振像差在自然光成像系统中对成像质量的影响 [60]。

2014 年以来，国内外对偏振像差的研究更加深入：2014 年，Jia 等讨论了一种通过调整照明光源的相干因子，来减小偏振像差对浸没式光刻投影物镜成像质量的影响的方法 [61]；Lu 等讨论了通过控制光学薄膜的反射相移来减小 Schmidt 棱镜的偏振像差的可行性 [62]。2015 年，Shang 等基于琼斯矩阵的偏振像差理论分析了由膜系引入的偏振像差对投影光刻物镜设计的影响 [63]；李旸晖等基于矢量衍射理论，研究了薄膜诱导的偏振像差对光学系统聚集光场的扰动 [64]；Xu 等提出一种能同时表征偏振像差在光学系统的光瞳与视场上分布规律的正交多项式，揭示了光刻投影物镜中偏振像差与视场的关系 [65]。2016 年，杨宇飞分析了相干激光通信系统中偏振像差对相干效率的影响 [66]。2017 年，Jota 系统论述了多层介质膜和金属膜对偏振像差的影响 [67]。

偏振光追迹的目的在于计算光束经过光学系统时偏振态的演化，分析与光学路径相关的偏振特性，如二向衰减系数和相位延迟，并评估偏振像差对光学成像的影响。通过追迹大量的序列或非序列光线，可以计算出光学系统的偏振像差，从而反馈指导光学系统的光学设计和膜系设计。在这些传统的偏振光分析方法中，庞加莱球表示法无法进行定量计算，其他的几种方法都建立在二维平面理论框架中，在傍轴传输条件下，追迹计算的结果是可以近似满足使用要求的。但是对于高数值孔径显微镜下的聚焦场、光在物质表面附近的散射场、辐射光源的近场或空间复杂光学系统中的光场等，每条光线的传播矢量都各不相同，光场的传播不再满足傍轴传输条件，在偏振光线追迹中需要考虑电磁矢量场的三个正交分量。然而传统的偏振光分析方法所涉及的电场矢量都是在与传播矢量垂直的二维横截面上定义的，即每条光线的偏振态追迹计算都位于各自的局部坐标系下，而它们的局部坐标系却各不相同，因此传统的偏振光分析方法都不能用于三维光场的偏振特性计算。

纵观国内外研究历史和发展现状，关于三维光场的偏振特性计算方法的研究在国内外都刚刚起步，理论体系还不完整。分析方法的不完善限制了人们精确地分析三维光场的偏振特性演化、优化设计高性能光学系统、研究三维非均匀偏振光场与光学系统的相互作用等关键科学问题。

参 考 文 献

[1] Born M, Wolf E. Principles of Optics. 7th ed. Cambridge: Cambridge University Press, 1999

[2] Abramowitz M, Stegun I A. Handbook of Mathematical Functions: With Formulars, Graphs, and Mathematical Tables. New York: Dover Publications Inc, 1964

[3] 辛煜. 光场偏振参量演化特性与精细结构理论研究. 南京：南京理工大学, 2010

[4] Kovac J M, Leitch E M, Pryke C, et al. Detection of polarization in the cosmic microwave background using DASI. Nature, 2002, 420(6917): 772-787

[5] Berry M V, Dennis M R, Lee R L. Polarization singularities in the clear sky. New Journal of Physics, 2004, 6(1): 162

[6] Jones R C. A new calculus for the treatment of optical systems. V. A more general formulation, and description of another calculus. J. Opt. Soc. Am., 1947, 37(2): 107-110

[7] Collett E. Polarized light: Fundamentals and applications. Optical Engineering, 1992, 1(3): 565-568

[8] Sutton M, Panati C F. Modern Optics. Clark: R. C. A. Institute, 1969: 1520-1531

[9] Jiang Z, Yao Y, Yang J, et al. K-band polarimetric imaging of S187 IR and S233. The Astronomical Journal, 2001, 122(1): 313-321

[10] Vanderbilt V C, de Venecia K J. Specular, diffuse, and polarized imagery of an oat canopy. IEEE Transactions on Geoscience and Remote Sensing, 1988, 26(4): 451-462

[11] Smith M H. Interpreting Mueller matrix images of tissues. BiOS 2001 The International Symposium on Biomedical Optics, 2001: 82-89

[12] Merino O G. Image analysis of infrared polarization measurements of landmines. Delft: Delft University of Technology, 2000

[13] Cremer F, de Jong W, Schutte K. Infrared polarization measurements and modeling applied to surface-laid antipersonnel landmines. Optical Engineering, 2002, 41(5): 1021-1032

[14] Harchanko J S, Chenault D B. Water-surface object detection and classification using imaging polarimetry. Optics & Photonics, 2005, 5888: 588815-588817

[15] El-Saba A M, Alem M S, Bal A, et al. Polarization-enhanced invariant fingerprint verification/identification system. Optics & Photonics, 2005, 5888: 588810-588815

[16] Yao A M, Padgett M J. Orbital angular momentum: Origins, behavior and applications. Advances in Optics and Photonics, 2011, 3(2): 161-204

[17] Uchida M, Tonomura A. Generation of electron beams carrying orbital angular momentum. Nature, 2010, 464(7289): 737-739

[18] Allen L, Beijersbergen M W, Spreeuw R J C, et al. Orbital angular momentum of light and the transformation of Laguerre-Gaussian laser modes. Physical Review A, 1992, 45(11): 8185-8189

[19] Mair A, Vaziri A, Weihs G, et al. Entanglement of the orbital angular momentum states of photons. Nature, 2001, 412(6844): 313-316

[20] Zayats A V, Sandoghdar V. Apertureless scanning near-field second-harmonic microscopy. Optics Communications, 2000, 178(1): 245-249

[21] Yelin D, Oron D, Korkotian E, et al. Third-harmonic microscopy with a titanium-sapphire laser. Applied Physics B, 2002, 74(1): 97-101

[22] Mehta V, Saurav K, Balachandran C. Dark ground microscopy. Indian Journal of Sexually Transmitted Diseases, 2008, 29(2): 105

[23] Bokor N, Davidson N. Toward a spherical spot distribution with 4pi focusing of radially polarized light. Optics Letters, 2004, 29(17): 1968-1970

[24] Davidson N, Bokor N. High-numerical-aperture focusing of radially polarized doughnut beams with a parabolic mirror and a flat diffractive lens. Optics Letters, 2004, 29(12): 1318-1320

[25] Zhan Q. Evanescent Bessel beam generation via surface plasmon resonance excitation by a radially polarized beam. Optics Letters, 2006, 31(11): 1726-1728

[26] Sun C, Lee J S, Zhang M. Magnetic nanoparticles in MR imaging and drug delivery. Advanced Drug Delivery Reviews, 2008, 60(11): 1252-1265

[27] Verbeeck J, Tian H, Schattschneider P. Production and application of electron vortex beams. Nature, 2010, 467(7313): 301-304

[28] Zhan Q. Trapping metallic Rayleigh particles with radial polarization. Optics Express, 2004, 12(15): 3377-3382

[29] Zhao Y, Zhan Q, Zhang Y, et al. Creation of a three-dimensional optical chain for controllable particle delivery. Optics Letters, 2005, 30(8): 848-850

[30] Kuga T, Torii Y, Shiokawa N, et al. Novel optical trap of atoms with a doughnut beam. Phys. Rev. Lett., 1997, 78(25): 4713

[31] Niziev V, Nesterov A. Influence of beam polarization on laser cutting efficiency. Journal of Physics D: Applied Physics, 1999, 32(13): 1455

[32] Stokes G G. On the composition and resolution of streams of polarized light from different sources. Transactions of the Cambridge Philosophical Society, 1852, 9: 399

[33] Poincaré J H. Théorie Mathématique de la Lumière. Paris: Gauthier-Villars, 1892: 655-663

[34] Wiener N. Generalized harmonic analysis. Acta Mathematica, 1930, 55(1): 117-258

[35] Jones R C. A new calculus for the treatment of optical systems. JOSA, 1941, 31(7): 500-503

[36] Perrin F. Polarization of light scattered by isotropic opalescent media. Journal of Chemical Physics, 1942, 10(7): 415-427

[37] Wolf E. Coherence properties of partially polarized electromagnetic radiation. Il Nuovo Cimento, 1959, 13(6): 1165-1181

[38] Simon R. The connection between Mueller and Jones matrices of polarization optics. Optics Communications, 1982, 42(5): 293-297

[39] Han D, Kim Y, Noz M E. Jones-matrix formalism as a representation of the Lorentz group. JOSA A, 1997, 14(9): 2290-2298

[40] Carozzi T, Karlsson R, Bergman J. Parameters characterizing electromagnetic wave polarization. Physical Review E, 2000, 61(2): 2024

[41] Wolf E. Unified theory of coherence and polarization of random electromagnetic beams. Physics Letters A, 2003, 312(5): 263-267

[42] Wolf E. Polarization invariance in beam propagation. Optics Letters, 2007, 32(23): 3400, 3401

[43] Frigo N J, Bucholtz F. Geometrical representation of optical propagation phase. Journal of Lightwave Technology, 2009, 27(15): 3283-3293

[44] Tahir M, Bhattacharya K, Chakraborty A. Use of Dirac matrices in polarization optics. Optik-International Journal for Light and Electron Optics, 2010, 121(20): 1840-1844

[45] Azzam R. Three-dimensional polarization states of monochromatic light fields. JOSA A, 2011, 28(11): 2279-2283

[46] 刘超, 岑兆丰, 李晓彤, 等. 关于部分偏振光能量传递和偏振态的光线椭圆分析方法. 物理学报, 2012, 61(13): 154-160

[47] Shurcliff W A. Polarized Light. Cambridge: Harvard University Press, 1962: 15-29

[48] Azzam R. Propagation of partially polarized light through anisotropic media with or without depolarization: A differential 4×4 matrix calculus. JOSA, 1978, 68(12): 1756-1767

[49] Kliger D S, Lewis J W. Polarized light in optics and spectroscopy. Salt Lake City: Academic Press, 1990: 66-68

[50] O'Neill E L. Introduction to statistical optics. New York: Courier Dover Publications, 2004: 122-143

[51] Chipman R A. Polarization aberrations. Tucson: University of Arizona, 1987

[52] Chipman R A. Polarization analysis of optical systems. Optical Engineering, 1989, 28(2): 90-99

[53] McGuire J P, Chipman R A. Polarization aberrations. 2. Tilted and decentered optical systems. Applied Optics, 1994, 33: 5101-5107

[54] 李刚, 高劲松. 光学系统的偏振像差研究. 光学技术, 2003, 29(05): 555-561

[55] Zhang Y, Li L, Huang Y, et al. Polarization aberration in resource satellite system. Photonics Asia 2004(International Society for Optics and Photonics2005), 2005: 276-283

[56] Yamamoto N, Kye J, Levinson H J. Polarization aberration analysis using Pauli-Zernike representation. Advanced Lithography(International Society for Optics and Photonics2007), 2007: 65200-65212

[57] Ruoff J, Totzeck M. Orientation Zernike polynomials: A useful way to describe the polarization effects of optical imaging systems. Journal of Micro/Nanolithography, 2009, 8(3): 031404-031422

[58] Yun G, Crabtree K, Chipman R A. Skew aberration: A form of polarization aberration. Optics Letters, 2011, 36: 4062-4064

[59] Tu Y Y, Wang X C. Polarization aberration compensation method for lithographic projection lens based on a linear model. Acta Optica Sinica, 2013, 33(6): 0622002

[60] 卢进军, 杨凯, 孙雪平, 等. Schmidt 棱镜偏振像差对成像质量的影响 [J]. 光学学报, 2013, 33(11): 54-59

[61] Jia Y, Li Y, Liu L, et al. A method for compensating the polarization aberration of projection optics in immersion lithography. 7th International Symposium on Advanced Optical Manufacturing and Testing Technologies (AOMATT 2014), 2014: 928309

[62] Lu J, Dong Q, Yang K, et al. Correction of Schmidt prism by polarizing aberration. Opto-Electronic Engineering, 2014, 41(10): 32-37

[63] Shang H B, Liu C L, Zhang W. Effects and improvements of coating induced polarization aberration on lithography lens design. Acta Optica Sinica, 2015, 35(1): 0122003

[64] 李旸晖, 郝翔, 史召邑, 等. 光学薄膜诱导偏振像差对大数值孔径光学系统聚焦特性的影响 [J]. 物理学报, 2015, 64(15): 154214

[65] Xu X R, Huang W, Xu M. Orthogonal polynomials describing polarization aberration for rotationally symmetric optical systems. Optics Express, 2015, 23(21): 27911-27919

[66] 杨宇飞, 颜昌翔, 胡春晖, 等. 相干激光通信光学系统偏振像差研究. 光学学报, 2016, 36(11): 47-54.

[67] Jota T. Polarization Aberrations of Optical Coatings. Tucson: University of Arizona, 2017

第 2 章　偏振光学基础理论

本章主要介绍一些偏振光追迹理论的基础知识和关键的物理参量，主要包括几种传统偏振光分析方法的基本理论，以及琼斯矩阵与缪勒矩阵的内在关系。

2.1　传统偏振光分析方法

描述偏振光学系统或者偏振敏感器件对光束偏振态的影响是偏振光学最基本的问题。庞加莱球作图法有助于给出对这个问题的定性了解，对于定量计算，可应用某种形式的矩阵法。矩阵法是基于偏振光束的矢量表示来进行线性变换的，其最普遍的形式是琼斯矩阵和缪勒矩阵，但是相干矩阵和交叉谱密度矩阵表示在涉及处理部分相干部分偏振光的问题中也得到普及。下面我们对庞加莱球和各种矩阵方法作简要的介绍。

2.1.1　光束偏振态的偏振椭圆表示法

由平面简谐电磁波的波动公式可以得出沿着 Z 轴方向传播的瞬时光场的两个横向正交电场分量：

$$\begin{cases} E_x(z,t) = E_{0x}\cos(\tau + \delta_x) \\ E_y(z,t) = E_{0y}\cos(\tau + \delta_y) \end{cases} \tag{2.1}$$

其中，$\tau = \omega t - \kappa z$ 为传播因子，这里 ω 为光波角频率，t 为时间，κ 为波数，z 为传播距离；下角标 x,y 分别表示 X 和 Y 方向上的分量；E_{0x} 和 E_{0y} 分别为 X 和 Y 方向上的最大振幅；δ_x 和 δ_y 分别为光场分量的初始相位。当光场沿着 Z 轴传播时，$E_x(z,t)$ 和 $E_y(z,t)$ 的合成矢量在空间中形成了一系列的点的轨迹，即光场矢量的空间轨迹。将式 (2.1) 中的三角函数进行分解可得

$$\begin{cases} \dfrac{E_x}{E_{0x}} = \cos\tau\cos\delta_x - \sin\tau\sin\delta_x \\ \dfrac{E_y}{E_{0y}} = \cos\tau\cos\delta_y - \sin\tau\sin\delta_y \end{cases} \tag{2.2}$$

因此，

$$
\begin{cases}
\dfrac{E_x}{E_{0x}} \sin \delta_y - \dfrac{E_y}{E_{0y}} \sin \delta_x = \cos \tau \sin(\delta_y - \delta_x) \\[3mm]
\dfrac{E_x}{E_{0x}} \cos \delta_y - \dfrac{E_y}{E_{0y}} \cos \delta_x = \sin \tau \sin(\delta_y - \delta_x)
\end{cases}
\tag{2.3}
$$

将式 (2.3) 中上下两项分别平方后再相加，可消去传播因子 τ：

$$
\frac{E_x^2}{E_{0x}^2} + \frac{E_y^2}{E_{0y}^2} - 2\frac{E_x E_y}{E_{0x} E_{0y}} \cos \delta = \sin^2 \delta
\tag{2.4}
$$

$$
\delta = \delta_y - \delta_x
\tag{2.5}
$$

由式 (2.4) 可知，合成振动矢量末端的运动轨迹方程是一个椭圆方程，表示在垂直于光传播方向的横截面上，光场矢量末端的运动轨迹为椭圆，且该椭圆内切于边长为 $2E_{0x}$ 和 $2E_{0y}$ 的矩形，矩形的边平行于坐标轴，如图 2.1 所示。

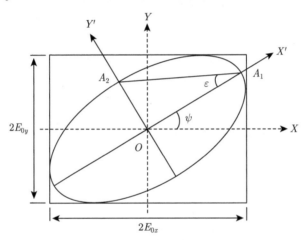

图 2.1 偏振椭圆

光场的偏振椭圆表征了光场的偏振态，即光场的矢量特性。我们通常把矢量末端运动轨迹为椭圆的光场称为椭圆偏振光。而两个频率相同、振动方向相互垂直、具有一定相位差的光波叠加，一般可以得到椭圆偏振光 [1]。

整理式 (2.4) 可得

$$
E_y = \frac{E_{0y}}{E_{0x}} E_x \cos \delta \pm \frac{E_{0y}}{E_{0x}} \sqrt{E_{0x}^2 - E_x^2} \sin \delta
\tag{2.6}
$$

可见，偏振椭圆的形状取决于两个正交电场分量的振幅比 $\dfrac{E_{0y}}{E_{0x}}$ 和相位差 $\delta = \delta_y - \delta_x$，下面我们考虑几种特殊的情况。

(1) 若 $\delta = 0$ 或 $\pm 2\pi$ 的整数倍，则式 (2.6) 简化为 $E_y = \dfrac{E_{0y}}{E_{0x}} E_x$，光场矢量末端的轨迹方程为直线方程，我们称这样的光场为线偏振光；

(2) 若 $\delta = \pm\pi$ 的奇数倍,则式 (2.6) 简化为 $E_y = -\dfrac{E_{0y}}{E_{0x}}E_x$,光场矢量末端的轨迹方程仍为直线方程,这样的光场也是线偏振光;

(3) 若 $\delta = \pm\pi/2$ 的奇数倍,且 $E_{0y} = E_{0x} = E_0$,则式 (2.6) 简化为 $E_x^2 + E_y^2 = E_0^2$,光场矢量末端的轨迹为一个圆形,我们称这样的光场为圆偏振光。

需要说明的是,椭圆偏振光或圆偏振光是有旋向的,一般分为左旋和右旋。通常规定逆着光的传播方向看,振动矢量随着传播方向顺时针旋转为右旋偏振光,此时 $\sin\delta < 0$;而振动矢量随着传播方向逆时针旋转则为左旋偏振光,此时 $\sin\delta > 0$。

如图 2.1 所示,偏振椭圆除了能用 X 和 Y 方向上电场分量的振幅比和相位差来表示外,还可以由椭圆的长半轴和短半轴的长度 A_1 和 A_2,长轴相对于 X 轴的方位角 ψ,以及椭圆的旋向来表示。两组参量之间可以通过几何关系相互转换。偏振椭圆等效于一个正椭圆方程从空间正交坐标系 X-Y 做旋转变换到新的正交坐标系 X'-Y',旋转变换的几何表示为

$$
\begin{cases}
E_{x'} = E_x \cos\psi + E_y \sin\psi \\
E_{y'} = -E_x \sin\psi + E_y \cos\psi
\end{cases}
\tag{2.7}
$$

把新的正交坐标系 X'-Y' 下的光场矢量写成式 (2.1) 的形式,则有

$$
\begin{cases}
E_{x'} = A_1 \cos(\tau + \delta') \\
E_{y'} = \pm A_2 \sin(\tau + \delta')
\end{cases}
\tag{2.8}
$$

将式 (2.6) 和式 (2.7) 代入式 (2.8),运算 [2,3] 后可得

$$
\tan 2\psi = \frac{2E_{0x}E_{0y}\cos\delta}{E_{0x}^2 - E_{0y}^2}, \quad 0 \leqslant \psi \leqslant \pi
\tag{2.9}
$$

定义椭率角 ε,且有

$$
\tan\varepsilon = \pm\frac{A_2}{A_1}, \quad -\frac{\pi}{4} \leqslant \varepsilon \leqslant \frac{\pi}{4}
\tag{2.10}
$$

当 $\varepsilon < 0$ 时,为右旋,当 $\varepsilon > 0$ 时,为左旋。定义振幅比角 α:

$$
\tan\alpha = \frac{E_{0y}}{E_{0x}}, \quad 0 \leqslant \alpha \leqslant \frac{\pi}{2}
\tag{2.11}
$$

那么,

$$
\tan 2\psi = \tan 2\alpha \cos\delta
\tag{2.12}
$$

$$
\sin 2\varepsilon = \sin 2\alpha \sin\delta
\tag{2.13}
$$

上面两个公式给出了两组椭圆参量之间的关系,如果已知一组参量则可以求得另一组参量。一般而言,由椭率角和方位角这两个参量就可以确定偏振椭圆的形

状以及在空间上的旋向, 因此它们是椭圆偏振光的两个基本参量, 并且也是在实际工作中可以直接测量的参量。值得注意的是, 椭圆偏振才是表征光场偏振态的一般形式, 线偏振和圆偏振只是椭圆偏振的特殊形式, 但是这些特殊的偏振态对研究非均匀偏振光场的偏振结构分布有重要的意义, 光场中具有线偏振态或者圆偏振态的点通常被称为偏振奇异点 [4-6]。

　　光的偏振椭圆提供了一种简单的方法来描述光场的偏振态, 但是光的频率很高 (10^{15}Hz 量级) 而无法在这么短的时间周期内测量到偏振椭圆的轨迹, 因此偏振椭圆只能反映光场在某一瞬时的特性。此外偏振椭圆只能表示完全偏振光, 而无法表示部分偏振光或者完全非偏振光, 这些缺点都限制了偏振椭圆的发展和应用。

2.1.2　斯托克斯矢量法及缪勒矩阵法

　　1852 年, 斯托克斯研究发现任意偏振光场都可以用一组可测量的参量来表示, 并引入斯托克斯矢量来表征光束的偏振态 [7]。而对于光场, 可测量的参数必须是关于时间的平均值, 那么先将式 (2.4) 所表示的瞬时光场矢量的偏振椭圆方程改写为与时间相关的函数形式:

$$\frac{E_x^2(t)}{E_{0x}^2(t)} + \frac{E_y^2(t)}{E_{0y}^2(t)} - 2\frac{E_x(t)E_y(t)}{E_{0x}(t)E_{0y}(t)}\cos\delta(t) = \sin^2\delta(t) \tag{2.14}$$

对于单色平面波, 振幅和相位在任意时间都是常数, 那么,

$$\frac{E_x^2(t)}{E_{0x}^2} + \frac{E_y^2(t)}{E_{0y}^2} - 2\frac{E_x(t)E_y(t)}{E_{0x}E_{0y}}\cos\delta = \sin^2\delta \tag{2.15}$$

对上式取时间平均:

$$\frac{\langle E_x^2(t)\rangle}{E_{0x}^2} + \frac{\langle E_y^2(t)\rangle}{E_{0y}^2} - 2\frac{\langle E_x(t)E_y(t)\rangle}{E_{0x}E_{0y}}\cos\delta = \sin^2\delta \tag{2.16}$$

$$\langle E_i(t)E_j(t)\rangle = \lim_{T\to\infty}\frac{1}{T}\int_0^T E_i(t)E_j(t)\mathrm{d}t, \quad i,j = x,y \tag{2.17}$$

式 (2.16) 的两边同时乘以 $4E_{0x}^2E_{0y}^2$, 得

$$4E_{0y}^2\langle E_x^2(t)\rangle + 4E_{0x}^2\langle E_y^2(t)\rangle - 8E_{0x}E_{0y}\langle E_x(t)E_y(t)\rangle\cos\delta = (2E_{0x}E_{0y}\sin\delta)^2 \tag{2.18}$$

利用式 (2.17) 可得

$$\langle E_x^2(t)\rangle = \frac{1}{2}E_{0x}^2, \quad \langle E_y^2(t)\rangle = \frac{1}{2}E_{0y}^2, \quad \langle E_x(t)E_y(t)\rangle = \frac{1}{2}E_{0x}E_{0y}\cos\delta \tag{2.19}$$

将式 (2.19) 代入式 (2.18), 做恒等变换可得

$$\left(E_{0x}^2 + E_{0y}^2\right)^2 - \left(E_{0x}^2 - E_{0y}^2\right)^2 - (2E_{0x}E_{0y}\cos\delta)^2 = (2E_{0x}E_{0y}\sin\delta)^2 \tag{2.20}$$

定义四个斯托克斯参数:

$$S_0 = E_{0x}^2 + E_{0y}^2 \tag{2.21}$$

$$S_1 = E_{0x}^2 - E_{0y}^2 \tag{2.22}$$

$$S_2 = 2E_{0x}E_{0y}\cos\delta \tag{2.23}$$

$$S_3 = 2E_{0x}E_{0y}\sin\delta \tag{2.24}$$

那么式 (2.20) 等效为

$$S_0^2 = S_1^2 + S_2^2 + S_3^2 \tag{2.25}$$

四个斯托克斯参数均为实数,第一个参数 S_0 表示光场的总光强;参数 S_1 表示光场中水平偏振分量与垂直偏振分量之间的强度差,当 S_1 为正值时,水平偏振分量占优势;参数 S_2 表示光场中 $+45°$ 偏振分量与 $-45°$ 偏振分量之间的强度差,当 S_2 为正值时,$+45°$ 偏振分量占优势;参数 S_3 表示右旋圆偏振与左旋圆偏振的强度差,当 S_3 为正值时,右旋圆偏振占优势。可见,四个斯托克斯参数表征的都是光强值,因此都是可观测量。

对于部分偏振光或者完全非偏振光,振幅和相位在任意时间不再是常数,而是在很短的时间内缓慢涨落,导致由式 (2.21)~ 式 (2.24) 所定义的四个斯托克斯参数在该时间内也是不断变化的。根据施瓦茨不等式 (Schwarz inequality)[2] 可以推导出,对于任意偏振光束,其斯托克斯参数都满足下式:

$$S_0^2 \geqslant S_1^2 + S_2^2 + S_3^2 \tag{2.26}$$

当上式取等号时,表示光束为完全偏振光;取大于号时,为部分偏振光或者完全非偏振光。为了量化光场的偏振程度,定义偏振度 (DoP) 来表示光场中偏振光的比重:

$$\text{DoP} = \frac{I_{\text{pol}}}{I_{\text{total}}} = \frac{\sqrt{S_1^2 + S_2^2 + S_3^2}}{S_0}, \quad 0 \leqslant \text{DoP} \leqslant 1 \tag{2.27}$$

其中,I_{pol} 为光场中偏振光的总光强;I_{total} 为光场的总光强。若 $\text{DoP} = 1$,则光束为完全偏振光;若 $0 < \text{DoP} < 1$,则光束为部分偏振光;若 $\text{DoP} = 0$,则光束为完全非偏振光。

由式 (2.9)、式 (2.13) 以及斯托克斯参数的定义可以推导出偏振椭圆参数与斯托克斯参数的关系:

$$\tan 2\psi = \frac{2E_{0x}E_{0y}\cos\delta}{E_{0x}^2 - E_{0y}^2} = \frac{S_2}{S_1} \tag{2.28}$$

$$\sin 2\varepsilon = \frac{2E_{0x}E_{0y}\sin\delta}{E_{0x}^2 + E_{0y}^2} = \frac{S_3}{S_0} \tag{2.29}$$

定义斯托克斯矢量 $\boldsymbol{S}$ 为由四个斯托克斯参数组成的一维列向量：

$$\boldsymbol{S} = \begin{bmatrix} S_0 \\ S_1 \\ S_2 \\ S_3 \end{bmatrix} = \begin{bmatrix} E_{0x}^2 + E_{0y}^2 \\ E_{0x}^2 - E_{0y}^2 \\ 2E_{0x}E_{0y}\cos\delta \\ 2E_{0x}E_{0y}\sin\delta \end{bmatrix} \tag{2.30}$$

斯托克斯矢量通常和缪勒矩阵一起使用，斯托克斯矢量表示光束的偏振态，而缪勒矩阵反映偏振器件的偏振特性。Budde[8] 由测量的傅里叶分析论证了实验测量斯托克斯矢量和其他偏振参量的方法；Ioshpa 和 Obridko[9] 提出了同时和独立测量四个斯托克斯参数的光电法，而这些斯托克斯矢量的测量方法都与缪勒矩阵紧密相关。4×4 的缪勒矩阵定义为

$$M = \begin{bmatrix} m_{00} & m_{01} & m_{02} & m_{03} \\ m_{10} & m_{11} & m_{12} & m_{13} \\ m_{20} & m_{21} & m_{22} & m_{23} \\ m_{30} & m_{31} & m_{32} & m_{33} \end{bmatrix} \tag{2.31}$$

偏振元件或者偏振光学系统对偏振光束的作用可以表示为

$$\boldsymbol{S}' = M \cdot \boldsymbol{S} \tag{2.32}$$

其中，斯托克斯矢量 $\boldsymbol{S}$ 和 $\boldsymbol{S}'$ 分别表示入射光束和出射光束的偏振态。缪勒矩阵共有 16 个元素，但是当不包含退偏效应时其中只有 7 个元素是完全独立的，此时缪勒矩阵包含一些冗余信息，但是这并不影响其准确而方便地表示偏振元件或者偏振光学系统的偏振特性。

下面给出一些常用偏振器件的缪勒矩阵形式。

(1) 理想线性偏振片，透光轴与 X 轴夹角为 θ：

$$M_{\mathrm{P}} = \frac{1}{2} \begin{bmatrix} 1 & \cos 2\theta & \sin 2\theta & 0 \\ \cos 2\theta & \cos^2 2\theta & \cos 2\theta \sin 2\theta & 0 \\ \sin 2\theta & \cos 2\theta \sin 2\theta & \sin^2 2\theta & 0 \\ 0 & 0 & 0 & 0 \end{bmatrix} \tag{2.33}$$

理想线性偏振片实际上是一种特殊的二向衰减器，而一般的二向衰减器其消光比通常不为零。假设经过二向衰减器后的光场满足

$$\begin{cases} E_x' = \gamma_x E_x \\ E_y' = \gamma_y E_y \end{cases} \tag{2.34}$$

其中, γ_x 和 γ_y 分别为光场在 X, Y 方向上的振幅衰减系数。那么二向衰减器的缪勒矩阵可以表示为

$$M_{\mathrm{A}} = \frac{1}{2} \begin{bmatrix} \gamma_x^2 + \gamma_y^2 & \gamma_x^2 - \gamma_y^2 & 0 & 0 \\ \gamma_x^2 - \gamma_y^2 & \gamma_x^2 + \gamma_y^2 & 0 & 0 \\ 0 & 0 & 2\gamma_x\gamma_y & 0 \\ 0 & 0 & 0 & 2\gamma_x\gamma_y \end{bmatrix} \quad (2.35)$$

(2) 理想线性延迟器, 快轴与 X 轴夹角为 θ, 延迟量为 δ:

$$M_{\mathrm{R}} = \begin{bmatrix} 1 & 0 & 0 & 0 \\ 0 & \cos^2 2\theta + \sin^2 2\theta \cos \delta & (1 - \cos \delta) \sin 2\theta \cos 2\theta & -\sin 2\theta \sin \delta \\ 0 & (1 - \cos \delta) \sin 2\theta \cos 2\theta & \sin^2 2\theta + \cos^2 2\theta \cos \delta & \cos 2\theta \sin \delta \\ 0 & \sin 2\theta \sin \delta & -\cos 2\theta \sin \delta & \cos \delta \end{bmatrix}$$
$$(2.36)$$

(3) 反射界面的缪勒矩阵:

$$M_{\mathrm{r}} = \frac{1}{2} \left(\frac{\tan \theta_-}{\sin \theta_+} \right)$$
$$\cdot \begin{bmatrix} \cos^2 \theta_- + \cos^2 \theta_+ & \cos^2 \theta_- - \cos^2 \theta_+ & 0 & 0 \\ \cos^2 \theta_- - \cos^2 \theta_+ & \cos^2 \theta_- + \cos^2 \theta_+ & 0 & 0 \\ 0 & 0 & -2\cos \theta_+ \cos \theta_- & 0 \\ 0 & 0 & 0 & -2\cos \theta_+ \cos \theta_- \end{bmatrix}$$
$$(2.37)$$

其中, $\theta_\pm = \theta_1 \pm \theta_2$, 这里 θ_1 为入射角, θ_2 为折射角, $n_1 \sin \theta_1 = n_2 \sin \theta_2$ 满足折射定律。

(4) 折射界面的缪勒矩阵:

$$M_{\mathrm{t}} = \frac{\sin 2\theta_1 \sin 2\theta_2}{2 (\sin \theta_+ \cos \theta_-)^2} \begin{bmatrix} \cos^2 \theta_+ + 1 & \cos^2 \theta_- - 1 & 0 & 0 \\ \cos^2 \theta_- - 1 & \cos^2 \theta_+ + 1 & 0 & 0 \\ 0 & 0 & 2\cos \theta_- & 0 \\ 0 & 0 & 0 & 2\cos \theta_- \end{bmatrix} \quad (2.38)$$

需要说明的是, 在描述折射和反射时, 缪勒矩阵是建立在菲涅耳局部坐标系中的, 即 TE(S 波) 方向和 TM(P 波) 方向分别与 X, Y 轴重合。

对比式 (2.35)、式 (2.37) 与式 (2.38) 可见, 光在电介质界面上发生反射和折射时的缪勒矩阵与二向衰减器的缪勒矩阵具有相同的形式, 也就是说反射和折射都等效于一个二向衰减器。

2.1.3　庞加莱球表示法

庞加莱球是法国数学家庞加莱于 1892 年提出的一种可表征任意偏振态的图示方法 [10]，其从斯托克斯参数入手，运用复变函数理论中的球极投影法，将复平面上表示偏振态的每个点都立体投影到球面上，这个球面即庞加莱球。

前面章节中关于瞬时光场矢量偏振椭圆的介绍，已经给出了由振幅比角 α 和相位差 δ 来计算偏振椭圆的椭率角 ε、方位角 ψ 的公式，如式 (2.12)、式 (2.13)。但是这两个公式并没有完整表达这四个参数之间的关系，完整的关系如下式：

$$
\begin{cases}
\cos 2\alpha = \cos 2\varepsilon \cos 2\psi \\
\pm \sin 2\varepsilon = \sin 2\alpha \sin \delta \\
\tan 2\psi = \tan 2\alpha \cos \delta \\
\cos 2\varepsilon = \cos 2\alpha \cos 2\psi + \sin 2\psi \sin 2\alpha \cos \delta \\
\pm \tan 2\varepsilon = \sin 2\psi \tan \delta
\end{cases}
\tag{2.39}
$$

而式中的 5 个关系式恰好与最基本的球面三角学公式 (即式 (2.40)) 有相同的形式。如图 2.2 所示，A, B, C 分别表示球面三角形的各个顶角，为角度值；a, b, c 则分别为相应顶角所对应边的弧长，其值为弧度。根据球面三角学的基本几何关系，可得出下式：

$$
\begin{cases}
\cos c = \cos a \cos b \\
\sin a = \sin c \sin A \\
\tan b = \tan c \cos A \\
\cos a = \cos b \cos c + \sin b \sin c \cos A \\
\tan a = \sin b \tan A
\end{cases}
\tag{2.40}
$$

若令 $a = 2\varepsilon$, $b = 2\psi$, $c = 2\alpha$, $A = \delta$，则式 (2.39) 与式 (2.40) 相等，这意味着定义在平面上的偏振椭圆可以等效为球面上的一个球面三角形。

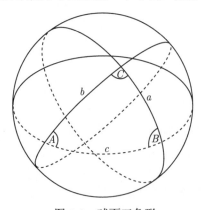

图 2.2　球面三角形

下面引入斯托克斯矢量，首先假设 $A = E_{0x}, B = E_{0y}$，那么根据式 (2.21) 可以假设斯托克斯参数 $S_0 = A^2 + B^2 + C^2$，由于振幅比角 α 满足 $\tan\alpha = E_{0y}/E_{0x}$，那么可以构造如图 2.3 所示的平面直角三角形，根据式 (2.30)，斯托克斯矢量可以改写为

$$
\boldsymbol{S} = \begin{bmatrix} S_0 \\ S_1 \\ S_2 \\ S_3 \end{bmatrix} = \begin{bmatrix} S_0 \\ S_0 \cos 2\alpha \\ S_0 \sin 2\alpha \cos\delta \\ S_0 \sin 2\alpha \sin\delta \end{bmatrix} = \begin{bmatrix} S_0 \\ S_0 \cos 2\varepsilon \cos 2\psi \\ S_0 \cos 2\varepsilon \sin 2\psi \\ S_0 \sin 2\varepsilon \end{bmatrix}
\tag{2.41}
$$

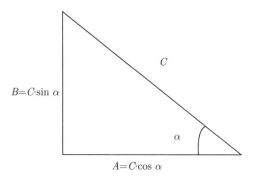

图 2.3　构造的平面直角三角形

如图 2.4 所示，如果以斯托克斯参数 S_1，S_2 和 S_3 分别作为庞加莱球的三个相互正交的笛卡儿坐标轴，那么表示光束总强度的参数 S_0，对应于庞加莱球的半径；S_1 和 S_2 在赤道面内相互垂直，S_3 指向庞加莱球的北极。式 (2.41) 表明，光束的任意偏振态都可以用庞加莱球上的点来表示。对于线偏振光，参数 $S_3 = 0$，所以线偏振由赤道面上的点表示；对于圆偏振光，参数 $S_1 = S_2 = 0$，北极点代表右旋圆偏振，而南极点代表左旋圆偏振；对于右旋偏振光，椭率 ε 为正，则赤道面以上的点表示右旋，赤道面以下的点表示左旋。庞加莱球不仅能表示光束的偏振椭圆，而且能表征光束的偏振度：庞加莱球面上的点表示光束是完全偏振的；庞加莱球内的点表示光束是部分偏振的；庞加莱球心上的点则表示光束是完全非偏振的，即自然光。

对于非消偏的偏振器件，一般只改变光束的偏振椭圆而不改变偏振度，其对偏振光的作用等效于将庞加莱球上的点绕某一过球心的轴进行旋转变换；而对于消偏振的偏振器件，不仅能改变光束的偏振椭圆，而且能改变光束的偏振度，其对偏振光的作用等效于先将庞加莱球上的点绕某一过球心的轴进行旋转变换，然后沿着该轴进行压缩变换，即缩小庞加莱球的半径。

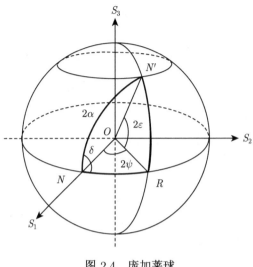

图 2.4   庞加莱球

庞加莱球能形象而简单地说明偏振元件对光束偏振态的作用。Shurcliff[11]、Ramachandran 等 [12] 以及 Jekrard 等 [13] 都曾研究过庞加莱球表示法。庞加莱球表示法的主要优点在于，能够在非常复杂的方程式中用最重要的物理量来表示哪些项是可以忽略的，或者经过改进实验后能够加以忽略。庞加莱球可以直接给出关于偏振态的基本问题，例如，延迟器 (波片) 对偏振态的改变，方法如图 2.4 所示：先取庞加莱球上的点 N 来表示入射光的偏振态，点 R 与延迟器的快轴对应，以经过点 R 和球心的直线为转轴，将点 N 顺时针旋转作圆弧，旋转角度为波片的延迟量，那么圆弧终点 N' 即出射光束的偏振态。当入射光是圆偏振光时，经过 1/4 波片，等效于将极点绕着赤道内过球心的轴旋转 90°，其圆弧终点必定位于赤道上，所以任意方位角的 1/4 波片都能把圆偏振光变成线偏振光。庞加莱球还可以方便地用于选择合适的偏振元件，以获得预期的偏振态，因为这只不过是已知起点和终点，求合适的路径而已。

2.1.4   琼斯矢量法及琼斯矩阵法

琼斯矢量是偏振分析中表示偏振态最常用的方法之一，它用两个正交的电场分量来表示平面电磁波在指定横截面上的偏振态：

$$\boldsymbol{E} = \left[\begin{array}{c} E_x \\ E_y \end{array} \right] = \left[\begin{array}{c} E_{0x}\mathrm{e}^{\mathrm{i}\delta_x} \\ E_{0y}\mathrm{e}^{\mathrm{i}\delta_y} \end{array} \right] \tag{2.42}$$

式中，E_x 和 E_y 为复振幅 [14]；X-Y 为指定横截面上的笛卡儿坐标系。若单色平面波的传播方向与指定的横截面不垂直，那么 X-Y 为局部坐标系。为计算简便，我

们通常使用归一化的琼斯矢量。光场的总光强为

$$I = E_x E_x^* + E_y E_y^* \tag{2.43}$$

其中,"*"表示矢量的复共轭。电场矢量 $\boldsymbol{E}$ 的共轭转置可以表示为

$$\boldsymbol{E}^\dagger = \begin{bmatrix} E_x^* & E_y^* \end{bmatrix} \tag{2.44}$$

那么式 (2.43) 可以改写为矢量相乘的形式:

$$
\begin{aligned}
I &= \boldsymbol{E}^\dagger \cdot \boldsymbol{E} = \begin{bmatrix} E_x^* & E_y^* \end{bmatrix} \cdot \begin{bmatrix} E_x \\ E_y \end{bmatrix} \\
&= E_{0x}^2 + E_{0y}^2 = E_0^2
\end{aligned}
\tag{2.45}
$$

将总光强单位化,则得出琼斯矢量的归一化条件:

$$\boldsymbol{E}^\dagger \cdot \boldsymbol{E} = E_0^2 = 1 \tag{2.46}$$

归一化的琼斯矢量表示为

$$\boldsymbol{E} = \frac{E_{0x}}{E_0} \begin{bmatrix} 1 \\ \alpha_0 e^{i\delta} \end{bmatrix} \tag{2.47}$$

其中,$\alpha_0 = E_{0y}/E_{0x}$ 为 X, Y 两个方向的振幅比;$\delta = \delta_y - \delta_x$ 为相位差。

琼斯矢量描述了电场矢量在指定横截面上两个正交方向上的投影分量,以及它们之间的相对相位,能够表征完全偏振光束的任意偏振状态。在线性光学范畴内偏振元件对光束偏振态的变换作用可以用琼斯矩阵来表示[14-16]:

$$\begin{bmatrix} E_x' \\ E_y' \end{bmatrix} = \begin{bmatrix} G_{xx} & G_{xy} \\ G_{yx} & G_{yy} \end{bmatrix} \begin{bmatrix} E_x \\ E_y \end{bmatrix} \tag{2.48}$$

$$\boldsymbol{E}' = G \cdot \boldsymbol{E} \tag{2.49}$$

其中,$\boldsymbol{E}$ 和 $\boldsymbol{E}'$ 分别为入射和出射光束的偏振态;G 为 2×2 的琼斯矩阵,其矩阵元素为复数。

下面给出几种典型偏振器件的琼斯矩阵形式。

(1) 二向衰减器的琼斯矩阵为

$$G_{\mathrm{A}} = \begin{bmatrix} \gamma_x & 0 \\ 0 & \gamma_y \end{bmatrix} \tag{2.50}$$

当二向衰减器的特征方向逆时针旋转 θ 角时,

$$G_{\mathrm{A}}(\theta) = G_{\mathrm{rot}}(-\theta) \cdot G_{\mathrm{A}} \cdot G_{\mathrm{rot}}(\theta) \tag{2.51}$$

其中，$G_{\text{rot}}(\theta)$ 为旋转矩阵，表示坐标系的旋转：

$$G_{\text{rot}}(\theta) = \begin{bmatrix} \cos\theta & \sin\theta \\ -\sin\theta & \cos\theta \end{bmatrix} \tag{2.52}$$

对于理想线性偏振片，透光轴与 X 轴夹角为 θ，则 $\gamma_x = 1$，$\gamma_y = 0$：

$$G_{\text{P}} = \begin{bmatrix} \cos^2\theta & \dfrac{1}{2}\sin 2\theta \\ \dfrac{1}{2}\sin 2\theta & \sin^2\theta \end{bmatrix} \tag{2.53}$$

(2) 理想线性延迟器，快轴与 X 轴夹角为 θ，延迟量为 δ：

$$G_{\text{R}}(\delta,\theta) = \begin{bmatrix} \cos\dfrac{\delta}{2} + \mathrm{i}\sin\dfrac{\delta}{2}\cos 2\theta & \mathrm{i}\sin\dfrac{\delta}{2}\sin 2\theta \\ \mathrm{i}\sin\dfrac{\delta}{2}\sin 2\theta & \cos\dfrac{\delta}{2} - \mathrm{i}\sin\dfrac{\delta}{2}\cos 2\theta \end{bmatrix} \tag{2.54}$$

(3) 折、反射界面的琼斯矩阵：

$$G_{\text{t}} = \begin{bmatrix} t_{\text{s}} & 0 \\ 0 & t_{\text{p}} \end{bmatrix}, \quad G_{\text{r}} = \begin{bmatrix} r_{\text{s}} & 0 \\ 0 & r_{\text{p}} \end{bmatrix} \tag{2.55}$$

其中，t_{s}，t_{p} 分别为 TE 方向和 TM 方向的菲涅耳振幅透射系数；r_{s}，r_{p} 分别为 TE 方向和 TM 方向的菲涅耳振幅反射系数。

基于琼斯矢量的偏振光线追迹方法在光学设计中的应用已经有三十多年了。Knowlden 利用偏振光线追迹技术来分析由光学镀膜而引起的仪器偏振效应[17]；该方法也可用于晶体光学和光学膜层设计以及光学系统的一体化设计[18,19]；Waluschka 融合了传统的光学设计、计算机编码和光学薄膜编码来构建偏振光线追迹算法[20]；偏振光线追迹还可以用来计算光学系统的偏振像差函数[21]。目前大多数光学设计软件采用 2×2 的琼斯矩阵来表示光学元件对光线偏振态的改变，主要是因为琼斯矩阵包含了偏振光束的振幅以及相位信息，这有利于我们从理论上简单而直观地去分析光学系统的偏振特性。

2.1.5 相干矩阵法

相干矩阵主要表征了光束的相干性及矢量性，由美国物理学家 Wolf 于 1959 年提出。现在考虑一个沿着 Z 方向传播的准单色光波，假设其电场矢量在 Y 方向

上的分量相对 X 分量有一个相位延迟 ϕ，并考察与 X 轴正方向成 θ 角方向上的光强度 $I(\theta, \phi)$。观测此光强的方法是使光束通过一个取向合适的起偏器。经过相对相位延迟 ϕ 后，电场矢量在 θ 方向上的分量为

$$E(t; \theta, \phi) = E_x \cos\theta + E_y e^{i\phi} \sin\theta \tag{2.56}$$

所以光强为

$$\begin{aligned}
I(\theta, \phi) &= \langle E(t; \theta, \phi) \cdot E^*(t; \theta, \phi) \rangle \\
&= J_{xx} \cos^2\theta + J_{yy} \sin^2\theta + J_{xy} e^{-i\phi} \sin\theta \cos\theta + J_{yx} e^{i\phi} \sin\theta \cos\theta
\end{aligned} \tag{2.57}$$

式中，J_{xx}，J_{xy}，J_{yx}，J_{yy} 都是相干矩阵 J 的各个元素 [22]：

$$J = \begin{bmatrix} \langle E_x E_x^* \rangle & \langle E_x E_y^* \rangle \\ \langle E_y E_x^* \rangle & \langle E_y E_y^* \rangle \end{bmatrix} = \begin{bmatrix} \langle E_{0x}^2 \rangle & \langle E_{0x} E_{0y} e^{-i\delta} \rangle \\ \langle E_{0x} E_{0y} e^{i\delta} \rangle & \langle E_{0y}^2 \rangle \end{bmatrix} \tag{2.58}$$

可见，相干矩阵的两个对角元素是实数，分别代表 X 和 Y 方向上的光强，因此该矩阵的迹等于光场的总强度：

$$\mathrm{tr}J = J_{xx} + J_{yy} = \langle E_x E_x^* \rangle + \langle E_y E_y^* \rangle \tag{2.59}$$

其中，tr 表示矩阵的迹。两个非对角元素一般为复数，但两者互为共轭。若对混合项 J_{xy} 作归一化处理，则有

$$j_{xy} = \frac{J_{xy}}{\sqrt{J_{xx}}\sqrt{J_{yy}}} = |j_{xy}| \cdot e^{i\beta_{xy}} \tag{2.60}$$

j_{xy} 称为复相干因子，表征电场矢量在两个正交方向上的相互关联，其绝对值 $|j_{xy}|$ 度量其相干度，相位 β_{xy} 则度量两个正交分量的有效相位差 [1]。

相干矩阵不仅表征了光束的相干性，而且包含偏振度等信息，光束的偏振度可表示为

$$\mathrm{DoP} = \sqrt{1 - \frac{4|J|}{(J_{xx} + J_{yy})^2}} \tag{2.61}$$

因此，相干矩阵与斯托克斯矢量一样，能够表征部分偏振光或完全非偏振光的偏振态，它们之间有着密切的关系。式 (2.30) 是单色光场的斯托克斯矢量形式，对于准单色光场，广义的斯托克斯参数为

$$\begin{cases} S_0 = \langle E_{0x}^2 \rangle + \langle E_{0y}^2 \rangle \\ S_1 = \langle E_{0x}^2 \rangle - \langle E_{0y}^2 \rangle \\ S_2 = 2\langle E_{0x} E_{0y} \cos\delta \rangle \\ S_3 = 2\langle E_{0x} E_{0y} \sin\delta \rangle \end{cases} \tag{2.62}$$

对比式 (2.58) 与式 (2.62) 可以得到斯托克斯参数和相干矩阵元素之间的互换公式如下 [1]：

$$
\begin{cases}
S_0 = J_{xx} + J_{yy}, \\
S_1 = J_{xx} - J_{yy}, \\
S_2 = J_{xy} + J_{yx}, \\
S_3 = \mathrm{i}\left(J_{yx} - J_{xy}\right),
\end{cases}
\qquad
\begin{cases}
J_{xx} = \left(S_0 + S_1\right)/2 \\
J_{yy} = \left(S_0 - S_1\right)/2 \\
J_{xy} = \left(S_2 + \mathrm{i}S_3\right)/2 \\
J_{yx} = \left(S_2 - \mathrm{i}S_3\right)/2
\end{cases}
\tag{2.63}
$$

2.1.6　交叉谱密度矩阵法

2003 年，美国物理学家 Wolf 提出了矢量理论框架下的相干偏振统一理论，通过构建 2×2 的交叉谱密度矩阵来表征傍轴传输的随机电磁光束的二阶相干偏振性质。所谓的交叉谱密度矩阵，是由电磁场的互相干矩阵经过傅里叶变换得到的，在空间–频率域中，假设 $\boldsymbol{E}\left(r,\omega\right)$ 为频率为 ω 的光场在空间位置为 r 处的复振幅，则随机电磁光束的交叉谱密度矩阵定义为 [23]

$$
\begin{aligned}
W\left(r_1, r_2, \omega\right) &=
\begin{bmatrix}
W_{xx}\left(r_1, r_2, \omega\right) & W_{xy}\left(r_1, r_2, \omega\right) \\
W_{yx}\left(r_1, r_2, \omega\right) & W_{yy}\left(r_1, r_2, \omega\right)
\end{bmatrix} \\
&=
\begin{bmatrix}
\left\langle E_x^*\left(r_1,\omega\right) E_x\left(r_2,\omega\right)\right\rangle & \left\langle E_x^*\left(r_1,\omega\right) E_y\left(r_2,\omega\right)\right\rangle \\
\left\langle E_y^*\left(r_1,\omega\right) E_x\left(r_2,\omega\right)\right\rangle & \left\langle E_y^*\left(r_1,\omega\right) E_x\left(r_2,\omega\right)\right\rangle
\end{bmatrix} \\
&= \frac{1}{2\pi} \int_{-\infty}^{+\infty} \Gamma\left(r_1, r_2, \tau\right) \exp\left(\mathrm{i}\omega\tau\right) \mathrm{d}\tau
\end{aligned}
\tag{2.64}
$$

其中，$\Gamma\left(r_1, r_2, \tau\right)$ 为电场在时间–空间域中的互相干矩阵。根据式 (2.64) 可以计算出二维光场的光谱密度 $S\left(r,\omega\right)$、光谱相干度 $\mu\left(r_1, r_2, \omega\right)$ 以及光谱偏振度 $\mathrm{DoP}(r,\omega)$：

$$
S\left(r,\omega\right) = \mathrm{tr}W\left(r, r, \omega\right)
\tag{2.65}
$$

$$
\mu\left(r_1, r_2, \omega\right) = \frac{\mathrm{tr}W\left(r_1, r_2, \omega\right)}{\sqrt{\mathrm{tr}W\left(r_1, r_1, \omega\right)}\sqrt{\mathrm{tr}W\left(r_2, r_2, \omega\right)}}
\tag{2.66}
$$

$$
\mathrm{DoP}\left(r,\omega\right) = \sqrt{1 - \frac{4\mathrm{det}W\left(r, r, \omega\right)}{\left[\mathrm{tr}W\left(r, r, \omega\right)\right]^2}}
\tag{2.67}
$$

其中，det 表示矩阵的行列式。除了偏振度以外，光束的偏振特性的完整描述还包括偏振椭圆的各个参数。如图 2.1 所示，偏振椭圆的长半轴为 A_1，短半轴为 A_2，方位角为 ψ，Korotkova 和 Wolf[24] 给出了这些参数与交叉谱密度矩阵的关系：

$$
A_1 = \sqrt{\frac{\sqrt{\left(W_{xx} - W_{yy}\right)^2 + 4\left|W_{xy}\right|^2} + \sqrt{\left(W_{xx} - W_{yy}\right)^2 + 4\left[\mathrm{Re}\left(W_{xy}\right)\right]^2}}{2}}
\tag{2.68}
$$

$$A_2 = \sqrt{\frac{\sqrt{(W_{xx} - W_{yy})^2 + 4|W_{xy}|^2} - \sqrt{(W_{xx} - W_{yy})^2 + 4[\text{Re}(W_{xy})]^2}}{2}} \tag{2.69}$$

$$\psi = \frac{1}{2}\arctan\left[\frac{2\text{Re}(W_{xy})}{W_{xx} - W_{yy}}\right] \tag{2.70}$$

交叉谱密度矩阵与相干矩阵都能描述部分相干、部分偏振光束的偏振特性，其主要区别在于，相干矩阵在时间–空间域，而交叉谱密度矩阵在空间–频率域，是互相干矩阵的傅里叶变换。

2.2 琼斯矩阵与缪勒矩阵的内在关系

2.1 节简单介绍了现有的几种偏振光分析方法，其中琼斯矢量法和斯托克斯矢量法是目前偏振光学中最常用的两种方法。当光学系统不存在退偏效应时，琼斯矩阵和缪勒矩阵都能表征光学系统的偏振特性，那么可以确定这两种表征相同系统的不同数学方法之间必然存在某种内在联系。本节主要利用相干矩阵作为联系琼斯矢量和斯托克斯矢量的纽带，给出琼斯矩阵和缪勒矩阵的内在关系。

2.2.1 泡利自旋矩阵

泡利自旋矩阵是由泡利 (W. E. Pauli) 创立的一组 2×2 的复系数厄米矩阵，主要应用于量子力学，近年来被逐渐引入群论及矩阵光学中。需要注意的是，在不同的应用场合，不同学者对泡利自旋矩阵的选择和定义会有一些差异，本书的定义如下：

$$\sigma_0 = \begin{bmatrix} 1 & 0 \\ 0 & 1 \end{bmatrix}, \quad \sigma_1 = \begin{bmatrix} 1 & 0 \\ 0 & -1 \end{bmatrix}, \quad \sigma_2 = \begin{bmatrix} 0 & 1 \\ 1 & 0 \end{bmatrix}, \quad \sigma_3 = \begin{bmatrix} 0 & \text{i} \\ -\text{i} & 0 \end{bmatrix} \tag{2.71}$$

其中，σ_0 为单位矩阵，其他三个泡利自旋矩阵为无迹 (迹等于零) 的厄米矩阵，即 $\text{tr}(\sigma_j) = 0$，$\sigma_j^\dagger = \sigma_j (j = 1,2,3)$，且它们满足对易关系：

$$[\sigma_j, \sigma_k] = \sigma_j\sigma_k - \sigma_k\sigma_j = 2\text{i}\xi_{jkl}\sigma_l \tag{2.72}$$

$$\sigma_j\sigma_k + \sigma_k\sigma_j = 2\delta_{jk}\sigma_0 \tag{2.73}$$

其中，$\xi_{jkl} = 1$，$\xi_{lkj} = -1$ 表示循环排列，$\xi_{jlk} = 0$，这里 j,k,l 表示 1,2,3 的任意组合；δ_{jk} 为克罗内克符号：

$$\delta_{jk} = \begin{cases} 1, & j = k \\ 0, & j \neq k \end{cases} \tag{2.74}$$

此外, 泡利自旋矩阵还有以下数学性质:

$$
\begin{cases}
\sigma_j^2 = \sigma_0 \\
\operatorname{tr}(\sigma_j \sigma_k) = 2\delta_{jk} \\
\sigma_j \sigma_k = \delta_{jk}\sigma_0 + \mathrm{i}\xi_{jkl}\sigma_l
\end{cases}
\tag{2.75}
$$

2.2.2 相干矩阵的展开

式 (2.71) 所定义的泡利自旋矩阵可以构成任意一个 2×2 矩阵的基底矩阵, 因此可以对相干矩阵作如下展开:

$$
J = \begin{bmatrix} J_{xx} & J_{xy} \\ J_{yx} & J_{yy} \end{bmatrix} = \sum_{j=0}^{3} a_j \sigma_j
\tag{2.76}
$$

其中, a_j 为相干矩阵的展开系数:

$$
a_j = \frac{1}{2}\operatorname{tr}(J \cdot \sigma_j)
\tag{2.77}
$$

那么计算可得

$$
\begin{cases}
a_0 = (J_{xx} + J_{yy})/2 \\
a_1 = (J_{xx} - J_{yy})/2 \\
a_2 = (J_{xy} + J_{yx})/2 \\
a_3 = \mathrm{i}(J_{yx} - J_{xy})/2
\end{cases}
\tag{2.78}
$$

对比式 (2.63) 和式 (2.78) 可将相干矩阵改写成与斯托克斯参数有关的函数:

$$
J = \frac{1}{2}\sum_{j=0}^{3} S_j \sigma_j
\tag{2.79}
$$

其中, S_j 为斯托克斯参数。对于不包含退偏效应的光学系统, 其对光场矢量的线性变换作用可以用琼斯矩阵来表示, 见式 (2.49), 那么经过光学系统后出射光场矢量的相干矩阵为

$$
\begin{aligned}
J' &= \left\langle \boldsymbol{E}' \otimes \boldsymbol{E}'^\dagger \right\rangle = \left\langle (G\boldsymbol{E}) \otimes (G\boldsymbol{E})^\dagger \right\rangle \\
&= \left\langle G\boldsymbol{E} \otimes \boldsymbol{E}^\dagger G^\dagger \right\rangle = G \left\langle \boldsymbol{E} \otimes \boldsymbol{E}^\dagger \right\rangle G^\dagger \\
&= GJG^\dagger
\end{aligned}
\tag{2.80}
$$

这里, 符号 "⊗" 表示矩阵的克罗内克乘积。为了方便分析, 将 2×2 的相干矩阵写成列向量的形式, 称为相干矢量:

$$
\begin{aligned}
\boldsymbol{J} &= \begin{bmatrix} J_{xx} & J_{xy} & J_{yx} & J_{yy} \end{bmatrix}^{\mathrm{T}} \\
&= \left\langle \boldsymbol{E} \otimes \boldsymbol{E}^* \right\rangle
\end{aligned}
\tag{2.81}
$$

根据式 (2.79) 和式 (2.81) 可以得到相干矢量与斯托克斯矢量之间的关系:

$$\boldsymbol{S} = L \cdot \boldsymbol{J} \tag{2.82}$$

$$L = \begin{bmatrix} 1 & 0 & 0 & 1 \\ 1 & 0 & 0 & -1 \\ 0 & 1 & 1 & 0 \\ 0 & -i & i & 0 \end{bmatrix} \tag{2.83}$$

矩阵 L 的逆矩阵为

$$
\begin{aligned}
L^{-1} &= \frac{1}{2} \begin{bmatrix} 1 & 1 & 0 & 0 \\ 0 & 0 & 1 & i \\ 0 & 0 & 1 & -i \\ 1 & -1 & 0 & 0 \end{bmatrix} \\
&= \frac{1}{2} L^\dagger
\end{aligned} \tag{2.84}
$$

考虑矩阵的克罗内克乘积的一些数学特性, 式 (2.82) 可以改写成

$$
\begin{aligned}
\boldsymbol{S}' &= L \cdot \langle \boldsymbol{E}' \otimes \boldsymbol{E}'^* \rangle = L \cdot \langle (G\boldsymbol{E}) \otimes (G\boldsymbol{E})^* \rangle \\
&= L \langle (G \otimes G^*)(\boldsymbol{E} \otimes \boldsymbol{E}^*) \rangle = L (G \otimes G^*) \langle \boldsymbol{E} \otimes \boldsymbol{E}^* \rangle \\
&= L (G \otimes G^*) \cdot \boldsymbol{J} \\
&= L (G \otimes G^*) L^{-1} \cdot \boldsymbol{S}
\end{aligned} \tag{2.85}
$$

结合式 (2.32) 与式 (2.85) 则得出琼斯矩阵与缪勒矩阵的内在关系:

$$M = L (G \otimes G^*) L^{-1} \tag{2.86}$$

2.2.3 缪勒矩阵能被琼斯矩阵推导出来的充要条件

假设琼斯矩阵 G 为

$$G = \begin{bmatrix} G_{xx} & G_{xy} \\ G_{yx} & G_{yy} \end{bmatrix} = \begin{bmatrix} g_0 & g_1 \\ g_2 & g_3 \end{bmatrix} \tag{2.87}$$

那么式 (2.86) 中矩阵的克罗内克乘积为

$$G \otimes G^* = \begin{bmatrix} g_0 g_0^* & g_0 g_1^* & g_1 g_0^* & g_1 g_1^* \\ g_0 g_2^* & g_0 g_3^* & g_1 g_2^* & g_1 g_3^* \\ g_2 g_0^* & g_2 g_1^* & g_3 g_0^* & g_3 g_1^* \\ g_2 g_2^* & g_2 g_3^* & g_3 g_2^* & g_3 g_3^* \end{bmatrix} \tag{2.88}$$

构建 4×4 的半正定的厄米矩阵 H，其矩阵元素为

$$h_{jk} = \frac{1}{2} g_j g_k^*, \quad j, k = 0, 1, 2, 3 \tag{2.89}$$

下面考虑由泡利矩阵来构建狄拉克矩阵：

$$D_{jk} = \sigma_j \otimes \sigma_k, \quad j, k = 0, 1, 2, 3 \tag{2.90}$$

与泡利矩阵类似，狄拉克矩阵能够作为任意 4×4 矩阵的一组基底矩阵，那么我们可以利用狄拉克矩阵对厄米矩阵 H 进行展开。展开后发现缪勒矩阵的 16 个元素恰好是 H 矩阵的展开系数，即

$$H = \frac{1}{4} \sum_{j,k=0}^{3} m_{jk} D_{jk} \tag{2.91}$$

$$m_{jk} = \mathrm{tr}\left(H \cdot D_{jk}\right) \tag{2.92}$$

其中，m_{jk} 为缪勒矩阵 M 的矩阵元素。那么如果已知缪勒矩阵，则可以求出 H 矩阵：

$$H = \frac{1}{4} \begin{bmatrix} m_{00} + m_{01} + m_{10} + m_{11} & m_{02} + m_{12} + \mathrm{i}\,(m_{03} + m_{13}) \\ m_{02} + m_{12} - \mathrm{i}\,(m_{03} + m_{13}) & m_{00} - m_{01} + m_{10} - m_{11} \\ m_{20} + m_{21} + \mathrm{i}\,(m_{30} + m_{31}) & m_{22} - m_{33} + \mathrm{i}\,(m_{23} + m_{32}) \\ m_{22} + m_{33} - \mathrm{i}\,(m_{23} - m_{32}) & m_{20} - m_{21} + \mathrm{i}\,(m_{30} - m_{31}) \end{bmatrix}$$

$$\begin{matrix} m_{20} + m_{21} - \mathrm{i}\,(m_{30} + m_{31}) & m_{22} + m_{33} + \mathrm{i}\,(m_{23} - m_{32}) \\ m_{22} - m_{33} - \mathrm{i}\,(m_{23} + m_{32}) & m_{20} - m_{21} - \mathrm{i}\,(m_{30} - m_{31}) \\ m_{00} + m_{01} - m_{10} - m_{11} & m_{02} - m_{12} + \mathrm{i}\,(m_{03} - m_{13}) \\ m_{02} - m_{12} - \mathrm{i}\,(m_{03} - m_{13}) & m_{00} - m_{01} - m_{10} + m_{11} \end{matrix}$$

$$\mathrm{tr}H = m_{00} \tag{2.93}$$

考察厄米矩阵 H 及缪勒矩阵 M 的欧几里得范数：

$$\|H\|_2 = \sqrt{\sum_{j,k=0}^{3} |h_{jk}|^2} = \sqrt{\mathrm{tr}(H^\dagger \cdot H)} = \sqrt{\mathrm{tr}(H^2)} \tag{2.94}$$

$$\|M\|_2 = \sqrt{\sum_{j,k=0}^{3} m_{jk}^2} = \sqrt{\mathrm{tr}\left(M^{\mathrm{T}} \cdot M\right)} \tag{2.95}$$

自定义范数 $\|H\|_0 \equiv \mathrm{tr}(H) = m_{00}$，通过计算可得到下列关系式：

$$\|H\|_2^2 = \frac{1}{4}\|M\|_2^2 \tag{2.96}$$

$$\frac{1}{4}\|H\|_0^2 \leqslant \|H\|_2^2 \leqslant \|H\|_0^2 \tag{2.97}$$

由于缪勒矩阵可以完整表征光学系统的偏振特性，而琼斯矩阵只能用于表征不涉及退偏效应的光学系统即纯态系统。所以，当且仅当光学系统为纯态系统时，缪勒矩阵才能由琼斯矩阵根据式 (2.86) 推导出来。式 (2.97) 则给出了判定光学系统是否为纯态系统的标准，当 $\|H\|_2^2 = \|H\|_0^2$ 时，H 矩阵有且仅有一个非零的特征根，满足协方差矩阵的所有条件，是系统为纯态系统的充分必要条件 [25]。当 $\|H\|_2^2 = \dfrac{1}{4}\|H\|_0^2$ 时，H 矩阵的四个特征根全部相等，光学系统为一个完全理想的消偏振系统。

进一步可以推论，对于任意一个纯态系统，相应的缪勒矩阵都满足

$$\|M\|_2^2 = \mathrm{tr}\left(M^{\mathrm{T}} \cdot M\right) = 4m_{00}^2 \tag{2.98}$$

上式即缪勒矩阵能够被琼斯矩阵推导出来的充分必要条件。

2.3 偏振像差函数

2.3.1 偏振像差函数的琼斯表示

光学系统的偏振像差可以用基于二维琼斯矩阵的偏振像差函数 [26] 来描述：

$$\boldsymbol{G}\left(\boldsymbol{h}, \boldsymbol{\rho}, \lambda\right) = \left[\begin{array}{cc} G_{11}\left(\boldsymbol{h}, \boldsymbol{\rho}, \lambda\right) & G_{12}\left(\boldsymbol{h}, \boldsymbol{\rho}, \lambda\right) \\ G_{21}\left(\boldsymbol{h}, \boldsymbol{\rho}, \lambda\right) & G_{22}\left(\boldsymbol{h}, \boldsymbol{\rho}, \lambda\right) \end{array}\right] \tag{2.99}$$

这里，$\boldsymbol{h}$ 表示光线的物坐标矢量；$\boldsymbol{\rho}$ 表示光瞳坐标矢量；λ 为波长。即偏振像差函数表征了光学系统的偏振特性随波长、光瞳坐标及物坐标的变化规律。如果已知入射光的偏振态 $\boldsymbol{E}$，那么对于出瞳上指定点的出射光偏振态为

$$\boldsymbol{E}'\left(\boldsymbol{h}, \boldsymbol{\rho}, \lambda\right) = \boldsymbol{G}\left(\boldsymbol{h}, \boldsymbol{\rho}, \lambda\right) \cdot \boldsymbol{E} \tag{2.100}$$

偏振像差函数一般采用偏振光线追迹算法来求得，偏振光线追迹是几何光线追迹方法的扩展与补充。几何光线追迹方法通过计算每一条光线经过光学系统的光程来确定波像差函数，其只包含相位信息。例如，通过计算光线与光学界面交点的坐标位置、入射和出射光线的方向余弦以及光程就可以完整描述光线的传播规

律, 它将光线在光学界面上发生的不影响光线方向的效应全部忽略掉, 这些效应与光线的入射角、偏振态、介质的介电常数以及镀膜属性密切相关, 表征了电场的振幅和相位变化。而偏振光线追迹方法在几何光线追迹的基础上计算了波前的振幅和偏振态分布, 其全面包含了振幅信息、相位信息和偏振信息。

偏振光线追迹方法计算了入瞳面内任意位置的光线以任意视场角入射时, 光学系统的二维琼斯矩阵。假设光线在光学系统中传播时, 一共经过了 n 个光学界面, 每个光学界面按光线经过的顺序依次编号, 用符号 q 表示, 第 q 个光学界面的二维琼斯矩阵为 $\boldsymbol{G}_q$, 第 q 个光学界面与第 $q+1$ 个光学界面之间的光学介质的传播矩阵为 $\boldsymbol{A}_{q+1,q}$, 那么整个光学系统的二维琼斯矩阵可以表示为

$$\boldsymbol{G}\left(\boldsymbol{h},\boldsymbol{\rho},\lambda\right)=\boldsymbol{G}_n\left(\boldsymbol{h},\boldsymbol{\rho},\lambda\right)\boldsymbol{A}_{n,n-1}\left(\boldsymbol{h},\boldsymbol{\rho},\lambda\right)\cdots\boldsymbol{G}_2\left(\boldsymbol{h},\boldsymbol{\rho},\lambda\right)\boldsymbol{A}_{2,1}\left(\boldsymbol{h},\boldsymbol{\rho},\lambda\right)\boldsymbol{G}_1\left(\boldsymbol{h},\boldsymbol{\rho},\lambda\right)$$

$$=\prod_{q=n,-1}^{1}\boldsymbol{G}_q\left(\boldsymbol{h},\boldsymbol{\rho},\lambda\right)\boldsymbol{A}_{q,q-1}\left(\boldsymbol{h},\boldsymbol{\rho},\lambda\right)$$

$$(2.101)$$

其中, $\boldsymbol{G}_q\left(\boldsymbol{h},\boldsymbol{\rho},\lambda\right)$ 表征的是各个光学界面上的二维琼斯矩阵, 主要代表由折射、反射、衍射以及薄膜产生的偏振效应; $\boldsymbol{A}_{q,q-1}\left(\boldsymbol{h},\boldsymbol{\rho},\lambda\right)$ 表征的是相邻两个光学界面之间的光学介质的几何传播和由介质材料的各向异性产生的偏振效应。若各光学界面之间的光学介质都是各向同性的, 那么仅表示两个光学界面之间与光程相关的相位信息, 此时有如下形式:

$$\boldsymbol{A}_{q,q-1}\left(\boldsymbol{h},\boldsymbol{\rho},\lambda\right)=\exp\left[-\mathrm{i}\frac{2\pi}{\lambda}\mathrm{OPL}\left(\boldsymbol{h},\boldsymbol{\rho},\lambda\right)\right]\begin{bmatrix}1&0\\0&1\end{bmatrix}\qquad(2.102)$$

这里, $\mathrm{OPL}(\boldsymbol{h},\boldsymbol{\rho},\lambda)$ 为光程函数, 通过几何光线追迹方法计算可得, 当光学介质为吸收性材料时, $\mathrm{OPL}(\boldsymbol{h},\boldsymbol{\rho},\lambda)$ 为复值函数。在偏振光线追迹过程中, 我们通常在入瞳面上对光线进行阵列采样, 采样阵列的光线数目决定了出瞳面上偏振像差以及光束偏振态分布的空间精细程度, 足够大的采样阵列对我们分析涡旋光场中光学奇异点的存在以及演化是非常重要的。但是数据计算量与采样阵列大小的平方成正比, 在满足精度要求的情况下选择合适的采样阵列有助于得到最佳的时间效率。

由于二维琼斯矩阵中的每个矩阵元都是复数, 包含实部和虚部, 二维琼斯矩阵一共拥有 8 个自由度, 所以偏振像差函数实质上是一个八维的函数。光学系统的偏振特性可以用矩阵指数来描述, 理解偏振像差函数最直观的方法就是利用泡利自旋矩阵对偏振像差函数进行展开 [21]:

$$\boldsymbol{G}\left(\boldsymbol{h},\boldsymbol{\rho},\lambda\right)=\exp\left[\alpha_0\left(\boldsymbol{h},\boldsymbol{\rho},\lambda\right)\sigma_0+\alpha_1\left(\boldsymbol{h},\boldsymbol{\rho},\lambda\right)\sigma_1+\alpha_2\left(\boldsymbol{h},\boldsymbol{\rho},\lambda\right)\sigma_2+\alpha_3\left(\boldsymbol{h},\boldsymbol{\rho},\lambda\right)\sigma_3\right]$$

$$=\exp\left[\sum_{j=0}^{3}\alpha_j\left(\boldsymbol{h},\boldsymbol{\rho},\lambda\right)\sigma_j\right]$$

$$=\exp\left\{\sum_{j=0}^{3}\left[E_j\left(\boldsymbol{h},\boldsymbol{\rho},\lambda\right)+\mathrm{i}\delta_j\left(\boldsymbol{h},\boldsymbol{\rho},\lambda\right)\right]\sigma_j\right\}$$

$$(2.103)$$

其中，$\sigma_0,\sigma_1,\sigma_2,\sigma_3$ 为泡利自旋矩阵，具体形式参见式 (2.71)；$\alpha_j\left(\boldsymbol{h},\boldsymbol{\rho},\lambda\right)$ 分别为偏振像差函数的各项展开系数，为复值函数；$E_j\left(\boldsymbol{h},\boldsymbol{\rho},\lambda\right)$ 为各项展开系数的实部函数，$\delta_j\left(\boldsymbol{h},\boldsymbol{\rho},\lambda\right)$ 为各项展开系数的虚部函数，这里 $j=0,1,2,3$。

与单位矩阵 σ_0 所对应的展开系数 $\alpha_0\left(\boldsymbol{h},\boldsymbol{\rho},\lambda\right)$ 表征了光学系统中与偏振无关的信息，它的实部函数 $E_0\left(\boldsymbol{h},\boldsymbol{\rho},\lambda\right)$ 描述出瞳上的振幅分布规律，为光学系统的切趾函数；其虚部函数 $\delta_0\left(\boldsymbol{h},\boldsymbol{\rho},\lambda\right)$ 描述出瞳上偏振无关的相位分布规律，与光学系统的传统波像差函数 $W\left(\boldsymbol{h},\boldsymbol{\rho},\lambda\right)$ 的关系如下：

$$W\left(\boldsymbol{h},\boldsymbol{\rho},\lambda\right)=\frac{\lambda}{2\pi}\delta_0\left(\boldsymbol{h},\boldsymbol{\rho},\lambda\right) \tag{2.104}$$

分别与泡利自旋矩阵 σ_1，σ_2 和 σ_3 所对应的展开系数 $\alpha_1\left(\boldsymbol{h},\boldsymbol{\rho},\lambda\right)$，$\alpha_2\left(\boldsymbol{h},\boldsymbol{\rho},\lambda\right)$ 和 $\alpha_3\left(\boldsymbol{h},\boldsymbol{\rho},\lambda\right)$ 均表征光学系统的偏振特性。实部函数 $E_1\left(\boldsymbol{h},\boldsymbol{\rho},\lambda\right)$ 为线性二向衰减项，$E_2\left(\boldsymbol{h},\boldsymbol{\rho},\lambda\right)$ 为对角线二向衰减项，$E_3\left(\boldsymbol{h},\boldsymbol{\rho},\lambda\right)$ 为圆二向衰减项；描述了对不同偏振态的入射光具有不同的振幅传播信息。这些二向衰减项会根据入射光的不同偏振态而导致出瞳处的不同切趾。虚部函数 $\delta_1\left(\boldsymbol{h},\boldsymbol{\rho},\lambda\right)$ 为线性相位延迟项，$\delta_2\left(\boldsymbol{h},\boldsymbol{\rho},\lambda\right)$ 为对角线相位延迟项，$\delta_3\left(\boldsymbol{h},\boldsymbol{\rho},\lambda\right)$ 为圆相位延迟项；描述了对不同偏振态的入射光具有不同的相位传播信息。这些相位延迟项会根据入射光的不同偏振态而导致出瞳处的不同相位分布。注意，这里的三个相位延迟项本质上与 3.2 节中三维相位延迟空间中的三个正交相位延迟分量是一致的；相对式 (2.103) 只是去掉了公共相位项和振幅项，因为在研究相位延迟空间时这些项都是无关项，对计算的结果没有影响。表 2.1 给出了偏振像差函数展开系数的物理意义。

表 2.1 偏振像差函数展开系数的物理意义

实部函数	物理意义	虚部函数	物理意义
$E_0\left(\boldsymbol{h},\boldsymbol{\rho},\lambda\right)$	切趾函数	$\delta_0\left(\boldsymbol{h},\boldsymbol{\rho},\lambda\right)$	波前相位
$E_1\left(\boldsymbol{h},\boldsymbol{\rho},\lambda\right)$	线性二向衰减	$\delta_1\left(\boldsymbol{h},\boldsymbol{\rho},\lambda\right)$	线性相位延迟
$E_2\left(\boldsymbol{h},\boldsymbol{\rho},\lambda\right)$	对角线二向衰减	$\delta_2\left(\boldsymbol{h},\boldsymbol{\rho},\lambda\right)$	对角线相位延迟
$E_3\left(\boldsymbol{h},\boldsymbol{\rho},\lambda\right)$	圆二向衰减	$\delta_3\left(\boldsymbol{h},\boldsymbol{\rho},\lambda\right)$	圆相位延迟

对于具有微弱偏振效应的光学系统，偏振像差函数中的相位延迟项近似为零，此时光学系统出瞳上的相位分布可以很好地用传统的波像差函数 $W\left(\boldsymbol{h}, \boldsymbol{\rho}, \lambda\right)$ 表示。但是当偏振像差函数具有较大的相位延迟项时，光学系统会对不同入射偏振态的光束产生不同的波前相位分布，即相位延迟项对传统的波像差函数会产生影响，从而改变光学系统的成像质量。

2.3.2　偏振像差函数的二次扩展式

在各向同性的光学界面，近轴光线的 TE 分量和 TM 分量的振幅透射系数是关于入射角 θ 的函数。由于入射角的正负并不影响线性二向衰减和线性相位延迟，所以光学界面近轴光线的二维琼斯矩阵可以写成关于入射角 θ 的泰勒展开式：

$$
\begin{aligned}
G\left(\theta\right) =& G\left(-\theta\right) = G_0 + G_2\theta^2 + G_4\theta^4 + \cdots \\
=& \left(\alpha_{00}\sigma_0 + \alpha_{10}\sigma_1 + \alpha_{20}\sigma_2 + \alpha_{30}\sigma_3\right) + \left(\alpha_{02}\sigma_0 + \alpha_{12}\sigma_1 + \alpha_{22}\sigma_2 + \alpha_{32}\sigma_3\right)\theta^2 + \cdots \\
=& \sum_{k=0,2}^{\infty}\sum_{j=0}^{3}\alpha_{j,k}\theta^k\sigma_j = \sum_{k=0,2}^{\infty}\sum_{j=0}^{3}E_{j,k}\exp\left(\mathrm{i}\delta_{j,k}\right)\theta^k\sigma_j
\end{aligned} \tag{2.105}
$$

对于物坐标系中沿着 y 轴、物高为 h 的物点，其入射光线在光学系统的入瞳面上具有极坐标系，矢径为 ρ，方位角为 φ。对物坐标和入瞳坐标作归一化处理，那么 $h=1$ 为物的边缘，$\rho=1$ 为入瞳边缘。假设主光线和边缘光线的入射角分别为 θ_c 和 θ_m，那么入瞳内光线的入射角函数为

$$
\theta\left(h, \rho, \varphi\right) = \sqrt{h^2\theta_\mathrm{c}^2 + 2h\rho\theta_\mathrm{c}\theta_\mathrm{m}\cos\varphi + \rho^2\theta_\mathrm{m}^2} \tag{2.106}
$$

将式 (2.106) 代入式 (2.105)，取泰勒展开式的二阶扩展项，可得

$$
G\left(\boldsymbol{h}, \boldsymbol{\rho}, \varphi\right) = \sum_{k=0,2}^{2}\sum_{j=0}^{3}E_{j,k}\exp\left(\mathrm{i}\delta_{j,k}\right)\theta^k\sigma_j = \sum_{j=0}^{3}\beta_j\left(h, \rho, \varphi\right)\sigma_j \tag{2.107}
$$

$$
\beta_j\left(\boldsymbol{h}, \boldsymbol{\rho}, \varphi\right) = \sum_{k=0,2}^{2}E_{j,k}\left(h, \rho, \varphi\right)\exp\left[\mathrm{i}\delta_{j,k}\left(h, \rho, \varphi\right)\right]\theta^k \tag{2.108}
$$

二次扩展式中的扩展系数的具体形式分别为

$$
\begin{aligned}
\beta_0\left(\boldsymbol{h}, \boldsymbol{\rho}, \varphi\right) =& E_{0000} + E_{0200}h^2 + E_{0111}h\rho\cos\varphi + E_{0020}\rho^2 \\
& + \mathrm{i}\left(\delta_{0000} + \delta_{0200}h^2 + \delta_{0111}h\rho\cos\varphi + \delta_{0200}\rho^2\right)
\end{aligned} \tag{2.109}
$$

$$
\begin{aligned}
\beta_1\left(\boldsymbol{h}, \boldsymbol{\rho}, \varphi\right) =& E_{1000} + E_{1200}h^2 + h\rho\left(E_{1111}\cos\varphi - E_{2111}\sin\varphi\right) \\
& + \rho^2\left(E_{1022}\cos 2\varphi - E_{2022}\sin 2\varphi\right) + \mathrm{i}[\delta_{1000} + \delta_{1200}h^2 \\
& + h\rho\left(\delta_{1111}\cos\varphi - \delta_{2111}\sin\varphi\right) + \rho^2\left(\delta_{1022}\cos 2\varphi - \delta_{2022}\sin 2\varphi\right)]
\end{aligned} \tag{2.110}
$$

$$\begin{aligned}
\beta_2\left(\boldsymbol{h}, \boldsymbol{\rho}, \varphi\right) = {} & E_{2000} + E_{2200}h^2 + h\rho\left(E_{2111}\cos\varphi + E_{1111}\sin\varphi\right) \\
& + \rho^2\left(E_{2022}\cos 2\varphi + E_{1022}\sin 2\varphi\right) + \mathrm{i}[\delta_{2000} + \delta_{2200}h^2 \\
& + h\rho\left(\delta_{2111}\cos\varphi + \delta_{1111}\sin\varphi\right) + \rho^2\left(\delta_{2022}\cos 2\varphi + \delta_{1022}\sin 2\varphi\right)]
\end{aligned}$$

$$\tag{2.111}$$

$$\begin{aligned}
\beta_3\left(\boldsymbol{h}, \boldsymbol{\rho}, \varphi\right) = {} & E_{3000} + E_{3200}h^2 + E_{3111}h\rho\cos\varphi + E_{3020}\rho^2 \\
& + \mathrm{i}\left(\delta_{3000} + \delta_{3200}h^2 + \delta_{3111}h\rho\cos\varphi + \delta_{3020}\rho^2\right)
\end{aligned} \tag{2.112}$$

其中，E_{kuvw} 代表振幅和二向衰减；δ_{kuvw} 代表相位和相位延迟；下角标 k 表示偏振类型，u 表示物高 h 的阶数，v 表示入瞳坐标矢径 ρ 的阶数，w 表示入瞳坐标方位角 φ 的阶数。

式 (2.109) 的实部为切趾函数，虚部为波前相位；式 (2.112) 的实部代表圆二向衰减，虚部代表圆相位延迟；在这两个式子中方位角 φ 的正负并不影响计算结果，所以切趾函数、波前相位、圆二向衰减以及圆相位延迟都属于标量像差。式 (2.110) 的实部表示线性二向衰减，虚部表示线性相位延迟；式 (2.111) 的实部表示对角线二向衰减，虚部表示对角线相位延迟；线性二向衰减、线性相位延迟、对角线二向衰减以及对角线相位延迟都属于矢量像差，对于光瞳上的每一点它们都具有方向性。

在式 (2.109)～式 (2.112) 中出现一次以上的系数，如 E_{k111} 和 E_{k022} 像差项被认为是包含了所有具有相同系数的代数项。表 2.2 给出了式中各项系数的物理含义，将泽尼克多项式中表示像差的项，如平移、离焦、倾斜等，进行矢量化推广来表征偏振像差函数的二次扩展式系数所包含的物理意义。

表 2.2　各项系数的物理含义

系数	函数形式	物理含义	下角标取值
E_{k000} 和 δ_{k000}	σ_k	恒定平移	$k = 0, 1, 2, 3$
E_{k200} 和 δ_{k200}	$h^2\sigma_k$	二阶平移	$k = 0, 1, 2, 3$
E_{k111} 和 δ_{k111}	$h\rho\cos\varphi \cdot \sigma_k$	标量倾斜	$k = 0, 3$
E_{k111} 和 δ_{k111}	$h\rho\left(\cos\varphi \cdot \sigma_k \pm \sin\varphi \cdot \sigma_j\right)$	矢量倾斜	$k, j = 1, 2$ 或 $2, 1$
E_{k020} 和 δ_{k020}	$\rho^2\sigma_k$	标量离焦	$k = 0, 3$
E_{k022} 和 δ_{k022}	$\rho^2\left(\cos 2\varphi \cdot \sigma_k + \sin 2\varphi \cdot \sigma_j\right)$	矢量离焦	$k, j = 1, 2$ 或 $2, 1$

偏振像差函数的二次扩展式实质上是对偏振像差函数进行了近似分析，比较适用于具有弱偏振效应的简单光学系统，这种方法的理论意义主要在于，它将偏振像差与表征波像差的泽尼克多项式联系起来，用传统像差的概念初步解释了偏振像差的部分物理含义。

参 考 文 献

[1]   Born M, Wolf E. Principles of Optics. 7th ed. Cambridge: Cambridge University Press, 1999

[2]   Wood R W. Physical Optics. New York: The Macmillan Company, 1905: 529-536

[3]   Jenkins F A, White H E. Fundamentals of Optics. 3rd ed. New York: McGraw-Hill, 1957

[4]   Berry M, Dennis M. Polarization singularities in isotropic random vector waves. Proceedings of the Royal Society of London Series A: Mathematical, Physical and Engineering Sciences, 2001, 457(2005): 141-155

[5]   Soskin M S, Denisenko V, Freund I. Optical polarization singularities and elliptic stationary points. Optics Letters, 2003, 28(16): 1475-1477

[6]   Vyas S, Kozawa Y, Sato S. Polarization singularities in superposition of vector beams. Optics Express, 2013, 21(7): 8972-8986

[7]   Stokes G G. On the composition and resolution of streams of polarized light from different sources. Transactions of the Cambridge Philosophical Society, 1852, 9: 399

[8]   Budde W. Photoelectric analysis of polarized light. Applied Optics, 1962, 1(3): 201-205

[9]   Ioshpa B, Obridko V. Photoelectric analysis of polarized light(Electro-optical modulator used to develop photoelectric method which allows simultaneous measurement of four stokes parameters of arbitrarily polarized emission). Optics and Spectroscopy, 1963, 15: 60-62

[10] Poincaré H. Théorie Mathématique de la Lumière. Paris: Gauthier-Villars, 1892: 655-663

[11] Shurcliff W A. Polarized Light. Cambridge: Harvard University Press, 1962: 15-29

[12] Ramachandran G N, Ramaseshan S. Crystal Optics. Berlin: Springer, 1961: 1-54

[13] Jekrard H. Transmission of light through birefringent and optically active media: The Poincaré sphere. JOSA, 1954, 44(8): 634-640

[14] Jones R C. A new calculus for the treatment of optical systems. JOSA, 1941, 31(7): 500-503

[15] Jones R C. A New calculus for the treatment of optical systems. V. A more general formulation, and description of another calculus. J. Opt. Soc. Am, 1947, 37: 107-110

[16] Jones R C. A new calculus for the treatment of optical systems. VII. Properties of the N-matrices. JOSA, 1948, 38(8): 671-683

[17] Knowlden R E. Wavefront errors produced by multilayer thin-film optical coatings. Tucson: University of Arizona, 1981

[18] Chipman R A. Polarization ray tracing. Proc. SPIE, 1987, 766: 61-68

[19] Chipman R A. Challenges in polarization ray tracing. International Optical Design Conference, 2010, 7652: 76521U

[20] Waluschka E. A polarization ray trace. Optical Engineering, 1989, 28: 86-89

[21] Chipman R A. Polarization analysis of optical systems. Optical Engineering, 1989, 28(2): 90-99

[22] Wolf E. Coherence properties of partially polarized electromagnetic radiation. Il Nuovo Cimento, 1959, 13(6): 1165-1181

[23] Wolf E. Unified theory of coherence and polarization of random electromagnetic beams. Physics Letters A, 2003, 312(5): 263-267

[24] Korotkova O, Wolf E. Changes in the state of polarization of a random electromagnetic beam on propagation. Optics Communications, 2005, 246(1): 35-43

[25] Gil J J. Characteristic properties of Mueller matrices. J. Opt. Soc. Am. A, Opt. Image. Sci. Vis, 2000, 17(2): 328-334

[26] Chipman R A. Polarization aberrations. Tucson: University of Arizona, 1987

第3章 三维相干光场的偏振理论

随着激光器技术的飞速发展和广泛应用，采用相干光源的光学系统在现代光学仪器中占据着越来越重要的地位。在电磁光学中研究相干光场的偏振特性，可以忽略光场的相干性对偏振特性的影响，主要关注光束偏振态的空间非均匀分布 [1](如径向偏振、角向偏振和混合偏振) 和光束相位空间非均匀分布 [2](如涡旋光学)，这些矢量光束所具有的属性对研究光场的相干叠加以及光场的调控具有重要意义。传统的偏振光分析方法仅仅适用于光线的传播满足傍轴条件的光学系统，对于高数值孔径显微镜下的聚焦场、辐射光源的近场、隐失波、横向磁致导波等三维光场，光场的传播不再满足傍轴传输条件，因此需要从理论层面上研究三维相干光场的偏振特性计算方法。这对精确分析三维光场的偏振特性演化、优化设计高性能光学系统、研究三维非均匀偏振光场与光学系统的相互作用等方面都有重要的意义。本章旨在研究和初步构建三维相干光场偏振特性计算方法的理论体系，主要包含三维相干光场的偏振光追迹方法、相位延迟的分布特性及解包裹算法、三维偏振像差理论、高数值孔径光学系统的三维偏振像差分析等四个部分。

3.1 三维相干光场的偏振光追迹方法

3.1.1 三维偏振态的琼斯表示

当光束的传播满足傍轴条件或传播方向一定时，传统的二维偏振光分析方法是有效的，这也是偏振测量术中比较常见的情况。对于高数值孔径显微镜下的聚焦场、辐射光源的近场、隐失波、横向磁致导波等三维光场，每条光线的传播矢量都各不相同，光场的传播不再满足傍轴传输条件。因此，需要考虑光场在三个正交方向上的分量，以便于描述更广泛情况下的偏振态。

考虑笛卡儿坐标系下，任意传播方向的准单色光波在空间中任意一点 r 处的电场矢量的解析信号可以表示为 3×1 的复系数矢量：

$$\boldsymbol{E}\left(t\right) = \left[\begin{array}{c} E_x\left(t\right) \\ E_y\left(t\right) \\ E_z\left(t\right) \end{array}\right] = \mathrm{e}^{\mathrm{i}[u(t)+\beta_x(t)]} \left[\begin{array}{c} E_{0x}\left(t\right) \\ E_{0y}\left(t\right) \mathrm{e}^{\mathrm{i}[\beta_y(t)-\beta_x(t)]} \\ E_{0z}\left(t\right) \mathrm{e}^{\mathrm{i}[\beta_z(t)-\beta_x(t)]} \end{array}\right] \tag{3.1}$$

其中，$E_{0j}(t)$，$\beta_j(t)$ 分别表示各正交方向上的振幅和相位，这里 $j = x, y, z$；$u(t) = \bar{\boldsymbol{k}} \cdot (\boldsymbol{r}/|\boldsymbol{r}|) - \bar{\omega}t$，这里 $\bar{\boldsymbol{k}}$ 为点 r 处的平均波矢量，$\boldsymbol{r}$ 为坐标原点到点 r 的矢量。点

r 处的瞬时总光强为

$$I(t) = \boldsymbol{E}^{\dagger}(t) \cdot \boldsymbol{E}(t) = E_{0x}^2(t) + E_{0y}^2(t) + E_{0z}^2(t) = E_0^2(t) \tag{3.2}$$

对于完全偏振的光场，其电场矢量的各分量之间的振幅比和相位差都是恒定的，即与时间无关的常数。将总光强单位化，并略去式 (3.1) 中的公共相位因子，那么归一化的三维琼斯矢量可以定义为 $^3\boldsymbol{E}$，左上角标表示矢量定义的维数：

$$^3\boldsymbol{E} = \frac{E_{0x}}{E_0} \begin{bmatrix} 1 \\ \alpha_{0y}\mathrm{e}^{\mathrm{i}\delta_y} \\ \alpha_{0z}\mathrm{e}^{\mathrm{i}\delta_z} \end{bmatrix} \tag{3.3}$$

其中，$\alpha_{0y} = E_{0y}(t)/E_{0x}(t)$，$\alpha_{0z} = E_{0z}(t)/E_{0x}(t)$ 分别为 y，z 分量与 x 分量的振幅比，$\delta_y = \beta_y(t) - \beta_x(t)$，$\delta_z = \beta_z(t) - \beta_x(t)$ 分别为 y，z 分量与 x 分量的相位差。当点 r 处的平均波矢量与 z 轴重合时，式 (3.3) 简化为式 (2.47)，即三维琼斯矢量简化为传统的二维琼斯矢量。

如图 3.1 所示，在坐标系 $Oxyz$ 中建立半径为 1 的球体，若以过球心 O 的任意平面作为瞬时偏振椭圆所在的平面，那么该平面的法矢量则表示平均波矢量。偏振椭圆所在的三维空间坐标系 $Ox'y'z'$ 可以看成是原坐标系 $Oxyz$ 先绕着 z 轴按左手系使 x 轴旋转 φ' 角，再绕着 x' 轴按左手系使 z 轴旋转 θ 角而生成的。显然，任意波矢量 $\boldsymbol{k}$ 都可以写成关于天顶角 θ 和方位角 φ 的函数：

$$\boldsymbol{k} = \begin{bmatrix} \sin\theta\cos\varphi & \sin\theta\sin\varphi & \cos\theta \end{bmatrix}^{\mathrm{T}} \tag{3.4}$$

其中，$\varphi' + \varphi = \pi/2$。由坐标系的旋转变换关系可以求出图 3.1 中两个坐标系基底矢量之间的关系：

$$\begin{aligned} \begin{bmatrix} \hat{x}' \\ \hat{y}' \\ \hat{z}' \end{bmatrix} &= \begin{bmatrix} 1 & 0 & 0 \\ 0 & \cos\theta & -\sin\theta \\ 0 & \sin\theta & \cos\theta \end{bmatrix} \begin{bmatrix} \cos\varphi' & -\sin\varphi' & 0 \\ \sin\varphi' & \cos\varphi' & 0 \\ 0 & 0 & 1 \end{bmatrix} \begin{bmatrix} \hat{x} \\ \hat{y} \\ \hat{z} \end{bmatrix} \\ &= \begin{bmatrix} \sin\varphi \cdot \hat{x} - \cos\varphi \cdot \hat{y} \\ \cos\theta\cos\varphi \cdot \hat{x} + \cos\theta\sin\varphi \cdot \hat{y} - \sin\theta \cdot \hat{z} \\ \sin\theta\cos\varphi \cdot \hat{x} + \sin\theta\sin\varphi \cdot \hat{y} + \sin\theta \cdot \hat{z} \end{bmatrix} \end{aligned} \tag{3.5}$$

结合第 2 章中瞬时光场矢量偏振椭圆的有关概念，三维琼斯矢量可以用偏振椭圆所在平面 $x'y'$ 中偏振椭圆的椭率角 ε 和长轴方向角 ψ 来表示：

$$^3\boldsymbol{E} = (\cos\psi\cos\varepsilon + \mathrm{i}\sin\psi\sin\varepsilon)\hat{x}' + (\sin\psi\cos\varepsilon - \mathrm{i}\cos\psi\sin\varepsilon)\hat{y}' \tag{3.6}$$

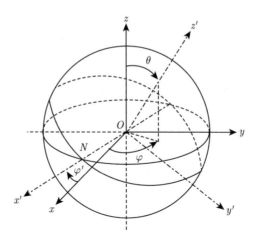

图 3.1　三维偏振态的几何表示

将式 (3.5) 代入式 (3.6)，可得三维琼斯矢量在坐标系 $Oxyz$ 下的表示：

$$
{}^3\boldsymbol{E} = \begin{bmatrix} \cos\varepsilon\,(\sin\varphi\cos\psi + \cos\theta\cos\varphi\sin\psi) + \mathrm{i}\sin\varepsilon\,(\sin\varphi\sin\psi - \cos\theta\cos\varphi\cos\psi) \\ -\cos\varepsilon\,(\cos\varphi\cos\psi - \cos\theta\sin\varphi\sin\psi) - \mathrm{i}\sin\varepsilon\,(\cos\varphi\sin\psi + \cos\theta\sin\varphi\cos\psi) \\ -\sin\theta\,(\cos\varepsilon\sin\psi - \mathrm{i}\sin\varepsilon\cos\psi) \end{bmatrix}
\tag{3.7}
$$

下面讨论几种特殊情况。

(1) 当椭率角 $\varepsilon = 0$ 时，式 (3.6) 简化为 ${}^3\boldsymbol{E} = \cos\psi \cdot \hat{x}' + \sin\psi \cdot \hat{y}'$，显然表示 $x'y'$ 平面上的线偏振光，那么式 (3.7) 简化为

$$
{}^3\boldsymbol{E}_{\mathrm{LP}} = \begin{bmatrix} \sin\varphi\cos\psi + \cos\theta\cos\varphi\sin\psi \\ -\cos\varphi\cos\psi + \cos\theta\sin\varphi\sin\psi \\ -\sin\theta\sin\psi \end{bmatrix}
\tag{3.8}
$$

上式即线偏振光的三维琼斯矢量表示。

(2) 当椭率角 $\varepsilon = \pi/4$ 时，式 (3.6) 简化为

$$
{}^3\boldsymbol{E} = \frac{\mathrm{e}^{\mathrm{i}\psi}}{\sqrt{2}}\,(\hat{x}' - \mathrm{i} \cdot \hat{y}')
\tag{3.9}
$$

显然，表示 $x'y'$ 平面上的圆偏振光，那么式 (3.7) 简化为

$$
{}^3\boldsymbol{E}_{\mathrm{CP}} = \frac{\mathrm{e}^{\mathrm{i}\psi}}{\sqrt{2}} \begin{bmatrix} \sin\varphi - \mathrm{i}\cos\theta\cos\varphi \\ -\cos\varphi - \mathrm{i}\cos\theta\sin\varphi \\ \mathrm{i}\sin\theta \end{bmatrix}
\tag{3.10}
$$

上式即圆偏振光的三维琼斯矢量表示。

综上所述，式 (3.7) 利用四个参量 (θ 和 φ 表示波矢量，ε 和 ψ 表示偏振椭圆) 给出了普遍情况下三维偏振态的琼斯表示。式 (3.8) 和式 (3.10) 分别给出了线偏振光和圆偏振光的三维琼斯矢量表示，是式 (3.7) 的两种特殊情况。从物理意义上看，三维偏振态与二维偏振态最大的区别在于，三维偏振态不仅包含了光场矢量的偏振椭圆信息，同时表征了光场传播的方向特性。

3.1.2 三维偏振光追迹矩阵

对于近轴光线或者数值孔径较小的光束，波前曲率较小，琼斯矩阵为出瞳坐标的函数 [3]。但是对于数值孔径和波前曲率较大的光束，偏振光线追迹计算时，不同会聚角度的光线的局部坐标系截然不同，所以需要分别计算每一条光线在各自坐标系下的二维琼斯矢量，以及二维琼斯矢量的两个正交 x-y 分量在三维空间坐标系下的表示。比如，若要定义入射球面波和出射光波之间的琼斯矩阵，必须知道光线入射和出射时的局部坐标系，而波面上不同位置的光线的局部坐标系却是完全不同的。此外，这些不同的局部坐标系固有的奇异性会使计算变得非常复杂。

所谓局部坐标系固有的奇异性是指：人们通常采用球面上任意一点所在的经线和纬线来作为琼斯矢量的局部基底坐标系，该点与球心的连线作为光束的传播方向；显然这种方法能够表征任意传播方向的光线，但是根据绕数定理 [4]，在一个完整的球面上定义连续可微分的矢量场时，必定存在至少两个零值点，即在球面的两个极点上，虽然传播方向确定，但是基底坐标系的定义却有无数种组合形式而不唯一确定。若将 2×2 的琼斯矩阵推广到三维空间来处理光线的任意传播方向，则可以避免局部坐标系的奇异性问题。

定义三维琼斯矩阵 ^3G 来表征纯态 (不涉及退偏效应) 光学系统的偏振特性：

$$^3G = \begin{bmatrix} g_{11} & g_{12} & g_{13} \\ g_{21} & g_{22} & g_{23} \\ g_{31} & g_{32} & g_{33} \end{bmatrix} \tag{3.11}$$

假设光线在光学系统中传播时，一共经过了 n 个光学界面，每个光学界面按光线经过的顺序依次编号，用符号 q 表示，如图 3.2 所示。若各光学界面之间的光学介质都是各向同性的，那么光线的偏振态仅在各个光学界面上发生改变。如图 3.3 所示，光线与第 q 个光学界面相互作用之前和之后，其传播矢量可能会由于折射、反射或衍射等物理现象而发生改变，即 $\hat{k}_q$ 不一定等于 $\hat{k}_{q-1}$，相应的三维偏振态的改变由该光学界面的三维琼斯矩阵 ^3G_q 决定：

$$^3\boldsymbol{E}_q = {}^3G_q \cdot {}^3\boldsymbol{E}_{q-1} \tag{3.12}$$

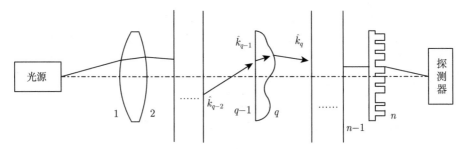

图 3.2　光线在光学系统各光学界面之间的传播

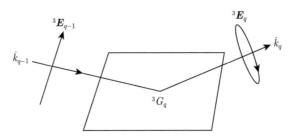

图 3.3　第 q 个光学界面的三维琼斯矩阵对三维偏振态的作用

则整个光学系统的三维琼斯矩阵等于各个光学界面的琼斯矩阵的级联，需要注意级联的次序按照光线经过光学界面的先后而序列追迹，如下式：

$$^3G_{\text{total}} = {}^3G_n \cdot {}^3G_{n-1} \cdots {}^3G_q \cdots {}^3G_2 \cdot {}^3G_1 = \prod_{q=n,-1}^{1} {}^3G_q \qquad (3.13)$$

如果各光学界面之间的光学介质是各向异性的，如双折射介质或二向色性介质等，那么在偏振光追迹过程中就不能认为偏振态的改变只发生在光学界面上，而忽略光学介质对光束偏振性质的影响。假设第 q 个光学界面与第 $q+1$ 个光学界面之间的光学介质的偏振特性矩阵为 $A_{q+1,q}$，那么整个光学系统的三维琼斯矩阵应该改写为

$$^3G_{\text{total}} = {}^3G_n \cdot A_{n,n-1} \cdot {}^3G_{n-1} \cdots A_{3,2} \cdot {}^3G_2 \cdot A_{2,1} \cdot {}^3G_1 = {}^3G_n \prod_{q=n-1,-1}^{1} A_{q+1,q} {}^3G_q \quad (3.14)$$

当光学介质为各向同性介质时，其偏振特性矩阵 $A_{q+1,q}$ 等于单位矩阵，则式 (3.14) 简化为式 (3.13)；当光学介质为应力双折射介质时，其偏振特性矩阵 $A_{q+1,q}$ 为典型的延迟矩阵；当光学介质为二向色性介质时，其偏振特性矩阵 $A_{q+1,q}$ 为典型的二向衰减矩阵；当光学介质为方解石、金红石等具有较强双折射效应的晶体时，光束会分解为两种模式 (通常称 o 光和 e 光) 按照两种不同路径传输，且每个模式的光线都有相应的偏振特性矩阵，等效为两种不同的起偏器。

　　由于任意偏振态都可以看成是两个线性无关的偏振态的线性组合，所以式(3.12)中三维琼斯矩阵对任意偏振态的变换作用，都可以看成是对两个线性无关的偏振态分别变换后的线性组合，即利用式 (3.12) 实质上只能产生 6 个线性无关的方程组。但是三维琼斯矩阵中有 9 个元素，仅由式 (3.12) 是无法完全定义三维琼斯矩阵的。考虑到三维琼斯矢量不仅包含了光场偏振态信息，同时表征了光场传播的方向特性，所以三维琼斯矩阵也应该包含对光场波矢量的变换作用，以此来增加一组关于波矢量的 3 个约束条件，来完整约束三维琼斯矩阵的 9 个元素，即

$$^{3}G_{q} \cdot \hat{k}_{q-1} = \gamma \hat{k}_{q} \tag{3.15}$$

其中，γ 为增益系数，考虑到三维琼斯矩阵 $^{3}G_{q}$ 多次级联后，上式依然成立，则 γ 只可能取 0 或 1。若 $\gamma = 0$，则 $^{3}G_{q}$ 总为奇异矩阵，总有为零的特征值和奇异值，不存在逆矩阵；若 $\gamma = 1$，则只有理想起偏器的三维琼斯矩阵才是奇异矩阵；因此我们选取 $\gamma = 1$。则式 (3.15) 改写为

$$^{3}G_{q} \cdot \hat{k}_{q-1} = \hat{k}_{q} \tag{3.16}$$

　　从本质上讲，偏振现象是由光学系统对不同偏振态光束的振幅透射率 (反射率) 或相位延迟的差异性而导致的；对于光学系统中每一个光学界面，折射或反射时产生的偏振现象通常基于菲涅耳公式来进行计算。根据菲涅耳公式可以得到 TE 和 TM 分量的振幅透 (反) 射系数，从而确定振幅比和相位差的变化，需要注意的是，TE 和 TM 矢量的定义与波矢量以及光学界面的法矢量是紧密相关的，即对于不同的入射光线，菲涅耳公式的局部坐标系是完全不同的，因此偏振光线追迹过程中不可避免地会涉及不同局部坐标系之间的频繁变换。为了简化计算，将琼斯矩阵推广到三维空间，建立全局坐标系，每个光学界面的三维琼斯矩阵则不仅包含了由折射、反射等物理现象而引起的偏振特性，还包含了全局坐标系与菲涅耳公式局部坐标系之间的变换关系。

　　对于反射或折射光学界面，沿 TE 和 TM 方向振动的线偏振光分别为菲涅耳公式的本征偏振态，因此本书以 TE 矢量、TM 矢量以及波矢量构成正交基底来建立第 q 个光学界面上入射光线的局部坐标系 $\left(\hat{s}_{q}, \hat{p}_{q}, \hat{k}_{q-1}\right)$ 和出射光线的局部坐标系 $\left(\hat{s}'_{q}, \hat{p}'_{q}, \hat{k}_{q}\right)$，如图 3.4 所示。各矢量的具体定义如下：

$$\hat{s}_{q} = \frac{\hat{k}_{q-1} \times \hat{k}_{q}}{\left|\hat{k}_{q-1} \times \hat{k}_{q}\right|}, \quad \hat{p}_{q} = \hat{k}_{q-1} \times \hat{s}_{q}, \quad \hat{s}'_{q} = \hat{s}_{q}, \quad \hat{p}'_{q} = \hat{k}_{q} \times \hat{s}_{q} \tag{3.17}$$

注意这里的所有矢量均为单位矢量，在光线经过光学界面之前和之后，除了 $\hat{s}_{q}$ 保持不变以外，其他矢量都发生了改变。当光线垂直于光学界面正入射时，折射或反

射后的出射光矢量与入射光矢量相等或相反，$\hat{k}_q = \pm\hat{k}_{q-1}$，此时根据式 (3.17) 是无法确定 $\hat{s}_q$ 的，那么可以选取与入射波矢量 $\hat{k}_{q-1}$ 正交的任意单位矢量作为 $\hat{s}_q$，相关的其他矢量按式 (3.17) 进行计算。

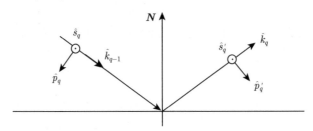

图 3.4　菲涅耳公式局部坐标系的定义

斯涅耳定律描述了光线在光学界面上发生折射或反射时的标量表示，而在三维相干光场的偏振光追迹过程中，数学模型的完全矢量化要求我们给出斯涅耳定律的矢量表示。如图 3.5 所示，光学界面两边均匀介质的折射率分别为 n_1 和 n_2，光学界面的法矢量为 N，入射光的波矢量为 $\hat{k}_{q-1}$，入射角为 θ_1，反射光的波矢量为 $\hat{k}_{q,\mathrm{r}}$，透射光的波矢量为 $\hat{k}_{q,\mathrm{t}}$，那么斯涅耳定律的矢量表示如下 [5]：

$$\hat{k}_{q,\mathrm{r}} = \hat{k}_{q-1} - 2\left(\hat{k}_{q-1} \cdot N\right) N \tag{3.18}$$

$$\hat{k}_{q,\mathrm{t}} = \frac{n_1}{n_2}\hat{k}_{q-1} + \left[\frac{n_1}{n_2}\cos\theta_1 - \sqrt{1 - \left(\frac{n_1}{n_2}\right)^2\left(1 - \cos^2\theta_1\right)}\right] N \tag{3.19}$$

$$\cos\theta_1 = -\hat{k}_{q-1} \cdot N \tag{3.20}$$

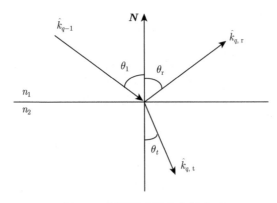

图 3.5　斯涅耳定律的矢量表示

为了解决全局坐标系与菲涅耳公式局部坐标系之间的坐标变换问题, 构建两个实值幺正矩阵, 来实现不同正交坐标系之间的旋转变换:

$$
O_{\mathrm{in},q} = \left[\begin{array}{ccc} \hat{s}_{x,q} & \hat{p}_{x,q} & \hat{k}_{x,q-1} \\ \hat{s}_{y,q} & \hat{p}_{y,q} & \hat{k}_{y,q-1} \\ \hat{s}_{z,q} & \hat{p}_{z,q} & \hat{k}_{z,q-1} \end{array} \right], \quad O_{\mathrm{out},q} = \left[\begin{array}{ccc} \hat{s}'_{x,q} & \hat{p}'_{x,q} & \hat{k}_{x,q} \\ \hat{s}'_{y,q} & \hat{p}'_{y,q} & \hat{k}_{y,q} \\ \hat{s}'_{z,q} & \hat{p}'_{z,q} & \hat{k}_{z,q} \end{array} \right] \tag{3.21}
$$

这两个矩阵中元素的下角标中的 x, y, z 表示各种单位矢量在全局坐标系 $Oxyz$ 下沿三个坐标轴方向的分量。其中, $O_{\mathrm{in},q}$ 的逆矩阵为

$$
O_{\mathrm{in},q}^{-1} = \left[\begin{array}{ccc} \hat{s}_{x,q} & \hat{s}_{y,q} & \hat{s}_{z,q} \\ \hat{p}_{x,q} & \hat{p}_{y,q} & \hat{p}_{z,q} \\ \hat{k}_{x,q-1} & \hat{k}_{y,q-1} & \hat{k}_{z,q-1} \end{array} \right] \tag{3.22}
$$

三维琼斯矢量与波矢量是相互正交的, 因此, $^3\boldsymbol{E}_q \cdot \hat{k}_{q-1} = 0$, 则有

$$
O_{\mathrm{in},q}^{-1} \cdot {}^3\boldsymbol{E}_{q-1} = \left[\begin{array}{c} {}^3E_{x,q-1} \cdot \hat{s}_{x,q} + {}^3E_{y,q-1} \cdot \hat{s}_{y,q} + {}^3E_{z,q-1} \cdot \hat{s}_{z,q} \\ {}^3E_{x,q-1} \cdot \hat{p}_{x,q} + {}^3E_{y,q-1} \cdot \hat{p}_{y,q} + {}^3E_{z,q-1} \cdot \hat{p}_{z,q} \\ 0 \end{array} \right] = \left[\begin{array}{c} {}^3E_{s,q-1} \\ {}^3E_{p,q-1} \\ 0 \end{array} \right] \tag{3.23}
$$

上式表明, 幺正矩阵 $O_{\mathrm{in},q}^{-1}$ 使在全局坐标系下表征入射光偏振态的三维琼斯矢量 $^3\boldsymbol{E}_{q-1}$ 变换到入射光的局部坐标系 $\left(\hat{s}_q, \hat{p}_q, \hat{k}_{q-1} \right)$ 中, $^3E_{s,q-1}$ 和 $^3E_{p,q-1}$ 分别为 $^3\boldsymbol{E}_{q-1}$ 在入射光局部坐标系下沿 $\hat{s}_q$ 和 $\hat{p}_q$ 方向的投影。同理, 幺正矩阵 $O_{\mathrm{out},q}$ 可以将出射光的局部坐标系 $\left(\hat{s}'_q, \hat{p}'_q, \hat{k}_q \right)$ 中的矢量变换回全局坐标系 $Oxyz$ 中。

光线在电介质、金属以及多层薄膜等光学界面上的反射和折射, 通常被分解为 TE 分量和 TM 分量, 并利用各自的振幅透 (反) 射系数来表征其偏振特性, 如下式:

$$
{}^3W_{\mathrm{r},q} = \left[\begin{array}{ccc} r_{\mathrm{s},q} & 0 & 0 \\ 0 & r_{\mathrm{p},q} & 0 \\ 0 & 0 & 1 \end{array} \right], \quad {}^3W_{\mathrm{t},q} = \left[\begin{array}{ccc} t_{\mathrm{s},q} & 0 & 0 \\ 0 & t_{\mathrm{p},q} & 0 \\ 0 & 0 & 1 \end{array} \right] \tag{3.24}
$$

其中, $^3W_{\mathrm{r},q}$ 为反射时的局部坐标系下的琼斯矩阵; $r_{\mathrm{s},q}$ 和 $r_{\mathrm{p},q}$ 分别为 TE 波和 TM 波的振幅反射系数; $^3W_{\mathrm{t},q}$ 为透射时的局部坐标系下的琼斯矩阵; $t_{\mathrm{s},q}$ 和 $t_{\mathrm{p},q}$ 分别为 TE 波和 TM 波的振幅透射系数。下面讨论几种情况。

(1) 对于两种各向同性的均匀介质之间的未镀膜光学界面, 反射或折射时局部坐标系下的琼斯矩阵中的振幅系数可以直接由菲涅耳公式求得。

(2) 对于镀制多层薄膜的光学界面, 关于反射和折射时的振幅系数, 以及反射相变和折射相变的计算将在后文中给出详细的推导和说明。

(3) 对于光栅、全息图、亚波长光栅以及其他各向异性的光学界面，式 (3.24) 中的局部坐标系下的琼斯矩阵 ^3W_q 具有非零的对角线外元素，而不再是对角矩阵，其具体形式变为式 (3.25)；且注意对于不同衍射级次的光线，其局部坐标系下的琼斯矩阵 ^3W_q 是完全不同的。

$$^3W_q = \begin{bmatrix} w_{11} & w_{12} & 0 \\ w_{21} & w_{22} & 0 \\ 0 & 0 & 1 \end{bmatrix} \tag{3.25}$$

通过以上分析，可推导出光学界面上发生折射或反射时三维琼斯矩阵的具体形式：

$$^3G_q = O_{\mathrm{out},q} \cdot {}^3W_q \cdot O_{\mathrm{in},q}^{-1} \tag{3.26}$$

其中，^3W_q 表征菲涅耳公式所定义的局部坐标系下的琼斯矩阵，幺正矩阵 $O_{\mathrm{in},q}$ 和 $O_{\mathrm{out},q}$ 用以实现局部坐标系与全局坐标系之间的坐标变换。可见，三维琼斯矩阵不仅取决于光学界面的相关物理特性，还依赖于光线的传播矢量。对于不同传播方向的光线，式 (3.21) 和式 (3.22) 所定义的用于坐标系正交变换的幺正矩阵是不同的。因此，在相干光场的三维偏振光追迹计算中，三维琼斯矩阵 ^3G 是针对单一光线来说的，每一条光线都有自己的三维琼斯矩阵。对入射光波在光学系统的入瞳处进行采样，根据式 (3.26) 分别追迹每一条采样光线在每个光学界面上的三维琼斯矩阵，根据式 (3.13) 或式 (3.14) 级联后得到整个光学系统对于每条采样光线的三维琼斯矩阵，根据式 (3.12) 及采样阵列中每条光线的入射三维偏振态求解出相应的出射偏振态，那么可以考察空间中任意平面上各光线的偏振态演化或指定空间位置处三维光场的相干叠加。

下面讨论光学薄膜的振幅透射和反射系数的计算方法。如图 3.6 所示的一个由 Q 层均匀介质构成的多层膜系，其参数包括入射介质的复折射率 N_{in}，基底的复折射率 N_{sub}，第 q 层介质的复折射率 N_q，第 q 层介质的几何厚度 d_q，入射光的波长 λ，入射角 θ_{in}，第 q 层介质的折射角 θ_q。根据麦克斯韦方程组和膜层间的边界条件，推导可得第 q 层的特征矩阵为 [6-8]

$$M_q = \begin{bmatrix} \cos\delta_q & -\dfrac{\mathrm{i}}{\eta_q}\sin\delta_q \\ -\mathrm{i}\eta_q\sin\delta_q & \cos\delta_q \end{bmatrix}, \quad \delta_q = \frac{2\pi}{\lambda}N_q d_q \cos\theta_q \tag{3.27}$$

δ_q 表示第 q 层的相位厚度，相位厚度对于 TE 波和 TM 波都相同。η_q 称为介质的有效导纳，对 TE 波和 TM 波具有不同的数学形式，有

$$\eta_q = \begin{cases} N_q \cos\theta_q, & \text{对于 TE 波} \\ \dfrac{N_q}{\cos\theta_q}, & \text{对于 TM 波} \end{cases} \tag{3.28}$$

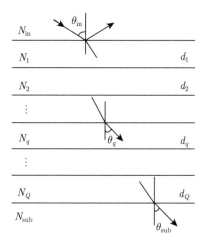

图 3.6 多层膜系及其参数

介质的复折射率 $N_q = n_q - \mathrm{i}\xi_q$，式中，$n_q$ 为介质的实折射率；ξ_q 为介质的消光系数，表征了介质对光场的吸收作用，$\xi_q = 0$ 表示介质无吸收。对于一个由 Q 层介质构成的膜系，当光从入射介质 N_{in} 以 θ_{in} 角度入射时，基底和薄膜的组合特征矩阵为

$$\left[\begin{array}{c} B \\ C \end{array} \right] = \prod_{q=1}^{Q} \left[\begin{array}{cc} \cos \delta_q & -\dfrac{\mathrm{i}}{\eta_q} \sin \delta_q \\ -\mathrm{i}\eta_q \sin \delta_q & \cos \delta_q \end{array} \right] \left[\begin{array}{c} 1 \\ \eta_{\mathrm{sub}} \end{array} \right] \tag{3.29}$$

$$Y = \frac{C}{B} \tag{3.30}$$

Y 称为膜系与基底组合的光学导纳，η_{sub} 为基底的有效导纳，根据光学导纳可以计算膜系的振幅反射系数和振幅透射系数：

$$r = \frac{\eta_0 B - C}{\eta_0 B + C} = |r| \, \mathrm{e}^{\mathrm{i}\varphi_{\mathrm{r}}}, \quad t = \frac{2\eta_0}{\eta_0 B + C} = |t| \, \mathrm{e}^{\mathrm{i}\varphi_{\mathrm{t}}} \tag{3.31}$$

其中，φ_{r} 和 φ_{t} 分别表示反射和透射时电场矢量的相位变化。对于 TE 波和 TM 波，振幅透射和反射的公式基本相同，区别仅在于式 (3.28) 的取值不同。从上述公式可见，膜系的光学性质除了与膜系的结构有关以外，还与波长、入射角、基底材料以及入射光的偏振态密切相关。

3.1.3　三维偏振光追迹矩阵中二向衰减系数的计算方法

在偏振光学中，二向衰减系数、相位延迟量以及退偏振系数是表征光学系统偏振特性的三个重要物理参量。二向衰减、相位延迟和退偏效应分别是理想的起偏器、波片和退偏振器所表现出来的主要偏振现象，而对于存在制造误差的偏振器件或者一般的光学系统, 会同时存在这几种偏振现象。本节主要研究基于三维琼斯矩阵计算二向衰减系数的方法。

以任意偏振态的光束入射到光学系统, 假设以某一偏振态入射时, 有最大出射光强值 I_{max}, 而以另一种偏振态入射时, 出射光强值最小为 I_{min}, 那么二向衰减系数 D_0 定义为 [9]

$$D_0 = \frac{I_{max} - I_{min}}{I_{max} + I_{min}}, \quad 0 \leqslant D_0 \leqslant 1 \tag{3.32}$$

二向衰减系数表征了光学系统的透射率对入射光束偏振态的选择性, 度量了对于不同偏振态的入射光束, 光学系统的透射率差异性的大小。对于理想的起偏器, 其二向衰减系数 $D_0 = 1$, 入射光束的偏振态信息在经过理想起偏器后完全丢失, 出射光束的偏振态取决于理想起偏器的三维琼斯矩阵。

对三维琼斯矩阵 ^3G 进行奇异值分解, 可得如下形式:

$$^3G = U \cdot D \cdot V^+ = \begin{bmatrix} \hat{k}_{x,out} & \hat{u}_{x,1} & \hat{u}_{x,2} \\ \hat{k}_{y,out} & \hat{u}_{y,1} & \hat{u}_{y,2} \\ \hat{k}_{z,out} & \hat{u}_{z,1} & \hat{u}_{z,2} \end{bmatrix} \cdot \begin{bmatrix} 1 & 0 & 0 \\ 0 & \Lambda_1 & 0 \\ 0 & 0 & \Lambda_2 \end{bmatrix} \cdot \begin{bmatrix} \hat{k}_{x,in}^* & \hat{k}_{y,in}^* & \hat{k}_{z,in}^* \\ \hat{v}_{x,1}^* & \hat{v}_{y,1}^* & \hat{v}_{z,1}^* \\ \hat{v}_{x,2}^* & \hat{v}_{y,2}^* & \hat{v}_{z,2}^* \end{bmatrix} \tag{3.33}$$

其中, $U = \begin{bmatrix} \hat{k}_{out} & \hat{u}_1 & \hat{u}_2 \end{bmatrix}$, $\hat{k}_{out}$ 为其第一列, 表示出射光的波矢量; $\hat{u}_1$ 和 $\hat{u}_2$ 分别为第二、第三列, 表示出射光横截面上的一对正交的偏振态, 分别对应具有最大出射光强和最小出射光强的两个特殊的出射光偏振态; 这三个相互正交的单位矢量所构成的一组标准正交基即构建了 3×3 的幺正矩阵 U。同理, $V = \begin{bmatrix} \hat{k}_{in} & \hat{v}_1 & \hat{v}_2 \end{bmatrix}$, $\hat{k}_{in}$ 为其第一列, 表示入射光的波矢量; $\hat{v}_1$ 和 $\hat{v}_2$ 分别为第二、第三列, 分别表示入射光横截面上具有最大出射光强和最小出射光强的两个相互正交的入射光偏振态; 这三个相互正交的单位矢量所构成的另一组标准正交基组成了 3×3 的幺正矩阵 V, 式 (3.33) 中矩阵 $V^\dagger$ 表示 V 的共轭转置矩阵。一般情况下, 入射光线与出射光线的传播方向是不同的, 所以三维琼斯矩阵 ^3G 的特征向量并不表示光束偏振态。只有当入射光与出射光的波矢量相等时, U 和 V 这两个幺正矩阵才有相同的特征向量, 三维琼斯矩阵 ^3G 的特征根才等于奇异值。

对角矩阵 D 中对角线上的三个元素均为三维琼斯矩阵 ^3G 的奇异值, 且都是非负实数。根据式 (3.16) 可知, 关于波矢量的传输条件为完整定义三维琼斯矩阵 ^3G 中的 9 个矩阵元素提供了有效约束, 因此三维琼斯矩阵 ^3G 总有一个奇异值等于 1。为了避免计算中的混淆, 规定奇异值 Λ_1 对应具有最大出射光强的入射偏振态 $\hat{v}_1$ 和出射偏振态 $\hat{u}_1$, 奇异值 Λ_2 对应具有最小出射光强的入射偏振态 $\hat{v}_2$ 和出射偏振态 $\hat{u}_2$, 那么有如下关系式:

$$\Lambda_1 \geqslant \Lambda_2 \geqslant 0 \tag{3.34}$$

$$\begin{cases} {}^3G \cdot \hat{k}_{\mathrm{in}} = \hat{k}_{\mathrm{out}} \\ {}^3G \cdot \hat{v}_1 = \varLambda_1 \hat{u}_1 \\ {}^3G \cdot \hat{v}_2 = \varLambda_2 \hat{u}_2 \end{cases} \tag{3.35}$$

$\hat{v}_1$ 和 $\hat{v}_2$ 通常为相互正交的三维琼斯矢量，经过三维琼斯矩阵 ${}^3G$ 的变换作用后，出射的三维琼斯矢量 $\hat{u}_1$ 和 $\hat{u}_2$ 依旧保持正交性，所以 $\hat{v}_1$ 和 $\hat{v}_2$ 可以作为描述入射光偏振态的一组典范基，任意归一化的三维琼斯矢量都可以写成是 $\hat{v}_1$ 和 $\hat{v}_2$ 的线性组合：

$$ {}^3\boldsymbol{E} = a \cdot \hat{v}_1 + b \cdot \hat{v}_2 \tag{3.36}$$

式中，a 和 b 都为复数，且满足 $\sqrt{|a|^2 + |b|^2} = 1$。

联立式 (3.35) 和式 (3.36)，可得出射光的三维琼斯矢量：

$$ {}^3\boldsymbol{E}' = {}^3G \cdot {}^3\boldsymbol{E} = {}^3G\left(a\hat{v}_1 + b\hat{v}_2\right) = a\varLambda_1 \cdot \hat{u}_1 + b\varLambda_2 \cdot \hat{u}_2 \tag{3.37}$$

考虑到 $\hat{u}_1$ 和 $\hat{u}_2$ 为正交的单位矢量，出射光束的光强为

$$\begin{aligned} I' = \left|{}^3\boldsymbol{E}'\right|^2 &= |a|^2 \varLambda_1^2 \left(\hat{u}_1 \cdot \hat{u}_1\right) + |b|^2 \varLambda_2^2 \left(\hat{u}_2 \cdot \hat{u}_2\right) + 2|a||b|\varLambda_1\varLambda_2 \left(\hat{u}_1 \cdot \hat{u}_2\right) \\ &= |a|^2 \varLambda_1^2 + |b|^2 \varLambda_2^2 = |a|^2 \varLambda_1^2 + \left(1 - |a|^2\right)\varLambda_2^2 \\ &= |a|^2 \left(\varLambda_1^2 - \varLambda_2^2\right) + \varLambda_2^2 \end{aligned} \tag{3.38}$$

由式 (3.34) 可知，$|a|^2 \left(\varLambda_1^2 - \varLambda_2^2\right)$ 和 $\varLambda_2^2$ 这两部分都为正值，所以当 $|a|^2 = 1$ 时，出射光强为最大值 $I'_{\max} = \varLambda_1^2$，入射光的偏振态为 ${}^3\boldsymbol{E} = \hat{v}_1$；当 $|a|^2 = 0$ 时，出射光强为最小值 $I'_{\min} = \varLambda_2^2$，入射光的偏振态为 ${}^3\boldsymbol{E} = \hat{v}_2$。那么，式 (3.32) 可以改写为

$$ D_0 = \frac{\varLambda_1^2 - \varLambda_2^2}{\varLambda_1^2 + \varLambda_2^2}, \quad \varLambda_1 \geqslant \varLambda_2 \geqslant 0 \tag{3.39}$$

即式 (3.33) 和式 (3.39) 给出了通过对三维琼斯矩阵 ${}^3G$ 进行奇异值分解，来计算二向衰减系数 D_0 的数学方法。下面以一个简单的例子对该方法进行说明。

如图 3.5 所示，假设光线由空气入射到 N-BK7 光学玻璃界面上，那么 $n_1 = 1$，$n_2 = 1.515@632.8\mathrm{nm}$，定义面 xy 为入射面，z 轴垂直于纸面向外，光学界面的法矢量 $\boldsymbol{N} = (0, 1, 0)$，那么入射光的波矢量 $\hat{k}_{q-1} = (\sin\theta_1, -\cos\theta_1, 0)$，根据式 (3.18) 可得反射光的波矢量 $\hat{k}_{q,\mathrm{r}} = (\sin\theta_1, \cos\theta_1, 0)$，根据式 (3.17) 可得其他几个单位矢量：$\hat{s}'_q = \hat{s}_q = (0, 0, 1)$，$\hat{p}_q = (-\cos\theta_1, -\sin\theta_1, 0)$，$\hat{p}'_q = (\cos\theta_1, -\sin\theta_1, 0)$。

当 $\theta_1 = 30°$ 时，利用式 (3.26)、式 (3.21)、式 (3.22)、式 (3.24) 以及菲涅耳公式可以得出反射时的三维琼斯矩阵为

$$ {}^3G = \begin{bmatrix} 0.1276 & -0.5037 & 0 \\ 0.5037 & -0.7092 & 0 \\ 0 & 0 & -0.2457 \end{bmatrix} \tag{3.40}$$

奇异值分解后得

$$U = \begin{bmatrix} 0.5 & 0 & 0.866 \\ 0.866 & 0 & -0.5 \\ 0 & -1 & 0 \end{bmatrix}, \quad D = \begin{bmatrix} 1 & 0 & 0 \\ 0 & 0.2457 & 0 \\ 0 & 0 & 0.1631 \end{bmatrix}$$

$$V = \begin{bmatrix} 0.5 & 0 & -0.866 \\ -0.866 & 0 & -0.5 \\ 0 & 1 & 0 \end{bmatrix} \tag{3.41}$$

可见，当入射光的偏振态为 $\hat{v}_1 = (0,0,1) = \hat{s}_q$ 时，反射光强为最大值，当入射光的偏振态 $\hat{v}_2 = (-0.866, -0.5, 0) = \hat{p}_q$ 时，反射光强为最小值，即 TE 矢量和 TM 矢量分别为光学界面的特征偏振态，该结论与菲涅耳公式局部坐标系的定义完全一致。利用式 (3.39)，由奇异值 $\Lambda_1 = 0.2457$，$\Lambda_2 = 0.1631$ 可以计算出二向衰减系数 $D_0 = 0.3883$，即此时反射界面等效于一个弱的二向衰减器。

同理，可以计算出任意入射角度时的二向衰减系数。图 3.7 给出了二向衰减系数与入射角的关系，从图中可以看出，当入射角从零开始增大时，二向衰减系数单调递增；当入射角等于布儒斯特角时，$\theta_1 = 56.57°$，二向衰减系数 $D_0 = 1$，此时反射界面等效于一个理想的起偏器；当入射角大于布儒斯特角后，二向衰减系数随着入射角的增大而单调递减。该例子简单地验证了关于二向衰减系数的计算方法的正确性。

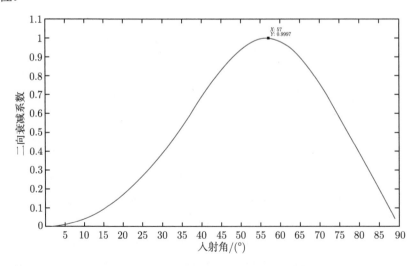

图 3.7　二向衰减系数与入射角的关系

3.1.4 三维偏振光追迹矩阵中相位延迟量的计算方法

相位延迟量表征了光学系统的两个本征偏振态之间的相对相位差，是与入射光偏振态相关的累积光程的物理特性。晶体波片是最为典型的延迟器，它将一束光分解为两种不同的偏振态，这两种偏振态之间存在由光程差而引起的相位差，延迟量是描述晶体波片偏振特性的主要物理参量。不涉及退偏效应的光学系统的琼斯矩阵一般都有两个相互正交的本征偏振态，那么相位延迟量等于对应的特征根的相位差；但对于非均匀的偏振元件，其本征偏振态是不正交的，这类元件可以等效为一个纯延迟器与一个二向衰减器的级联，相位延迟量等于纯延迟器的相位延迟量[10]。光学系统的入射光线的波矢量一般情况下并不等于出射光线的波矢量，那么每条光线的三维琼斯矩阵的特征偏振态并不能表示实际的电场矢量，所以将相位延迟量的概念扩展到三维琼斯矩阵中非常复杂。为了解决该问题，一般在局部坐标系中计算相位延迟量，那么延迟量的大小与局部坐标系的选择有一定关系。计算光学系统的相位延迟量的分布，有助于研究与偏振态相关的波前像差[9]。本节主要讨论三维偏振光追迹过程中局部坐标矢量的平行传输与光学系统中光线的几何变换，研究如何将三维琼斯矩阵中描述相位延迟量的部分与表征坐标系旋转的部分分离开来，从而给出相位延迟量的计算方法。

首先需要明确相位延迟的概念，当光束在光学系统中传播时，光束的相位改变包括两类：第一类是与光学元件的面形误差或光束传播路径相关的光程而产生的相位改变，是表示电场矢量的复振幅中的绝对相位部分，即式 (3.1) 中的公共相位因子，这种相位改变与偏振无关；第二类是由光学系统自身的偏振特性而对不同偏振态的光束产生不同的透射相变或反射相变，使式 (3.3) 中表示电场矢量的各分量之间的相位差发生改变，这种相位差的改变即本书所说的相位延迟，其延迟量的大小与坐标系的选择无关。在三维偏振光追迹过程中，相位延迟是定义在局部坐标系中的，三维琼斯矩阵不仅包含了由光在光学界面上的反射和折射、光在双折射晶体中传播、光经过衍射光栅等物理过程引起的相位延迟，还包含各种坐标系之间的几何变换，要想计算真实的相位延迟，必须先从三维琼斯矩阵中将表示几何变换的部分剔除。

下面用一个例子来说明坐标系的几何变换对计算相位延迟的影响。如图 3.8(a) 所示，偏振态生成器与偏振态分析器的局部坐标系有一个夹角 θ，在偏振态生成器和分析器之间不放置任何光学元件来测量偏振特性矩阵，那么根据椭偏测量术测量得到的二维琼斯矩阵为旋转矩阵与单位矩阵的级联：

$$G_{\mathrm{a}} = \left[\begin{array}{cc} \cos\theta & \sin\theta \\ -\sin\theta & \cos\theta \end{array} \right] \cdot \left[\begin{array}{cc} 1 & 0 \\ 0 & 1 \end{array} \right] = \left[\begin{array}{cc} \cos\theta & \sin\theta \\ -\sin\theta & \cos\theta \end{array} \right] \tag{3.42}$$

求特征根和特征向量可得

$$\lambda_1 = \mathrm{e}^{\mathrm{i}\theta}, \quad \lambda_2 = \mathrm{e}^{-\mathrm{i}\theta}, \quad \boldsymbol{w}_1 = \begin{bmatrix} 1 \\ -\mathrm{i} \end{bmatrix}, \quad \boldsymbol{w}_2 = \begin{bmatrix} 1 \\ \mathrm{i} \end{bmatrix} \tag{3.43}$$

特征向量分别表示右旋圆偏振光和左旋圆偏振光。测量所得的相位延迟可以由特征根的辐角之差来计算[11]：

$$\delta_{\mathrm{a}} = \arg(\lambda_1) - \arg(\lambda_2) = 2\theta \tag{3.44}$$

　　可见，虽然并没有任何实际的偏振器件对光束的相位进行变换作用，但是计算得到的延迟量却不为零，这说明描述琼斯矩阵的局部坐标系的不同会引入由几何变换而产生的伪相位延迟量，坐标系的旋转等效为一个延迟量为 2θ 的圆延迟器。

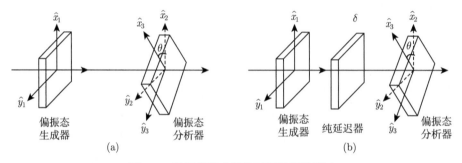

图 3.8　坐标变换对相位延迟计算的影响

　　如图 3.8(b) 所示，若在此前的基础上，在偏振态生成器和偏振态分析器之间放置一个相位延迟量为 δ 的圆延迟器，那么根据椭偏测量术测量得到的二维琼斯矩阵为旋转矩阵与圆延迟器琼斯矩阵的级联：

$$G_{\mathrm{b}} = \begin{bmatrix} \cos\theta & \sin\theta \\ -\sin\theta & \cos\theta \end{bmatrix} \cdot \begin{bmatrix} \mathrm{e}^{\mathrm{i}\delta/2} & 0 \\ 0 & \mathrm{e}^{-\mathrm{i}\delta/2} \end{bmatrix} = \begin{bmatrix} \mathrm{e}^{\mathrm{i}\delta/2}\cos\theta & \mathrm{e}^{-\mathrm{i}\delta/2}\sin\theta \\ -\mathrm{e}^{\mathrm{i}\delta/2}\sin\theta & \mathrm{e}^{-\mathrm{i}\delta/2}\cos\theta \end{bmatrix} \tag{3.45}$$

求取特征根后根据式 (3.44) 可求得相位延迟量：

$$\delta_{\mathrm{b}} = 2\arg\left[\cos\left(\theta + \frac{\delta}{2}\right) + \mathrm{i}\left|\sin\left(\theta + \frac{\delta}{2}\right)\right|\right] \tag{3.46}$$

　　可见，测量所得的相位延迟量与局部坐标系的旋转角度 θ 有密切关系。这表明局部坐标系的旋转变换对我们从三维琼斯矩阵中求解出真实的相位延迟是非常不利的，下面讨论如何从三维琼斯矩阵中剔除这种由几何变换而产生的伪相位延迟量的数学方法。

　　若光线在光学系统中传播时，一共经过 n 个光学界面的折射或反射，假设最终出射光线的波矢量 $\hat{k}_{\mathrm{out}}$ 等于最初入射光线的波矢量 $\hat{k}_{\mathrm{in}}$，但是在光学系统内部传播时, 光线的传播方向改变了很多次。经过每个光学界面后的波矢量 $\hat{k}_q$ 可以表示成单位球面上的点, 点和点之间的圆弧线表示光学界面对波矢量的变换作用, 那么局部坐标矢量的平行传输可以看成是球面上沿着一系列圆弧线移动点的过程。由于 $\hat{k}_{\text{out}} = \hat{k}_{\text{in}}$, 所以各个光学界面对波矢量的连续变换在球面上形成了一个封闭的球面多边形。根据前面章节所述, 对于每个光学界面, 我们以 TE 矢量、TM 矢量以及波矢量构成的正交基底来分别建立光线的局部坐标系, 当光线在光学系统中传播时, 局部坐标系会由于平行传输而发生变化, 这种变化一般表现为坐标系之间的相对旋转。而不同局部坐标系之间相对旋转的角度 (用弧度表示) 等于球面多边形所构成的立体角 [12]。这种由不同局部坐标系之间的旋转变换引起的几何相位与量子力学中的 Pancharatnam 相位 [13,14] 或 Berry 相位 [15] 是等效的。

每个光学界面上局部坐标系的旋转变换用平行传输矩阵 ^3Q_q 来表示, ^3Q_q 定义为一个 3×3 的实值幺正矩阵, 只表示几何变换而不涉及偏振效应等任何物理过程。对于折射, ^3Q_q 表示局部坐标系绕着矢量 $\hat{k}_{q-1} \times \hat{k}_q$(即矢量 $\hat{s}$) 旋转一个角度, 该角度等于光线折射时的偏折角。对于反射, ^3Q_q 表示局部坐标系相对光学界面作镜像, 且光学界面的法向量 $\boldsymbol{N} = \hat{k}_{q-1} - \hat{k}_q$。对于衍射和散射, 则可以根据光学系统的具体结构形式来选择用反射还是折射时的平行传输矩阵 ^3Q_q: 当 $\hat{k}_{q-1}$ 与 $\hat{k}_q$ 处于相同介质中时, 选用反射时的 ^3Q_q; 当 $\hat{k}_{q-1}$ 与 $\hat{k}_q$ 处于不同介质中时, 选用折射时的 ^3Q_q。整个光学系统的平行传输矩阵 $^3Q_{\text{total}}$ 等于各个光学界面上平行传输矩阵 ^3Q_q 的级联:

$$^3Q_{\text{total}} = {}^3Q_n \cdot {}^3Q_{n-1} \cdots {}^3Q_q \cdots {}^3Q_2 \cdot {}^3Q_1 = \prod_{q=n,-1} {}^3Q_q \tag{3.47}$$

值得注意的是, 在计算光学系统的平行传输矩阵时, 透射光的局部坐标系与入射光的局部坐标系满足相同的手系规则; 反射光的局部坐标系与入射光的局部坐标系满足的手系规则相反。若光学系统中包含多个反射界面, 那么第 q 个反射界面上的局部坐标系满足左手系还是右手系取决于反射次数, 奇数次反射将改变手征性, 而偶数次反射保持手征性不变。即计算平行传输矩阵 ^3Q_q 时, 局部坐标系的定义与菲涅耳公式的局部坐标系定义存在手征性上的差异, 为了便于理解, 以物理光学中反射时的半波损失为例来解释存在手征性差异的必要性。如图 3.9 所示, 菲涅耳公式的局部坐标系都满足右手定则, 对于外反射, 当光线垂直于光学界面入射时, $\hat{s}_q = \hat{s}'_q$, $\hat{p}'_q = -\hat{p}_q$, $r_{\text{s}} < 0$, $r_{\text{p}} > 0$, 所以 TE 矢量在反射后有 π 的相变, TM 矢量由于在出射和入射坐标系中的初始定义方向就相反, 所以反射光整体相对入射光有 π 的相变, 但是 TE 和 TM 分量之间不产生相位差的变化; 当光线掠入射时, $r_{\text{s}} < 0$, $r_{\text{p}} < 0$, $\hat{s}_q = \hat{s}'_q$, $\hat{p}'_q = \hat{p}_q$, 所以反射光的 TE 和 TM 矢量相对入射光均产生 π 的相变; 这就是外反射时的 "半波损失", 这里反射光束产生 π 的相变指的

是公共相位因子, 而不是 TE 和 TM 分量之间的相对相位差。然而对于反射界面,
标准的二维琼斯矩阵为

$$G_{\mathrm{r}} = \left[\begin{array}{cc} r_{\mathrm{s}} & 0 \\ 0 & -r_{\mathrm{p}} \end{array} \right] \tag{3.48}$$

该式表示 TE 和 TM 分量之间存在 π 的相位差, 这与上面的分析是矛盾的, 实质
上二维琼斯矩阵所表现出来的 π 的相位差只是由菲涅耳公式的局部坐标系之间的
几何变换而产生的。矛盾的主要原因就在于保证菲涅耳公式的局部坐标系都满足
右手定则。这种坐标系的定义方法在单纯追迹光场中偏振态的演化时是简单而有
效的, 但是在评价光学系统自身的相位延迟特性时, 却会引入由几何变换而产生的
伪相位延迟量。因此本书在计算平行传输矩阵 $^{3}Q_{q}$ 时, 可能会涉及手征性的改变。

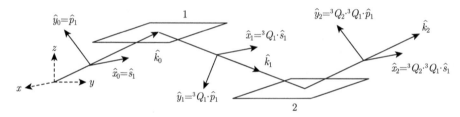

图 3.9　平行传输时局部坐标系手系的变化

如图 3.9 所示, 入射时局部坐标系 $\left(\hat{x}_0, \hat{y}_0, \hat{k}_0\right)$ 满足右手定则, 经一次反射后
局部坐标系 $\left(\hat{x}_1, \hat{y}_1, \hat{k}_1\right)$ 满足左手定则, 经两次反射后局部坐标系 $\left(\hat{x}_2, \hat{y}_2, \hat{k}_2\right)$ 又满
足右手定则。对于反射, 平行传输的局部坐标系中 $\hat{x}$ 与 $\hat{s}$ 方向一致, $\hat{y}$ 与 $\hat{p}$ 方向一
致或相反; 对于折射, 平行传输的局部坐标系中 $\hat{x}$ 与 $\hat{s}$ 方向一致, $\hat{y}$ 与 $\hat{p}$ 方向一
致; 对于光栅衍射或散射等情况, 平行传输的局部坐标系与菲涅耳公式的局部坐标
系不再有对应关系。

下面给出第 q 个光学界面上平行传输矩阵 $^{3}Q_{q}$ 的具体计算形式[16]。

若发生折射, 则

$$^{3}Q_{q} = \left[\begin{array}{ccc} \hat{s}_{x,q} & \hat{p}'_{x,q} & \hat{k}_{x,q} \\ \hat{s}_{y,q} & \hat{p}'_{y,q} & \hat{k}_{y,q} \\ \hat{s}_{z,q} & \hat{p}'_{z,q} & \hat{k}_{z,q} \end{array} \right] \cdot \left[\begin{array}{ccc} \hat{s}_{x,q} & \hat{p}_{x,q} & \hat{k}_{x,q-1} \\ \hat{s}_{y,q} & \hat{p}_{y,q} & \hat{k}_{y,q-1} \\ \hat{s}_{z,q} & \hat{p}_{z,q} & \hat{k}_{z,q-1} \end{array} \right]^{-1} \tag{3.49}$$

若发生反射，则

$$
{}^3Q_q = \begin{bmatrix} 1 - \dfrac{2\left(\hat{k}_{x,q-1} - \hat{k}_{x,q}\right)^2}{A^2} & -\dfrac{B}{A^2} & -\dfrac{C}{A^2} \\[3mm] -\dfrac{B}{A^2} & 1 - \dfrac{2\left(\hat{k}_{y,q-1} - \hat{k}_{y,q}\right)^2}{A^2} & -\dfrac{D}{A^2} \\[3mm] -\dfrac{C}{A^2} & -\dfrac{D}{A^2} & 1 - \dfrac{2\left(\hat{k}_{z,q-1} - \hat{k}_{z,q}\right)^2}{A^2} \end{bmatrix}
\tag{3.50}
$$

其中，

$$
\begin{cases}
A = \mathrm{norm}\left(\hat{k}_{q-1} - \hat{k}_q\right) \\
B = 2\left(\hat{k}_{x,q-1} - \hat{k}_{x,q}\right)\left(\hat{k}_{y,q-1} - \hat{k}_{y,q}\right) \\
C = 2\left(\hat{k}_{x,q-1} - \hat{k}_{x,q}\right)\left(\hat{k}_{z,q-1} - \hat{k}_{z,q}\right) \\
D = 2\left(\hat{k}_{y,q-1} - \hat{k}_{y,q}\right)\left(\hat{k}_{z,q-1} - \hat{k}_{z,q}\right)
\end{cases}
\tag{3.51}
$$

平行传输矩阵为入射光和出射光横截面上的局部坐标系提供了完整的变换关系，尽管出射光的波矢量不等于入射光的波矢量，但是利用平行传输矩阵能够正确计算真实的相位延迟量。${}^3Q_{\mathrm{total}}^{-1}$ 可以从三维琼斯矩阵中剔除几何变换的作用：

$$
{}^3P_{\mathrm{total}} = {}^3Q_{\mathrm{total}}^{-1} \cdot {}^3G_{\mathrm{total}}
\tag{3.52}
$$

这里，${}^3P_{\mathrm{total}}$ 为 3×3 的偏振光追迹矩阵，其表示出射光场矢量绕 $\hat{k}_0 \times \hat{k}_n$ 旋转一定角度或沿光学界面作镜像后，出射光场和入射光场的横截面相互平行且都垂直于入射光的波矢量 $\hat{k}_0$ 时的三维琼斯矩阵。对于一般的光学系统，${}^3P_{\mathrm{total}}$ 包含了二向衰减、相位延迟和退偏效应等有关偏振特性，由于三维琼斯矢量只能表征完全偏振光场，所以本章的讨论主要涉及不包含退偏效应的纯态光学系统。对于纯态光学系统，${}^3P_{\mathrm{total}}$ 只包含二向衰减与相位延迟，而相位延迟量主要取决于复数的辐角，要想将相位延迟与二向衰减分离开来，可以借助矩阵的极分解方法。

对 3×3 的复系数矩阵进行极分解：

$$
{}^3P_{\mathrm{total}} = {}^3P_{\mathrm{total,R}} \cdot {}^3P_{\mathrm{total,D}}
\tag{3.53}
$$

那么可得一个幺正矩阵 ${}^3P_{\mathrm{total,R}}$ 和一个正定的厄米矩阵 ${}^3P_{\mathrm{total,D}}$，当 ${}^3P_{\mathrm{total}}$ 为可逆矩阵时，极分解的结果是唯一的。根据极分解的数学特性，${}^3P_{\mathrm{total}}$ 的行列式可写成如下形式：

$$
\det\left({}^3P_{\mathrm{total}}\right) = \det\left({}^3P_{\mathrm{total,D}}\right)\det\left({}^3P_{\mathrm{total,R}}\right) = a \cdot \mathrm{e}^{ib}
\tag{3.54}
$$

　　由此可见，矩阵的极分解与复数的极坐标分解的相似之处：厄米矩阵 ${}^3P_{\text{total,D}}$ 对应模长部分 $a = \left|\det\left({}^3P_{\text{total}}\right)\right| = \det\left({}^3P_{\text{total,D}}\right)$，在物理意义上表示二向衰减；幺正矩阵 ${}^3P_{\text{total,R}}$ 对应辐角部分 $b = \det\left({}^3P_{\text{total,R}}\right)$，在物理意义上表示相位延迟。所以在本书的三维偏振光追迹算法中，称 ${}^3P_{\text{total,D}}$ 为二向衰减矩阵，称 ${}^3P_{\text{total,R}}$ 为相位延迟矩阵：

$$
{}^3P_{\text{total,D}} = \sqrt{{}^3P_{\text{total}}^{+} \cdot {}^3P_{\text{total}}} \tag{3.55}
$$

$$
{}^3P_{\text{total,R}} = {}^3P_{\text{total}} \cdot {}^3P_{\text{total,D}}^{-1} \tag{3.56}
$$

　　式 (3.55) 和式 (3.56) 给出了二向衰减矩阵 ${}^3P_{\text{total,D}}$ 和相位延迟矩阵 ${}^3P_{\text{total,R}}$ 的一般算法。若对偏振光追迹矩阵 ${}^3P_{\text{total}}$ 进行奇异值分解，也可以根据奇异值分解的结果来计算二向衰减矩阵 ${}^3P_{\text{total,D}}$ 和相位延迟矩阵 ${}^3P_{\text{total,R}}$，方法如下：

$$
{}^3P_{\text{total}} = U_P \cdot D_P \cdot V_P^{+} \tag{3.57}
$$

$$
{}^3P_{\text{total,D}} = V_P \cdot D_P \cdot V_P^{+} \tag{3.58}
$$

$$
{}^3P_{\text{total,R}} = U_P \cdot V_P^{+} \tag{3.59}
$$

其中，式 (3.57) 表示对偏振光追迹矩阵 ${}^3P_{\text{total}}$ 进行奇异值分解，U_P 和 V_P 均为幺正矩阵。通过极分解，可以从偏振光追迹矩阵中将相位延迟矩阵 ${}^3P_{\text{total,R}}$ 提取出来，然后求取 ${}^3P_{\text{total,R}}$ 的特征根 λ_1，λ_2，λ_3 和特征向量 $\hat{v}_1$，$\hat{v}_2$，$\hat{v}_3$。可以发现必然有一个特征根 $\lambda_3 = 1$，其对应的特征向量为入射光的波矢量 $\hat{v}_3 = \hat{k}_0$。假设 $\arg(\lambda_2) > \arg(\lambda_1)$，那么快轴方向沿着特征向量 $\hat{v}_1$，定义在物空间。相位延迟量可以由下式计算：

$$
\delta = \arg(\lambda_2) - \arg(\lambda_1) \tag{3.60}
$$

　　需要说明的是，若偏振光追迹矩阵 ${}^3P_{\text{total}}$ 为齐次矩阵，就没有必要对 ${}^3P_{\text{total}}$ 进行极分解，因为此时 ${}^3P_{\text{total}}$ 与 ${}^3P_{\text{total,R}}$ 具有相同的特征根和特征向量，可以直接求取 ${}^3P_{\text{total}}$ 的特征根来计算相位延迟量。

　　下面以一个简单的例子对相位延迟量的计算方法进行说明。如图 3.10 所示，整个光学系统由三个镀金属铝膜的反射面组成，这三个反射面在空间上处于不同的平面，保证光线在每个反射面上的入射角都为 45°，$(\hat{x}, \hat{y}, \hat{z})$ 构成全局坐标系，在该坐标系下入射光线的波矢量为 $\hat{k}_0 = (0,0,1)$，经过第一次反射后 $\hat{k}_1 = (1,0,0)$，经过第二次反射后 $\hat{k}_2 = (0,1,0)$，经过第三次反射后 $\hat{k}_3 = (0,0,1) = \hat{k}_0$。假设以 632.8nm 的平面波入射，那么金属铝膜的反射率为 $n = 1.37 + 7.62\text{i}$，各个反射界面上偏振光追迹的结果见表 3.1。

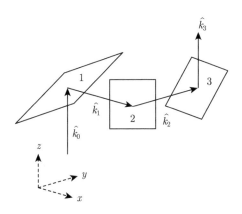

图 3.10 镀铝的三反射光学系统

表 3.1 镀铝三反射系统的各个反射面的波矢量、法矢量、三维琼斯矩阵和平行传输矩阵

q	$\hat{k}_q$	$\boldsymbol{N}_q$	^3G_q			^3Q_q		
1	$\begin{bmatrix} 1 \\ 0 \\ 0 \end{bmatrix}$	$\begin{bmatrix} 0.7071 \\ 0 \\ -0.7071 \end{bmatrix}$	$\begin{bmatrix} 0 & 0 & 1 \\ 0 & -0.9534+0.1722\mathrm{i} & 0 \\ -0.8793+0.3284\mathrm{i} & 0 & 0 \end{bmatrix}$			$\begin{bmatrix} 0 & 0 & 1 \\ 0 & 1 & 0 \\ 1 & 0 & 0 \end{bmatrix}$		
2	$\begin{bmatrix} 0 \\ 1 \\ 0 \end{bmatrix}$	$\begin{bmatrix} -0.7071 \\ 0.7071 \\ 0 \end{bmatrix}$	$\begin{bmatrix} 0 & -0.8793+0.3284\mathrm{i} & 0 \\ 1 & 0 & 0 \\ 0 & 0 & -0.9534+0.1722\mathrm{i} \end{bmatrix}$			$\begin{bmatrix} 0 & 1 & 0 \\ 1 & 0 & 0 \\ 0 & 0 & 1 \end{bmatrix}$		
3	$\begin{bmatrix} 0 \\ 0 \\ 1 \end{bmatrix}$	$\begin{bmatrix} 0 \\ -0.7071 \\ 0.7071 \end{bmatrix}$	$\begin{bmatrix} -0.9534+0.1722\mathrm{i} & 0 & 0 \\ 0 & 0 & -0.8793+0.3284\mathrm{i} \\ 0 & 1 & 0 \end{bmatrix}$			$\begin{bmatrix} 1 & 0 & 0 \\ 0 & 0 & 1 \\ 0 & 1 & 0 \end{bmatrix}$		

根据式 (3.13) 可得整个光学系统的三维琼斯矩阵:

$$^3G_{\text{total}} = {}^3G_3 \cdot {}^3G_2 \cdot {}^3G_1 = \begin{bmatrix} 0 & -0.6653+0.5774\mathrm{i} & 0 \\ -0.5349+0.6651\mathrm{i} & 0 & 0 \\ 0 & 0 & 1 \end{bmatrix} \quad (3.61)$$

利用式 (3.33) 和式 (3.39) 可计算出系统的二向衰减系数 $D_0 = 0.0317$,所以整个系统表现出十分微弱的二向衰减特性。由式 (3.61) 可以看出,当入射光为沿着 $\hat{x}$ 方向的线偏振光时,出射光为 $\hat{y}$ 方向的线偏振光;当入射光为沿着 $\hat{y}$ 方向的线偏振光时,出射光为 $\hat{x}$ 方向的线偏振光。根据式 (3.47) 可以计算出整个光学系统的平行传输矩阵:

$$
{}^3Q_{\text{total}} = {}^3Q_3 \cdot {}^3Q_2 \cdot {}^3Q_1 = \begin{bmatrix} 0 & 1 & 0 \\ 1 & 0 & 0 \\ 0 & 0 & 1 \end{bmatrix} \tag{3.62}
$$

对于平行传输矩阵的局部坐标系，最初入射光的局部坐标系为 $(-\hat{y}, \hat{x}, \hat{z})$，满足右手定则；经过三次反射后，最终出射光的局部坐标系为 $(-\hat{x}, \hat{y}, \hat{z})$，为左手系，可见入射光的局部坐标系经过光学系统的平行传输和手征性反转的作用后，绕 z 轴旋转了 90°。根据式 (3.52)，从三维琼斯矩阵 ${}^3G_{\text{total}}$ 中剔除几何变换的影响，得偏振光追迹矩阵 ${}^3P_{\text{total}}$：

$$
{}^3P_{\text{total}} = {}^3Q_{\text{total}}^{-1} \cdot {}^3G_{\text{total}} = \begin{bmatrix} -0.5349 + 0.6651\text{i} & 0 & 0 \\ 0 & -0.6653 + 0.5774\text{i} & 0 \\ 0 & 0 & 1 \end{bmatrix} \tag{3.63}
$$

根据式 (3.53)、式 (3.55) 和式 (3.56) 对 ${}^3P_{\text{total}}$ 进行极分解，可得

$$
{}^3P_{\text{total,R}} = \begin{bmatrix} -0.6267 + 0.7793\text{i} & 0 & 0 \\ 0 & -0.7552 + 0.6555\text{i} & 0 \\ 0 & 0 & 1 \end{bmatrix} \tag{3.64}
$$

求 ${}^3P_{\text{total,R}}$ 的特征根和特征向量，$\lambda_1 = e^{0.7148\text{i}}$，$\lambda_2 = e^{0.8935\text{i}}$，$\lambda_3 = 1$，$\hat{v}_1 = (1, 0, 0)$，$\hat{v}_2 = (0, 1, 0)$，$\hat{v}_3 = (0, 0, 1) = \hat{k}_3$，根据式 (3.60) 可求得相位延迟量 $\delta = 10.2385°$。其实，在这个例子中 ${}^3P_{\text{total}}$ 为齐次矩阵，所以不必对其进行极分解，直接求得 ${}^3P_{\text{total}}$ 的特征根和特征向量，得到的相位延迟量与上述结果是一致的。

综上所述，镀金属铝膜的三反射光学系统的二向衰减系数非常小，但具有一定的相位延迟量，因此整个光学系统主要等效为一个快轴沿 x 方向、延迟量为 10.2385° 的线延迟器。

本节主要研究了平行传输矩阵的定义，以及相位延迟量的数学计算方法。对于不涉及退偏效应的光学系统，三维琼斯矩阵 ${}^3G_{\text{total}}$ 完整地表征了二向衰减、相位延迟以及几何变换等因素引起的对光束偏振态的改变。平行传输矩阵 ${}^3Q_{\text{total}}$ 表征了几何变换作用，通过用平行传输矩阵的逆阵 ${}^3Q_{\text{total}}^{-1}$ 左乘三维琼斯矩阵 ${}^3G_{\text{total}}$，可以剔除三维琼斯矩阵中几何变换作用的影响，避免了由局部坐标系的变换而引起的附加相位变化 (即伪相位延迟量)，得到计算相位延迟的基本矩阵 ${}^3P_{\text{total}}$，通过对其进行极分解可得二向衰减矩阵 ${}^3P_{\text{total,D}}$ 和相位延迟矩阵 ${}^3P_{\text{total,R}}$，计算相位延迟矩阵的特征根和特征向量即可得相位延迟量及其本征偏振态。

3.1.5　二向衰减系数及相位延迟量在光学系统中的传播规律

3.1.4 节讨论了镀金属铝膜的三反射光学系统的相位延迟量的计算方法，整理各个光学界面上各参量的计算结果，可得二向衰减系数和相位延迟量在三反射光

学系统各光学界面上的分布 (表 3.2)。

表 3.2 二向衰减系数和相位延迟量在三反射光学系统各光学界面上的分布

q	1	2	3	合计
D_0	0.0317	0.0317	0.0317	0.0317
δ	10.2385°	10.2385°	10.2385°	10.2385°

可见, 光学系统总的二向衰减系数和相位延迟量都不等于各个光学界面上二向衰减系数和相位延迟量的简单求和, 这与局部坐标系之间的相对旋转有密切关系, 如图 3.11(a) 所示, 第二个反射面的入射光线的局部坐标系相对于第一个反射面的出射光局部坐标系逆时针旋转了 90°。为了研究二向衰减系数和相位延迟量在光学系统中的传播规律, 考虑一般情况, 若两个传播方向一致且满足右手定则的局部坐标系相对旋转角度为 φ, 以顺时针为正, 如图 3.11(b) 所示, 那么由坐标系的旋转而造成的偏振态的变化可以用 TE 和 TM 分量的振幅比和相位差来表示。

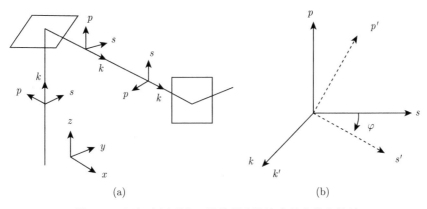

(a)   (b)

图 3.11 局部坐标系在三维偏振光追迹中的变换和旋转

由式 (2.47) 可得初始局部坐标系 $\left(\hat{s}, \hat{p}, \hat{k}\right)$ 下的二维琼斯矢量:

$$\boldsymbol{E} = \left[\begin{array}{c} E_{\mathrm{s}} \\ E_{\mathrm{p}} \end{array}\right] = \frac{E_{0x}}{E_0} \left[\begin{array}{c} 1 \\ \alpha_0 \mathrm{e}^{\mathrm{i}\delta} \end{array}\right] \tag{3.65}$$

这里, $\alpha_0 = E_{0y}/E_{0x}$, $\delta = \delta_y - \delta_x$ 分别为 TM 分量与 TE 分量的振幅比与相位差。当初始坐标系发生旋转后, 在局部坐标系 $\left(\hat{s}', \hat{p}', \hat{k}'\right)$ 下的二维琼斯矢量为

$$\boldsymbol{E}' = \left[\begin{array}{cc} \cos\varphi & -\sin\varphi \\ \sin\varphi & \cos\varphi \end{array}\right] \left[\begin{array}{c} E_{\mathrm{s}} \\ E_{\mathrm{p}} \end{array}\right] = \frac{E_{0x}\left(\cos\varphi - \alpha_0\sin\varphi\mathrm{e}^{\mathrm{i}\delta}\right)}{E_0} \left[\begin{array}{c} 1 \\ \dfrac{\sin\varphi + \alpha_0\cos\varphi\mathrm{e}^{\mathrm{i}\delta}}{\cos\varphi - \alpha_0\sin\varphi\mathrm{e}^{\mathrm{i}\delta}} \end{array}\right]$$
$$\tag{3.66}$$

对比式 (3.66) 和式 (3.65)，只考虑振幅比和相位差的部分，那么坐标旋转后二维琼斯矢量的振幅比和相位差包含在下式中：

$$\alpha_0' e^{i\delta'} = \frac{\sin\varphi + \alpha_0 \cos\varphi e^{i\delta}}{\cos\varphi - \alpha_0 \sin\varphi e^{i\delta}} \tag{3.67}$$

将上式展开，分为实部和虚部两个部分：

$$\sin\varphi + \alpha_0 \cos\varphi \cos\delta - \alpha_0' \cos\varphi \cos\delta' + \alpha_0 \alpha_0' \sin\varphi \cos(\delta + \delta') = 0 \tag{3.68}$$

$$\alpha_0 \cos\varphi \sin\delta - \alpha_0' \cos\varphi \sin\delta' + \alpha_0 \alpha_0' \sin\varphi \sin(\delta + \delta') = 0 \tag{3.69}$$

联立式 (3.68) 和式 (3.69)，求解可得坐标系旋转后的相位差和振幅比：

$$\tan\delta' = \frac{\sin\delta}{\dfrac{1 - \alpha_0^2}{2\alpha_0} \sin 2\varphi + \cos 2\varphi \cos\delta} \tag{3.70}$$

$$\alpha_0' = \frac{\sin\varphi + \alpha_0 \cos\varphi \cos\delta}{\cos\varphi \cos\delta' - \alpha_0 \sin\varphi \cos(\delta + \delta')} \tag{3.71}$$

在二维琼斯矩阵算法中，二向衰减系数与本征态的振幅比有关：

$$D_0 = \frac{1 - \alpha_0^2}{1 + \alpha_0^2} \tag{3.72}$$

所以，局部坐标系的旋转会同时导致相位延迟量和二向衰减系数的改变。下面讨论几种特殊情况：

(1) 当旋转角度 $\varphi = 0$，或 $\varphi = \pm\pi$ 时，振幅比 $\alpha_0' = \alpha_0$，相位延迟量 $\delta' = \delta$，二向衰减系数 $D_0' = D_0$，此时相邻的两个光学表面的入射面相互平行，这两个光学界面的二向衰减系数和相位延迟量可以直接求和。

(2) 当旋转角度 $\varphi = \pm\pi/2$ 时，振幅比 $\alpha_0' = -1/\alpha_0$，相位延迟量 $\delta' = -\delta$，二向衰减系数 $D_0' = -D_0$，此时相邻的两个光学表面的入射面相互垂直，这两个光学界面的二向衰减系数和相位延迟量相互抵消。表 3.2 中，就是因为三个反射面中有两个反射面的二向衰减系数和相位延迟量相互抵消，所以整个系统的二向衰减系数和相位延迟量等于其中一个面的二向衰减系数和相位延迟量。

可见，当相邻的两个光学表面的入射面相互垂直时，这两个光学界面的二向衰减系数和相位延迟量是相互抵消的，这个结论为我们研制光学保偏器件提供了一个新的思路。

根据式 (3.70)、式 (3.71) 和式 (3.72)，依次对各个光学界面上的局部坐标系中两个本征偏振态的振幅比和相位差进行迭代计算，就可以得到二向衰减系数和相位延迟量在光学系统中的传播规律。

3.2 相位延迟的分布特性及解包裹算法

描述延迟器特性的一般方法为琼斯矩阵法，即将光束分解为两个相互正交的模式，并在这两个模式之间产生一定的相位差。此外，也可以利用缪勒矩阵和庞加莱球表示法来描述延迟器的偏振特性，即延迟器使庞加莱球上表征偏振态的点在球面上产生旋转，转角等于相位延迟量，延迟器的级联等效于庞加莱球上偏振态的连续旋转。但是这些方法都将相位延迟量限制在一个波长以内，即 $\delta \in [-\pi, \pi]$，无法表征晶体波片等延迟器的级次。当考虑光场的相干叠加或系统的偏振像差时，若真实的相位延迟量超过一个波长，那么计算出来的相位延迟量是错误的，会产生错误的相位突变，这对研究光场的相位空间分布是非常不利的。因此，本节主要研究三维相位延迟空间，推导相位延迟的色散模型，讨论相位延迟包裹的物理图像，并进一步研究相位延迟解包裹的数学方法。

3.2.1 三维相位延迟空间及分布特性

利用泡利自旋矩阵对二维琼斯矩阵进行展开：

$$G = \begin{bmatrix} G_{xx} & G_{xy} \\ G_{yx} & G_{yy} \end{bmatrix} = \sum_{j=0}^{3} \alpha_j \sigma_j = \begin{bmatrix} \alpha_0 + \alpha_1 & \alpha_2 + i\alpha_3 \\ \alpha_2 - i\alpha_3 & \alpha_0 - \alpha_1 \end{bmatrix} \quad (3.73)$$

其中，α_j 为琼斯矩阵的展开系数，为复数；σ_j 为泡利自旋矩阵，定义见式 (2.71)。类比式 (2.77)，可计算出琼斯矩阵的展开系数：

$$\alpha_0 = \frac{G_{xx} + G_{yy}}{2}, \quad \alpha_1 = \frac{G_{xx} - G_{yy}}{2}, \quad \alpha_2 = \frac{G_{xy} + G_{yx}}{2}, \quad \alpha_3 = \frac{i(G_{yx} - G_{xy})}{2} \tag{3.74}$$

琼斯矩阵的展开系数 α_j，可以用一个标量 α_0 和一个三维矢量 $\boldsymbol{\alpha} = (\alpha_1, \alpha_2, \alpha_3)$ 组成的四元数来表示 [17]，泡利自旋矩阵也写成四元数的形式，则 $\boldsymbol{\sigma} = (\sigma_1, \sigma_2, \sigma_3)^{\mathrm{T}}$。对于一个纯的相位延迟器，不包含二向衰减，那么其琼斯矩阵为幺正矩阵，属于幺正群，行列式为 1 的 2×2 的幺正矩阵的集合构成一个子群，为特殊幺正群 $SU(2)$。一般的特殊幺正群的群元，是由三维矢量 $\boldsymbol{\alpha}$ 来参数化的，其模为标量 $\alpha = |\boldsymbol{\alpha}|$。将三维矢量 $\boldsymbol{\alpha}$ 单位化：

$$\hat{\alpha} = \frac{\boldsymbol{\alpha}}{\alpha} \tag{3.75}$$

$$(\boldsymbol{\alpha} \cdot \boldsymbol{\sigma})^2 = \begin{bmatrix} \alpha_1 & \alpha_2 + i\alpha_3 \\ \alpha_2 - i\alpha_3 & -\alpha_1 \end{bmatrix}^2 = (\alpha_1^2 + \alpha_2^2 + \alpha_3^2) \begin{bmatrix} 1 & 0 \\ 0 & 1 \end{bmatrix} = \alpha^2 \cdot \sigma_0 \quad (3.76)$$

$$(\hat{\alpha} \cdot \boldsymbol{\sigma})^2 = \sigma_0 \tag{3.77}$$

这里, 矩阵 σ_0 表示 2×2 的单位矩阵。下面先讨论矩阵的指数形式:

$$\exp\left(-\mathrm{i}\boldsymbol{\alpha} \cdot \boldsymbol{\sigma}\right) = \sum_{n=0}^{\infty} \frac{\left(-\mathrm{i}\boldsymbol{\alpha} \cdot \boldsymbol{\sigma}\right)^n}{n!} = \sigma_0 - \boldsymbol{\alpha} \cdot \boldsymbol{\sigma} + \frac{1}{2}\left(-\mathrm{i}\boldsymbol{\alpha} \cdot \boldsymbol{\sigma}\right)^2 + \frac{1}{6}\left(-\mathrm{i}\boldsymbol{\alpha} \cdot \boldsymbol{\sigma}\right)^3 + \cdots$$

$$= \sigma_0 - \boldsymbol{\alpha} \cdot \boldsymbol{\sigma} + \frac{\alpha^2}{2} + \frac{\alpha^3}{6}\left(-\mathrm{i}\hat{\boldsymbol{\alpha}} \cdot \boldsymbol{\sigma}\right) + \cdots \tag{3.78}$$

对正弦函数和余弦函数进行泰勒展开:

$$\cos\alpha = \sum_{n=0}^{\infty} \frac{\left(-1\right)^n}{\left(2n\right)!}\alpha^{2n} = 1 - \frac{\alpha^2}{2} + \frac{\alpha^4}{24} - \cdots \tag{3.79}$$

$$\sin\alpha = \sum_{n=0}^{\infty} \frac{\left(-1\right)^n}{\left(2n+1\right)!}\alpha^{2n+1} = \alpha - \frac{\alpha^3}{6} + \frac{\alpha^5}{120} - \cdots \tag{3.80}$$

将式 (3.79) 和式 (3.80) 代入式 (3.78), 则式 (3.78) 可化简为

$$\exp\left(-\mathrm{i}\boldsymbol{\alpha} \cdot \boldsymbol{\sigma}\right) = \cos\alpha - \mathrm{i}\hat{\boldsymbol{\alpha}} \cdot \boldsymbol{\sigma}\sin\alpha = \sigma_0 \cdot \cos\alpha - \mathrm{i}\frac{\boldsymbol{\alpha}}{\alpha} \cdot \boldsymbol{\sigma}\sin\alpha \tag{3.81}$$

由泡利自旋矩阵的数学性质 (式 (2.72)、式 (2.73)) 可知, 除了单位矩阵 σ_0 以外, 其他三个泡利自旋矩阵是相互正交的, 可以构成任意 2×2 矩阵的基底矩阵。假设 $\boldsymbol{\alpha} = \boldsymbol{\delta}/2 = (\delta_{\mathrm{H}}, \delta_{45}, \delta_{\mathrm{R}})/2$, 那么任意一个纯相位延迟器的琼斯矩阵都可以表示为泡利自旋矩阵之和的指数形式:

$$G = \exp\left(-\mathrm{i}\boldsymbol{\delta} \cdot \boldsymbol{\sigma}\right) = \exp\left[-\mathrm{i}\left(\delta_{\mathrm{H}}\sigma_1 + \delta_{45}\sigma_2 + \delta_{\mathrm{R}}\sigma_3\right)\right]$$

$$= \sigma_0 \cdot \cos\frac{\delta}{2} - \mathrm{i}\sin\frac{\delta}{2}\left(\frac{\delta_{\mathrm{H}}\sigma_1 + \delta_{45}\sigma_2 + \delta_{\mathrm{R}}\sigma_3}{\delta}\right) \tag{3.82}$$

其中, $\delta = \sqrt{\delta_{\mathrm{H}}^2 + \delta_{45}^2 + \delta_{\mathrm{R}}^2}$ 为相位延迟量, $\delta_{\mathrm{H}}, \delta_{45}, \delta_{\mathrm{R}}$ 为 δ 分别在三个正交基底上的投影分量。式 (3.73) 可以写作

$$G = \alpha_0\left(\sigma_0 + \frac{\alpha_1}{\alpha_0}\sigma_1 + \frac{\alpha_2}{\alpha_0}\sigma_2 + \frac{\alpha_3}{\alpha_0}\sigma_3\right) = \alpha_0\left(\sigma_0 + \beta_1\sigma_1 + \beta_2\sigma_2 + \beta_3\sigma_3\right) \tag{3.83}$$

可见, α_0 为琼斯矩阵中的偏振无关项, 表征绝对振幅和相位改变。$\boldsymbol{\alpha}$ 中的三个元素为与偏振态改变相关的数学参量。对比式 (3.82) 和式 (3.83) 可以得出琼斯矩阵中与偏振相关的项 β_1, β_2, β_3 的表达式:

$$\beta_1 = \frac{\alpha_1}{\alpha_0} = -\mathrm{i}\tan\left(\frac{\delta}{2}\right)\frac{\delta_{\mathrm{H}}}{\delta} \tag{3.84}$$

$$\beta_2 = \frac{\alpha_2}{\alpha_0} = -\mathrm{i}\tan\left(\frac{\delta}{2}\right)\frac{\delta_{45}}{\delta} \tag{3.85}$$

$$\beta_3 = \frac{\alpha_3}{\alpha_0} = -\mathrm{i}\tan\left(\frac{\delta}{2}\right)\frac{\delta_{\mathrm{R}}}{\delta} \tag{3.86}$$

对式 (3.84)、式 (3.85) 和式 (3.86) 两边取平方，然后相加可得

$$\beta_1^2 + \beta_2^2 + \beta_3^2 = -\tan^2\left(\frac{\delta}{2}\right) \tag{3.87}$$

$$\delta = 2\arctan\left(\sqrt{-\beta_1^2 - \beta_2^2 - \beta_3^2}\right) \tag{3.88}$$

式 (3.88) 限定了琼斯计算中相位延迟量 δ 的取值范围，即 $\delta \in [-\pi, \pi]$。实质上当 δ 为负值时，可以看成是快轴的方向改变到与初始快轴方向正交的方向上，那么可以将相位延迟限定在 $[0, \pi]$，如图 3.12 所示，相位延迟量最大不会超过 π。

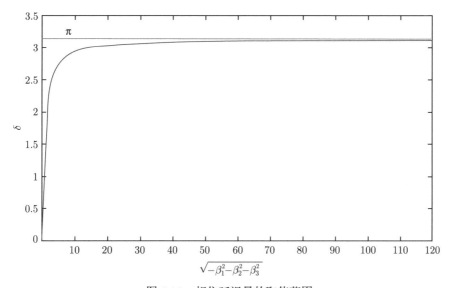

图 3.12 相位延迟量的取值范围

由式 (3.84)~ 式 (3.86) 可知，相位延迟在三个正交基底 σ_1, σ_2, σ_3 上的投影分量的计算方法如下式：

$$\delta_{\mathrm{H}} = \frac{\mathrm{i}\delta\beta_1}{\tan(\delta/2)}, \quad \delta_{45} = \frac{\mathrm{i}\delta\beta_2}{\tan(\delta/2)}, \quad \delta_{\mathrm{R}} = \frac{\mathrm{i}\delta\beta_3}{\tan(\delta/2)} \tag{3.89}$$

对于相位延迟矢量 $\boldsymbol{\delta} = (\delta_{\mathrm{H}}, \delta_{45}, \delta_{\mathrm{R}})$，表征了光学系统相位延迟特性，其中元素的具体物理意义与斯托克斯参数类似：δ_{H} 表示水平方向上与垂直方向上延迟分量的差值；δ_{45} 表示 $\pm 45°$ 方向上延迟分量的差值；δ_{R} 表示右旋与左旋光延迟量的差值。

考虑一种特殊情况，当 $\alpha_0 = 0$ 时，$\cos(\delta/2) = 0$，式 (3.82) 将简化为

$$G = -\mathrm{i} \sin \frac{\pm \pi}{2} \left(\frac{\delta_H \sigma_1 + \delta_{45} \sigma_2 + \delta_R \sigma_3}{\pm \pi} \right) = \frac{-\mathrm{i}}{\pi} (\delta_H \sigma_1 + \delta_{45} \sigma_2 + \delta_R \sigma_3) \tag{3.90}$$

此时，式 (3.89) 和式 (3.88) 将改写为

$$\delta_H = \mathrm{i} \pi \alpha_1, \quad \delta_{45} = \mathrm{i} \pi \alpha_2, \quad \delta_R = \mathrm{i} \pi \alpha_3 \tag{3.91}$$

$$\delta = 2 \arcsin \left(\sqrt{-\alpha_1^2 - \alpha_2^2 - \alpha_3^2} \right) \tag{3.92}$$

下面利用相位延迟量 δ 在三个正交基底 σ_1, σ_2, σ_3 上的投影分量 δ_H, δ_{45}, δ_R 为坐标轴来构建三维相位延迟空间，如图 3.13 所示，球面上的点表示系统的相位延迟，点到球心的距离等于相位延迟量 $\delta = \sqrt{\delta_H^2 + \delta_{45}^2 + \delta_R^2}$。位于 δ_H-δ_{45} 平面上的点表示纯线延迟器；位于坐标轴 δ_R 上的点表示纯圆延迟器。

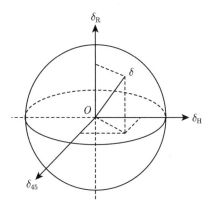

图 3.13   三维相位延迟空间

相位延迟器在琼斯矩阵表示下的本征偏振态也可以用 δ_H, δ_{45}, δ_R 来表示：

$$\boldsymbol{v}_f = \begin{bmatrix} \dfrac{\delta_H + \delta}{\delta_{45} - \mathrm{i} \delta_R} \\ 1 \end{bmatrix}, \quad \boldsymbol{v}_s = \begin{bmatrix} \dfrac{\delta_H - \delta}{\delta_{45} - \mathrm{i} \delta_R} \\ 1 \end{bmatrix} \tag{3.93}$$

其中，$\boldsymbol{v}_f$ 表示相位超前的本征偏振态；$\boldsymbol{v}_s$ 表示相位滞后的本征偏振态。本征偏振态 $\boldsymbol{v}_f$ 和 $\boldsymbol{v}_s$ 的椭率相等，方位角相差 90°，式 (3.94) 和式 (3.95) 分别给出了本征偏振态的偏振椭圆的椭率角和方位角的计算方法：

$$\varepsilon = \frac{1}{2} \arctan \left(\frac{\delta_R}{\sqrt{\delta_H^2 + \delta_{45}^2}} \right) \tag{3.94}$$

$$\psi_f = \frac{1}{2} \arctan \left(\frac{\delta_{45}}{\delta_H} \right), \quad \psi_s = \psi_f + \frac{\pi}{2} \tag{3.95}$$

在三维相位延迟空间中，相位延迟量的取值范围将不再受限，其值可为任意大小，如图 3.14 所示，在半径为 $m\pi$ 的球面上的点代表延迟量为 $m/2$ 个波长的相位延迟器，$m = 1, 2, 3, \cdots$。点 A 与 A' 关于球心对称，点 A 表示一系列相位延迟量为 $m\pi + \delta$ 且快轴均沿 $(\delta_\mathrm{H}, \delta_{45}, \delta_\mathrm{R})$ 方向的相位延迟器，点 A' 表示一系列相位延迟量为 $m\pi - \delta$ 且快轴均沿 $(-\delta_\mathrm{H}, -\delta_{45}, -\delta_\mathrm{R})$ 方向的相位延迟器，而点 A 与 A' 具有相同的琼斯矩阵。三维相位延迟空间的定义有利于读者更好地理解数学计算中的相位包裹现象和相位解包裹的数学意义。

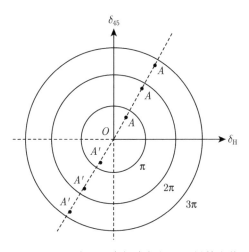

图 3.14 三维延迟空间中相位延迟量的取值

3.2.2 相位延迟的包裹现象

对于单色光波，通常无法区分具有不同公共相位因子的等效琼斯矩阵，如下式：

$$G_1 = \begin{bmatrix} 1 & 0 \\ 0 & 1 \end{bmatrix}, \quad G_2 = \mathrm{e}^{-2\pi\mathrm{i}} \begin{bmatrix} 1 & 0 \\ 0 & 1 \end{bmatrix}, \quad G_3 = \mathrm{e}^{-4\pi\mathrm{i}} \begin{bmatrix} 1 & 0 \\ 0 & 1 \end{bmatrix} \tag{3.96}$$

因此，在偏振光追迹中通常忽略单色光波的公共相位因子，把它们看成是相等的琼斯矩阵，而无法求解真实的相位延迟量。在迈克耳孙干涉仪中，利用多色光照明可以发现光程差为零的点，这种白光干涉仪的成功应用表明，利用多色光可以区分绝对相位项。当多色光波经过一个延迟器时，不同波长的光具有不同的相位延迟量，这是延迟器色散模型的基本原理。单色平面波的波动公式为

$$\boldsymbol{E}\left(\boldsymbol{r}, t\right) = E_0 \mathrm{e}^{\mathrm{i}(\boldsymbol{k} \cdot \boldsymbol{r} - \omega t)} = E_0 \mathrm{e}^{\mathrm{i}\left(\frac{2\pi n}{\lambda} \hat{k} \cdot \boldsymbol{r} - \omega t\right)} \tag{3.97}$$

其中，k 为传播方向 $\hat{k}$ 上的波矢量，其模值为波数；r 为任意点的矢径；λ 表示单色平面波的波长；n 为介质材料的折射率；ω 为角频率；t 为时间；E_0 为振幅。当平面波经过一个延迟器时，平面波传播的距离为

$$d = \hat{k} \cdot r \tag{3.98}$$

那么延迟器的相位延迟量与波长有关，取决于平面波相位项的变化：

$$\delta(\lambda) = \frac{2\pi n d}{\lambda} = \frac{\delta_0}{\lambda} \tag{3.99}$$

这里，假设延迟器的折射率不随波长变化，δ_0 为指定波长下延迟器的相位延迟量。严格地讲，介质材料的折射率随着波长的变化满足柯西色散公式，但是对于光谱带宽不大的场合，折射率随波长在很小的范围内变化，其对真实延迟量的影响较小。若考虑柯西色散公式，那么在推导相位延迟量的色散方程时会产生关于波长的高阶项，为了避免计算的复杂性，忽略高阶项对延迟量的微弱影响，假设折射率不随波长变化具有一定的合理性。式 (3.99) 即相位延迟量的色散公式。

　　下面通过一个例子来解释相位包裹现象。如图 3.15 所示，光学系统包含三个线性延迟器 (波片)，快轴方向相同且都沿着水平方向，材料都为石英晶体，但厚度不同。第二个波片的厚度是第一个波片厚度的 1.5 倍，第三个波片的厚度是第一个波片厚度的 2 倍，那么在相同波长下第二个波片和第三个波片的相位延迟量分别等于第一个波片延迟量的 1.5 倍和 2 倍，即有 $\delta_2(\lambda) = 3\delta_1(\lambda)/2$，$\delta_3(\lambda) = 2\delta_1(\lambda)$。若第一个波片的相位延迟量 $\delta_1 = \pi @ \lambda = 500\text{nm}$，那么这三个波片各自的相位延迟量和快轴方位在 250~3000nm 范围内随波长的变化分别如图 3.16~ 图 3.18 所示，注意这里的相位延迟量是根据式 (3.74)、式 (3.84)~ 式 (3.86)、式 (3.88) 计算得到的，最大值不超过 π，并不是真实的相位延迟。

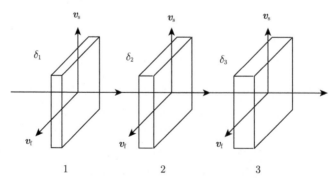

图 3.15　线性延迟器的级联系统

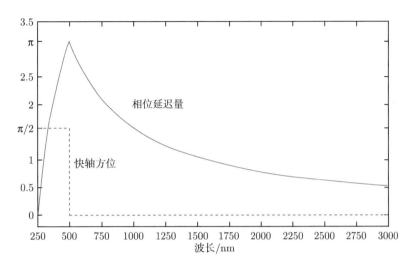

图 3.16 第一个波片的相位延迟量和快轴方位随波长的变化

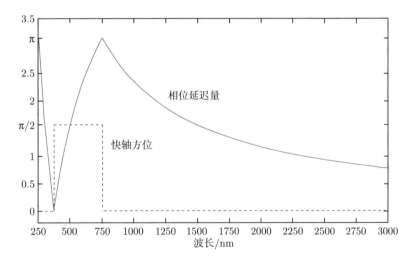

图 3.17 第二个波片的相位延迟量和快轴方位随波长的变化

由于光线在每个波片上的入射面都相互平行, 线性延迟器的级联系统的整体相位延迟量等于每个波片延迟量的简单求和:

$$\delta_{\text{total}}(\lambda) = \delta_1(\lambda) + \delta_2(\lambda) + \delta_3(\lambda) = 4.5\delta_1(\lambda) \tag{3.100}$$

整个系统的相位延迟量和快轴方位随波长的变化如图 3.19 所示。

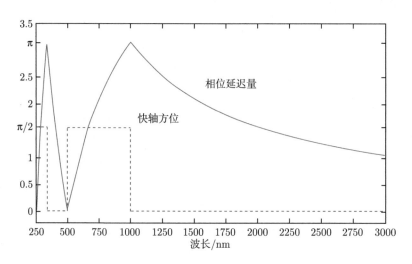

图 3.18   第三个波片的相位延迟量和快轴方位随波长的变化

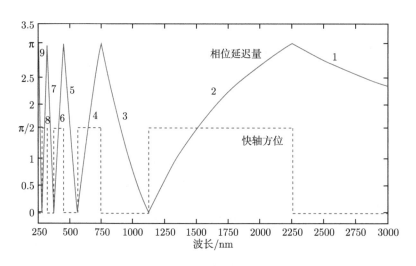

图 3.19   线性延迟器级联系统的相位延迟量和快轴方位随波长的变化

上述 4 个图中, 实线表示相位延迟量, 其值随着波长的变化在 $[0,\pi]$ 连续振荡; 虚线表示快轴方位, 只有 0 和 $\pi/2$ 这两种取值, 随波长呈阶梯形变化, 当快轴方位为 0 时表示快轴沿水平方向, 当快轴方位为 $\pi/2$ 表示快轴沿铅垂方向, 这两种情况下的快轴方向是相互正交的。对比这 4 个图可以发现, 线性延迟器的级数越大 (波片厚度值越大), 在相同的光谱范围内相位延迟的振荡次数越多, 快轴方位的改变次数越多, 相位包裹现象越明显。当 $\lambda = 500\text{nm}$ 时, 如果第一个波片的真实相位延迟量为 π, 那么第二个波片的真实相位延迟量应该为 $3\pi/2$, 第三个波片的真实相位延迟量应该为 2π，整个级联系统的真实相位延迟量应该为 $9\pi/2$。但是从图 3.17~ 图 3.19 中可以看出，第二个波片的相位延迟量为 $\pi/2$，第三个波片的相位延迟量为 0，整个级联系统的相位延迟量为 $\pi/2$，显然是错误的。

3.2.3 相位延迟解包裹算法

为了解决相位包裹的问题，得到正确的相位延迟量，下面本书将在三维相位空间中考察包裹的相位延迟的运动轨迹，深入讨论相位包裹的物理图像。

比较图 3.16~ 图 3.19 可以发现，当从右往左观察相位延迟量曲线时，初始时快轴总是沿水平方向，随着波长的逐渐减小，相位延迟量都是先单调递增到 π，再开始单调递减，快轴方位突变到铅垂方向，直到相位延迟量等于零，此后又开始单调递增到 π，快轴方位突变到水平方向，如此循环振荡。为了便于讨论，以图 3.19 为例，用数字从右往左分别标记每段曲线 $(q = 1, 2, 3, \cdots)$。可见当数字 q 为奇数时，相位延迟量随着波长的减小而单调递增，快轴沿水平方向；当数字 q 为偶数时，相位延迟量随着波长的减小而单调递减，快轴沿铅垂方向。

图 3.20 给出了随着波长的逐渐减小，相位延迟量在三维延迟空间中的运动轨迹，其中 9 个子图分别对应图 3.19 中用数字标记的各段曲线。包裹的相位延迟量在三维相位空间中，始终位于一个半径为 π 的球体内。由于该光学系统中所有波片的快轴都沿相同方向，整个系统的琼斯矩阵依旧为线性延迟矩阵，且快轴方位沿水平方向或铅垂方向，那么在三维相位延迟空间中，$\delta_R = 0$，$\delta_{45} = 0$ 始终成立，因此相位延迟量随波长的运动轨迹在 δ_H-δ_{45} 平面内，是沿着 δ_H 轴移动的一条直线。图 3.20 中 δ_H 轴上的点即表示包裹的相位延迟量，箭头方向表示随着波长的逐步减小，包裹的相位延迟量的变化趋势。先考察左上角的第 1 幅图，快轴沿着水平方向（位于 δ_H 轴的正半轴上），相位延迟量单调增大。当轨迹运动到半径为 π 的球面上时，快轴方位突变到铅垂方向（即位于 δ_H 轴的负半轴上），相位延迟量突变到其关于球心的对称点上，如第 2 幅图所示，此后相位延迟量开始单调递减向球心移动。当轨迹运动到球心处时，快轴方位再次突变到水平方向（位于 δ_H 轴的正半轴），相位延迟量为零，此后相位延迟量开始单调递增向半径为 π 的球面移动，如第 3 幅图所示。如此往复循环，相位延迟量的运动轨迹每经过一次球心或每到达一次半径为 π 的球面，快轴的方位就突变一次。在 250~3000nm 的光谱范围内，随着波长的减小，快轴在水平方向和铅垂方向总共突变了 8 次。需要注意的是，球心 $(0, 0, 0)$ 表征的是真实相位延迟量等于整数倍波长的相位延迟器，即 $\delta = 2m\pi(m = 0, 1, 2, \cdots)$，其琼斯矩阵等效为一个单位矩阵。

对于一个指定的相位延迟器，当波长减小时，真实的相位延迟量应该是单调递增的，但根据琼斯矩阵计算出来的相位延迟量在三维相位空间中的表现为：每当相位延迟量到达半径为 π 的球面时，相位延迟量就跳跃到球面关于球心的对称点上，

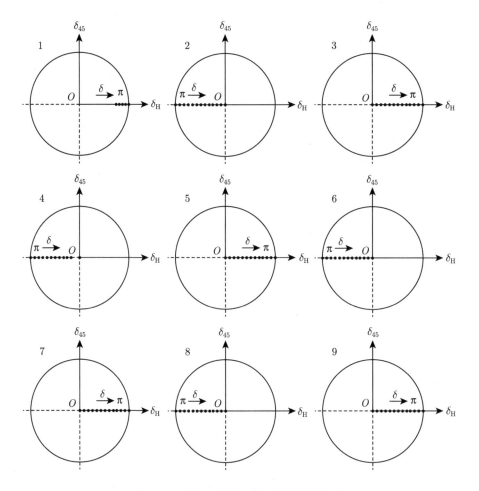

图 3.20　相位包裹在三维延迟空间的表示

快轴方位则突变到与其正交的方向上，即包裹的相位延迟量随波长变化的运动轨迹在三维相位空间中是不连续的。相位延迟的解包裹算法基于延迟的色散模型，对包裹的相位延迟进行展开，从而还原真实的相位延迟量。该算法的基本前提是，需要考察足够宽的光谱范围，并保证相位延迟器在低频光谱谱段所对应的相位延迟量小于 π，这时低频光谱对应的相位延迟量为该波长下的真实相位延迟。

　　参见图 3.19，当 $q=1$ 时，相位延迟量 δ 即真实的相位延迟量，快轴沿水平方向；当 q 为偶数时，真实的相位延迟量为 $q\pi-\delta$，快轴沿水平方向；当 q 为大于 1 的奇数时，真实的相位延迟量为 $(q-1)\pi+\delta$，快轴沿水平方向。即真实的相位延迟量可以用下式表示：

$$\delta_{\text{true}} = \begin{cases} \delta, & q = 1 \\ q\pi - \delta, & q = \text{偶数} \\ (q-1)\pi + \delta, & q = \text{奇数}, q > 1 \end{cases} \tag{3.101}$$

根据式 (3.101) 分别对图 3.16 ~ 图 3.19 中包裹的相位延迟量进行解包裹, 计算结果如图 3.21 所示, 可见解包裹后的相位延迟量都随着波长的增大而单调递减, 符合我们已知的光学原理。即可以基于延迟器的色散模型, 根据式 (3.101) 确定的相位延迟量的解包裹算法, 还原相位延迟器在指定波长下的真实相位延迟量。

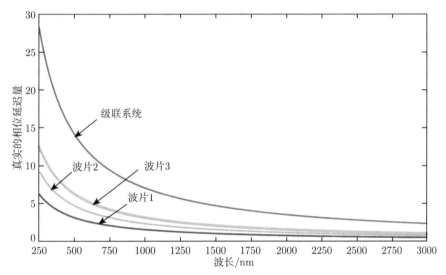

图 3.21　相位延迟解包裹后随波长的变化 (彩图见封底二维码)

3.3　三维偏振像差理论

像差是评价光学系统成像质量的一种非常有效的方法, 根据几何光学和波动光学理论可以将像差分为几何像差和波前像差两大类。几何像差主要包括五种赛德尔像差 (球差、彗差、场曲、像散、畸变) 和两种色差 (位置色差、倍率色差), 表征了非近轴成像时光线追迹结果相对近轴成像的偏差。传统意义上的波前像差就是波像差, 用实际波面到像方参考点的光程减去理想波面到同一参考点的光程来度量, 表征的是实际波面与理想波面之间的光程差, 目前绝大多数的光学设计和分析软件计算的都是这种相位差概念的波像差。实际上, 随着光学的发展, 人们逐步认识到波前像差所包含的信息不仅仅是相位分布, 还有振幅分布和偏振特性。在偏振像差理论中我们定义偏振像差为传统波像差的拓展与推广, 其完整地表征了包括波像差在内的所有波前信息。偏振像差可分为波像差、切趾像差、二向衰减像差、相位延迟像差以及倾斜像差等，其包含了振幅信息、相位信息以及全部偏振信息。切趾像差 [18-20] 即表征振幅分布的像差，主要是由反射损耗或材料吸收等引起的光瞳区域内不同路径传播的光线具有不同的透射率，所以实际波面上的振幅分布不均匀；二向衰减像差表征了波面上偏振相关的振幅透射率分布特性；相位延迟像差表征了偏振相关的光程差分布特性；倾斜像差表征了光束经过光学系统后出射波前的偏振态分布相对于入射波前偏振态分布的非均匀旋转特性。表 3.3 为像差的分类及其表征的信息。

表 3.3　像差的分类及其表征的信息

理论体系	像差分类		表征信息
几何像差	赛德尔像差	球差	入瞳上不同位置的轴向光线会聚点位置的差异性
		彗差	轴外物点宽光束成像后对称性的丢失
		像散	子午像面与弧矢像面的偏离程度
		场曲	清晰像所在曲面相对平面的弯曲程度
		畸变	清晰像与物在形状上的差异性
	色差	位置色差	入瞳上相同位置不同波长的轴向光线会聚点位置的差异性
		倍率色差	不同波长的轴外物点在像平面上像高的差异性
波前像差	偏振像差	切趾像差	偏振无关的振幅信息
		二向衰减像差	偏振相关的振幅信息
		相位延迟像差	偏振相关的相位信息
		倾斜像差	偏振无关的偏振态旋转信息
		波像差	偏振无关的相位信息

偏振像差的概念最早由美国亚利桑那大学的 Chipman 教授于 1987 年提出 [21]，当光线以一定角度入射到光学界面上时，根据菲涅耳公式可知，光束的 TE 和 TM 分量的振幅透射率和相位变化是存在差异的，这种差异性正是光束偏振态改变的原因，即光线在光学界面上的非正入射是引起偏振像差的主要原因。在传统的光学系统设计中，人们通常认为光束的波前经过传播后具有不变的振幅和偏振态分布，这种假设只有当光束在完全均匀的各向同性介质中传输并满足傍轴条件时才成立，因为只有在这种情况下两个正交偏振分量的振幅和相位变化才足够小，能够被忽略不计。由于所有的光学界面在光线非正入射时或多或少都会造成光线偏振态的变化，故所有的光学系统都会存在一定的偏振像差。特别是对于高数值孔径、大入射角、宽光谱的光学系统，例如，那些包含了折叠镜、衍射光栅、全息图、掠入射元件或者二向衰减器、延迟器等偏振元件的光学系统，偏振像差已经成为影响其光学成像质量和系统性能的重要因素之一 [9]。研究发现偏振像差与波像差一样会影响光学系统的成像分辨率和仪器精度，例如，在干涉仪中，偏振像差会降低

干涉条纹的对比度，并引入一定的系统误差 [22]；在光学信号处理器、激光雷达以及光学相控阵列中，会降低系统的信噪比；在偏光计、椭偏测量仪、日光磁力记录仪、偏振显微镜等测量仪器中，偏振像差的存在会明显降低系统的分辨率和测量精度 [23]。

3.3.1 三维偏振像差函数

第 2 章中介绍的偏振像差函数及其二次扩展式，都是基于二维琼斯矩阵的偏振像差表示方法，它们用不同的数学形式共同表征了出瞳面上的偏振效应。然而二维的琼斯矩阵是定义在与传播方向垂直的横截面上的，只有沿着光轴方向传播到出瞳面的光线，其二维琼斯矩阵所在横截面才与出瞳面重合。其他所有光线的二维琼斯矩阵都具有各自的局部坐标系，这些局部坐标系都各不相同且与出瞳面在空间上保持不同的夹角，夹角的大小和方位取决于出瞳面上各光线的传播矢量与光轴矢量的相对位置。对于小视场、小数值孔径的光学系统，在出瞳面上各光线的传播矢量与光轴矢量的夹角不大，各条光线的局部坐标系与出瞳面的不重合对偏振像差的计算所产生的误差并不太大，在这种情况下传统的偏振像差函数、偏振像差函数的二次扩展式这两种评价偏振像差的数学方法是近似有效的。

但是对于高数值孔径、大视场的光学系统，光线的传输并不满足傍轴条件，各条光线的二维琼斯矩阵所在的横截面与出瞳面的夹角较大，如果按照传统的偏振像差分析方法则会产生较大的误差，所以本小节将基于三维琼斯矩阵，将偏振像差函数推广到三维空间，建立三维相干光场中偏振像差的评价方法。

三维偏振像差函数是传统偏振像差函数的三维推广，其定义与计算方法都比较相似。光学系统中某条光线的三维琼斯矩阵为

$$
{}^3\boldsymbol{G}\left(\boldsymbol{h},\boldsymbol{\rho},\lambda\right)=
\begin{bmatrix}
{}^3G_{1,1}\left(\boldsymbol{h},\boldsymbol{\rho},\lambda\right) & {}^3G_{1,2}\left(\boldsymbol{h},\boldsymbol{\rho},\lambda\right) & {}^3G_{1,3}\left(\boldsymbol{h},\boldsymbol{\rho},\lambda\right) \\
{}^3G_{2,1}\left(\boldsymbol{h},\boldsymbol{\rho},\lambda\right) & {}^3G_{2,2}\left(\boldsymbol{h},\boldsymbol{\rho},\lambda\right) & {}^3G_{2,3}\left(\boldsymbol{h},\boldsymbol{\rho},\lambda\right) \\
{}^3G_{3,1}\left(\boldsymbol{h},\boldsymbol{\rho},\lambda\right) & {}^3G_{3,2}\left(\boldsymbol{h},\boldsymbol{\rho},\lambda\right) & {}^3G_{3,3}\left(\boldsymbol{h},\boldsymbol{\rho},\lambda\right)
\end{bmatrix}
\tag{3.102}
$$

式中，${}^3G_{j,k}\left(\boldsymbol{h},\boldsymbol{\rho},\lambda\right)$ 分别为三维琼斯矩阵的矩阵元素，$j,k=1,2,3$；$\boldsymbol{h}$ 表示光线的物坐标矢量；$\boldsymbol{\rho}$ 表示光瞳坐标矢量；λ 为波长。在 3.1 节中已经详细阐述了三维相干光场的偏振光追迹方法，根据该方法可以计算出任意指定光线经过光学系统的三维琼斯矩阵，这里就不再赘述。

为了计算三维偏振像差，在光学系统的入瞳面上对光线进行采样。假设选取 $a\times b$ 个采样阵列共 g 条光线，那么在偏振光追迹过程中将产生 $a\times b$ 的传播矢量阵列 $\boldsymbol{k}_g$、$a\times b$ 的出瞳位置矢量阵列 $\boldsymbol{\rho}_g$、光程阵列 $\mathbf{OPL}_g$，以及三维琼斯矩阵阵列

$^3\boldsymbol{G}_{\text{total},g}$：

$$
\boldsymbol{k}_g = \begin{bmatrix} \hat{k}_{1,1} & \hat{k}_{1,2} & \dots & \hat{k}_{1,b} \\ \hat{k}_{2,1} & \hat{k}_{2,2} & \dots & \hat{k}_{2,b} \\ \vdots & \vdots & & \vdots \\ \hat{k}_{a,1} & \hat{k}_{a,2} & \dots & \hat{k}_{a,b} \end{bmatrix}, \quad \boldsymbol{\rho}_g = \begin{bmatrix} \boldsymbol{\rho}_{1,1} & \boldsymbol{\rho}_{1,2} & \cdots & \boldsymbol{\rho}_{1,b} \\ \boldsymbol{\rho}_{2,1} & \boldsymbol{\rho}_{2,2} & \cdots & \boldsymbol{\rho}_{2,b} \\ \vdots & \vdots & & \vdots \\ \boldsymbol{\rho}_{a,1} & \boldsymbol{\rho}_{a,2} & \cdots & \boldsymbol{\rho}_{a,b} \end{bmatrix} \tag{3.103}
$$

$$
\textbf{OPL}_g = \begin{bmatrix} \text{OPL}_{1,1} & \text{OPL}_{1,2} & \dots & \text{OPL}_{1,b} \\ \text{OPL}_{2,1} & \text{OPL}_{2,2} & \dots & \text{OPL}_{2,b} \\ \vdots & \vdots & & \vdots \\ \text{OPL}_{a,1} & \text{OPL}_{a,2} & \dots & \text{OPL}_{a,b} \end{bmatrix} \tag{3.104}
$$

$$
^3\boldsymbol{G}_{\text{total},g} = \begin{bmatrix} ^3\boldsymbol{G}_{1,1} & ^3\boldsymbol{G}_{1,2} & \dots & ^3\boldsymbol{G}_{1,b} \\ ^3\boldsymbol{G}_{2,1} & ^3\boldsymbol{G}_{2,2} & \dots & ^3\boldsymbol{G}_{2,b} \\ \vdots & \vdots & & \vdots \\ ^3\boldsymbol{G}_{a,1} & ^3\boldsymbol{G}_{a,2} & \dots & ^3\boldsymbol{G}_{a,b} \end{bmatrix} \tag{3.105}
$$

式 (3.104) 中每条光线的光程函数 $\text{OPL}\,(\boldsymbol{h}, \boldsymbol{\rho}, \lambda)$ 通过几何光线追迹方法得到。式 (3.105) 中 $^3\boldsymbol{G}_{j,k}$ 表示每条采样光线的三维琼斯矩阵，$j \in [1, a]$，$k \in [1, b]$；其意义与式 (3.102) 中 $^3\boldsymbol{G}_{j,k}\,(\boldsymbol{h}, \boldsymbol{\rho}, \lambda)$ 是有较大区别的。$^3\boldsymbol{G}_{\text{total},g}$ 表征了光学系统中从入瞳到出瞳的采样光线的三维琼斯矩阵阵列。大多数光学系统都具有圆形光瞳，而光线采样阵列为矩形阵列，且大于光瞳范围。那么采样光线的三维琼斯矩阵在光瞳区域内为一个个 3×3 的矩阵，在光瞳区域外则为零矩阵，有如下形式：

$$
^3\boldsymbol{G}_{\text{total},g} = \begin{bmatrix} 0 & 0 & 0 & \dots & 0 & 0 & 0 \\ 0 & 0 & ^3\boldsymbol{G}_{2,3} & \dots & ^3\boldsymbol{G}_{2,n-2} & 0 & 0 \\ 0 & ^3\boldsymbol{G}_{3,2} & ^3\boldsymbol{G}_{3,3} & \dots & ^3\boldsymbol{G}_{3,n-2} & ^3\boldsymbol{G}_{3,n-1} & 0 \\ \vdots & \vdots & \vdots & & \vdots & \vdots & \vdots \\ 0 & ^3\boldsymbol{G}_{m-2,2} & ^3\boldsymbol{G}_{m-2,3} & \dots & ^3\boldsymbol{G}_{m-2,n-2} & ^3\boldsymbol{G}_{m-2,n-1} & 0 \\ 0 & 0 & ^3\boldsymbol{G}_{m-1,3} & \dots & ^3\boldsymbol{G}_{m-1,n-2} & 0 & 0 \\ 0 & 0 & 0 & \dots & 0 & 0 & 0 \end{bmatrix} \tag{3.106}
$$

三维偏振像差函数定义为

$$
^3\overline{\text{PA}}\,(\boldsymbol{h}, \boldsymbol{\rho}, \lambda) = {}^3\boldsymbol{G}_{\text{total},g} \exp\left[-\mathrm{i}\frac{2\pi}{\lambda}\overline{\text{OPL}}_g\,(\boldsymbol{h}, \boldsymbol{\rho}, \lambda) \right] \tag{3.107}
$$

其中, 指数部分表示由几何光程引起的相位; 三维琼斯矩阵表征了光学系统的偏振效应。从式中可见, 偏振效应与光程函数共同影响光学系统的波像差, 偏振效应既可能使光学系统的波像差变大, 也可能对其进行一定的补偿。当光学元件上的膜系发生变化时, $^3G_{\text{total},g}$ 会发生改变, 但光程函数 $\mathbf{OPL}_g$ 不变。假设一个光学系统不含有与光程相关的波像差, 它依旧会存在由 TE 波和 TM 波的菲涅耳透射 (反射)系数的不同或光学镀膜而引起的偏振相关的波像差。

比较三维偏振像差函数与传统偏振像差函数的定义, 可以发现一个问题, 即在传统的偏振像差函数计算时, 是将光程引起的相位看成是光学介质的二维琼斯矩阵, 放在相邻两个界面的二维琼斯矩阵中间, 与光学界面的二维琼斯矩阵级联来一起计算指定光线经过光学系统的二维琼斯矩阵; 而在三维偏振像差函数的定义中, 分别计算指定光线的三维琼斯矩阵和光程函数, 把各向同性介质的三维琼斯矩阵看成是单位矩阵。为什么会存在这种差异？实际上不管是二维还是三维琼斯矩阵, 都是复数矩阵, 而复数的辐角都限制在 2π 以内, 如果将相邻光学界面之间光程引起的相位与琼斯矩阵级联处理, 当总的光程超过一个波长后, 就会产生相位包裹, 无论光程引起的总相位为多大, 最终根据偏振像差函数计算出来的波像差都不会超过 2π。由此可见, 传统的偏振像差函数的计算方法是存在理论缺陷的。因此在三维偏振像差函数的定义中, 如式 (3.107), 将光程函数与三维琼斯矩阵分开计算, 来保证三维偏振光线追迹中总的光程能大于一个波长。

3.3.2 倾斜像差及其计算方法

倾斜像差是偏振像差的一种, 它主要描述每条光线的偏振态在入瞳空间和出瞳空间的相对旋转, 由 Yun 等于 2011 年提出 [24]。倾斜像差本质上是由局部坐标系的几何变换引起的, 所以它与二向衰减像差和相位延迟像差在物理意义上是有明显区别的, 倾斜像差与入射光场的偏振态无关, 且不受光学薄膜属性的影响。即使是光线在理想无像差的非偏振光学系统中传播, 也会存在倾斜像差, 只要光线经过光学系统时存在局部坐标系之间的非零几何变换, 倾斜像差就不为零。本小节主要基于三维琼斯矩阵, 推导出三维相干光场的偏振光追迹方法下倾斜像差的计算方法。

假设某条光线在光学系统入瞳面上的传播矢量为 $\hat{k}_{\text{in}}$, 在第 q 个光学界面发生透射、反射或衍射之后的传播矢量为 $\hat{k}_q$, 在出瞳面上的传播矢量为 $\hat{k}_{\text{out}}$。在入瞳面上定义一系列参考矢量 $\hat{g}_{\text{in},j}$, 通过光学追迹计算这些参考矢量经过理想的非偏振光学系统后的矢量, 并将其与在出瞳面上定义的一系列参考矢量 $\hat{g}_{\text{out},j}$ 作对比。其中, 下角标符号 j 代表采样阵列中的第 j 条光线。每条光线在入瞳面和出瞳面的参考矢量都必须满足下列条件:

$$\hat{g}_{\text{in},j} \perp \hat{k}_{\text{in},j}, \quad \hat{g}_{\text{out},j} \perp \hat{k}_{\text{out},j} \tag{3.108}$$

　　可见参考矢量的选择并不是唯一的，下面给出一种比较简单的参考矢量定义方法。首先定义轴上点的中心光线参考矢量 $\hat{g}_{\mathrm{c}}$，使其同时垂直于中心光线在入瞳面和出瞳面上的传播矢量：

$$\hat{g}_{\mathrm{c}} = \hat{k}_{\mathrm{in,c}} \times \hat{k}_{\mathrm{out,c}} \tag{3.109}$$

第 j 条光线在入瞳上的传播矢量与中心光线在入瞳面上传播矢量的夹角为

$$\theta_{\mathrm{in},j} = \arccos\left(\hat{k}_{\mathrm{in},j} \cdot \hat{k}_{\mathrm{in,c}}\right) \tag{3.110}$$

第 j 条光线在出瞳上的传播矢量与中心光线在出瞳面上传播矢量的夹角为

$$\theta_{\mathrm{out},j} = \arccos\left(\hat{k}_{\mathrm{out},j} \cdot \hat{k}_{\mathrm{out,c}}\right) \tag{3.111}$$

那么第 j 条光线在入瞳面上和出瞳面上的参考矢量 $\hat{g}_{\mathrm{in},j}$ 和 $\hat{g}_{\mathrm{out},j}$ 分别为

$$\hat{g}_{\mathrm{in},j} = \mathrm{rot}\left(\theta_{\mathrm{in},j}, \hat{a}_{\mathrm{in},j}\right) \cdot \hat{g}_{\mathrm{c}} \tag{3.112}$$

$$\hat{g}_{\mathrm{out},j} = \mathrm{rot}\left(\theta_{\mathrm{out},j}, \hat{a}_{\mathrm{out},j}\right) \cdot \hat{g}_{\mathrm{c}} \tag{3.113}$$

其中，单位矢量 $\hat{a}_{\mathrm{in},j}$ 和 $\hat{a}_{\mathrm{out},j}$ 分别为每条光线在入瞳面和出瞳面上的旋转轴矢量，$\mathrm{rot}(\theta, \hat{a})$ 为绕三维矢量轴 $\hat{a}$ 逆时针旋转角度 θ 的三维旋转矩阵，如式 (3.115)，式中 a_x，a_y 和 a_z 分别为旋转轴矢量 $\hat{a}$ 在三维全局坐标系各基底上的投影，$\hat{a} = (a_x, a_y, a_z)^{\mathrm{T}}$。即每条光线在入瞳面上的参考矢量 $\hat{g}_{\mathrm{in},j}$ 等于中心光线参考矢量 $\hat{g}_{\mathrm{c}}$ 绕轴 $\hat{a}_{\mathrm{in},j}$ 逆时针旋转 $\theta_{\mathrm{in},j}$；每条光线在出瞳面上的参考矢量 $\hat{g}_{\mathrm{out},j}$ 等于中心光线参考矢量 $\hat{g}_{\mathrm{c}}$ 绕轴 $\hat{a}_{\mathrm{out},j}$ 逆时针旋转 $\theta_{\mathrm{out},j}$：

$$\hat{a}_{\mathrm{in},j} = \hat{k}_{\mathrm{in,c}} \times \hat{k}_{\mathrm{in},j}, \quad \hat{a}_{\mathrm{out},j} = \hat{k}_{\mathrm{out,c}} \times \hat{k}_{\mathrm{out},j} \tag{3.114}$$

$$\mathrm{rot}\left(\theta, \hat{a}\right) = \begin{bmatrix} \cos\theta + (1-\cos\theta)\,a_x^2 & (1-\cos\theta)\,a_x a_y - (\sin\theta)\,a_z \\ (1-\cos\theta)\,a_x a_y + (\sin\theta)\,a_z & \cos\theta + (1-\cos\theta)\,a_y^2 \\ (1-\cos\theta)\,a_x a_z - (\sin\theta)\,a_y & (1-\cos\theta)\,a_y a_z + (\sin\theta)\,a_x \end{bmatrix}$$

$$\left.\begin{matrix} (1-\cos\theta)\,a_x a_z + (\sin\theta)\,a_y \\ (1-\cos\theta)\,a_y a_z - (\sin\theta)\,a_x \\ \cos\theta + (1-\cos\theta)\,a_z^2 \end{matrix}\right] \tag{3.115}$$

　　当确定每条光线在光学系统入瞳面和出瞳面上的参考矢量 $\hat{g}_{\mathrm{in},j}$ 和 $\hat{g}_{\mathrm{out},j}$ 后，就需要计算光学系统的几何变换作用，以便追迹参考矢量 $\hat{g}_{\mathrm{in},j}$ 经过光学系统后的

变化。由于光线传播矢量在光学界面上发生改变，所以光学系统中每个光学界面的局部坐标系都会发生一定量的几何变换。本章计算相位延迟量时引入了平行传输矩阵 $^{3}Q_{q}$，该三维矩阵表征了第 q 个光学表面局部坐标系之间的几何变换作用。平行传输矩阵的计算方法详见式 (3.49)～式 (3.51)，这里就不再赘述。假设光学系统一共有 n 个光学界面，那么第 j 条光线经过光学系统的平行传输矩阵 $^{3}Q_{\text{total},j}$ 等于各个光学界面上平行传输矩阵 $^{3}Q_{q,j}$ 的级联，级联的顺序按照光线经过该光学界面的先后依次左乘而不能颠倒：

$$^{3}Q_{\text{total},j} = {}^{3}Q_{n,j} \cdot {}^{3}Q_{n-1,j} \cdots {}^{3}Q_{q,j} \cdots {}^{3}Q_{2,j} \cdot {}^{3}Q_{1,j} = \prod_{q=n,-1}^{1} {}^{3}Q_{q,j} \tag{3.116}$$

那么第 j 条光线在入瞳面上的参考矢量 $\hat{g}_{\text{in},j}$ 经过光学系统的几何变换作用后，在出瞳面上变为矢量 $\hat{g}'_{\text{out},j}$：

$$\hat{g}'_{\text{out},j} = {}^{3}Q_{\text{total},j} \cdot \hat{g}_{\text{in},j} \tag{3.117}$$

定义第 j 条光线的倾斜像差为矢量 $\hat{g}'_{\text{out},j}$ 与该光线在出瞳面上的参考矢量 $\hat{g}_{\text{out},j}$ 之间的夹角，其量纲为角度。迎着光线的传播方向看，若 $\hat{g}'_{\text{out},j}$ 是由 $\hat{g}_{\text{out},j}$ 顺时针旋转所得，那么该光线的倾斜像差为正值；反之，为负值。分别计算每条采样光线的倾斜像差，即可得出瞳面上所有光线倾斜像差的分布特性。该倾斜像差图描述了经过理想的非偏振光学系统后出射波前的偏振态分布是否等于入射波前的偏振态分布，即这种偏振态分布的改变与入射光场偏振态无关，而仅仅表征光学系统的几何变换对偏振态分布的影响。

3.4　高数值孔径光学系统的三维偏振像差分析

3.4.1　高数值孔径光学系统的光学参数

本节结合一个实际的光学系统来详细阐述三维偏振像差函数。选取 Code V 软件专利镜头数据库中编号为 USA PATENT 2604013 SCHADE 的光学镜头作为例子，该镜头的 F 数为 $f/0.832$，像方数值孔径 NA= 0.6，最大半视场为 9°，设计波长为 656nm，546nm 以及 435nm，是一个由 7 片光学镜片组成的旋转对称式光学系统。图 3.22 为光学系统图，图 3.23 给出了光学系统的详细镜头参数，包括各光学镜片的表面编号、表面类型、表面半径、厚度、玻璃代号以及光阑等。

表 3.4 列出了图 3.23 中所涉及的各种代号的光学玻璃分别在三个工作波长下的折射率。

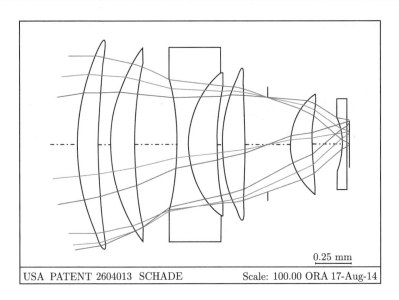

图 3.22　USA PATENT 2604013 SCHADE 光学系统图 (彩图见封底二维码)

表面编号	表面名称	表面类型	Y半径	厚度	玻璃代号	折射模式	Y半孔径
物面		球面	无限	无限		折射	
1		球面	1.4445	0.1512	611000.588	折射	0.6812
2		球面	5.3362	0.0878		折射	0.6743
3		球面	1.0634	0.1648	611000.588	折射	0.5848
4		球面	2.6330	0.3022		折射	0.5600
5		球面	−1.7784	0.0756	720000.293	折射	0.4522
6		球面	0.6283	0.2016	734000.512	折射	0.4104
7		球面	1.9316	0.0365		折射	0.3984
8		球面	1.0306	0.1575	611000.588	折射	0.3933
9		球面	−8.7413	0.1607		折射	0.3792
光阑		球面	无限	0.1600		折射	0.3190
11		球面	0.4261	0.1522	697000.562	折射	0.2966
12		球面	1.7699	0.2107		折射	0.2749
13		球面	−0.4697	0.0354	523000.586	折射	0.1800
14		球面	无限	0.0044		折射	0.1679
像面		球面	无限	0.0099		折射	0.1641

图 3.23　USA PATENT 2604013 SCHADE 的详细镜头参数

表 3.4　各种玻璃的折射率

玻璃代号	656nm	546nm	435nm
611000.588	1.607847	1.613483	1.623988
720000.293	1.712904	1.725819	1.752470
734000.512	1.729704	1.737419	1.752163
697000.562	1.693254	1.699961	1.712572
523000.586	1.520293	1.525132	1.534159

图 3.24 为 USA PATENT 2604013 SCHADE 各视场下的波像差图 (左) 和光瞳强度分布图 (右)，描述了该光学系统在几何光线追迹下，波长为 546nm 时各个视场的波像差以及出瞳处的光强分布规律。其中图 (a)，(b) 分别表示中心视场的波像差图和出瞳光强分布，中心视场的波像差 RMS $= 0.356\lambda$，PV $= 1.254\lambda$，主要像差表现为球差；图 (c)，(d) 分别表示半视场角为 5° 时的波像差图和光瞳强度分布，此时波像差 RMS $= 0.998\lambda$，PV $= 5.041\lambda$，主要像差表现为像散；图 (e)，(f) 分别表示半视场角为 9° 时的波像差图和光瞳强度分布，此时波像差 RMS $= 0.799\lambda$，PV $= 3.996\lambda$，主要像差表现为像散。相比中心视场，半视场角为 5° 和 9° 时，出瞳处的波像差图和光瞳强度分布图在竖直方向都缩短了，光瞳变成了椭圆形。这种光瞳形状的改变主要是由视场增大时产生的渐晕而引起的，且视场默认设置在竖直方向。

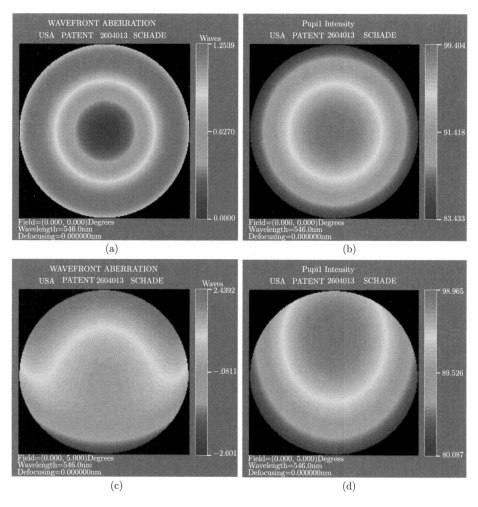

(a)   (b)

(c)   (d)

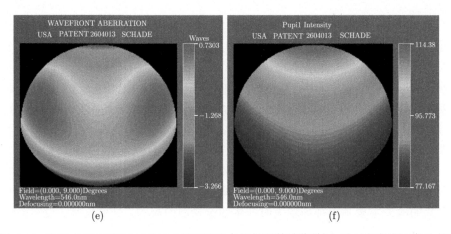

图 3.24   USA PATENT 2604013 SCHADE 各视场下的波像差图 (左) 和光瞳强度分布图
(右)(彩图见封底二维码)

3.4.2   三维偏振像差函数的光瞳分布

根据 3.3 节介绍的三维偏振像差理论, 并结合 3.1 节中关于三维相干光场的偏振光线追迹方法, 对光学系统 USA PATENT 2604013 SCHADE 进行偏振光线追迹计算, 可以得到各视场出瞳处的三维偏振像差函数分布、二向衰减分布、相位延迟分布, 以及光瞳切趾分布, 系统地表征了光学系统的偏振特性。

如图 3.25 和图 3.26 所示, 未镀膜时光学系统中心视场的三维偏振像差函数可以表征为出瞳内各项矩阵元素的实部分布和虚部分布, 实部代表对光束振幅分布的影响规律, 虚部代表对光束相位分布的影响规律, 它们共同描述了光学系统的偏振特性, 而与入射光束的偏振态无关, 即本书利用 18 个相互耦合的光瞳函数 (9 个实部, 9 个虚部) 描述了光学系统的三维偏振像差。

对于无偏振像差的理想光学系统, 其三维偏振像差函数应该是: 实部中对角线上 (第 (a), (e), (i) 子图) 系数在光瞳区域内均匀分布且都为 1, 对角线外系数在光瞳范围内都为 0; 虚部所有项在出瞳区域内都为 0 或 π。由于图 3.25 和图 3.26 为中心视场下光学系统的三维偏振函数图, 所以光瞳区域内的中心点都代表着轴上光线; 从图 3.25 中可见, 对角线上三个子图的中心点振幅系数都等于 1, 而对角线外的其他子图的中心点振幅系数都等于 0; 从图 3.26 中可见, 所有子图的中心点相位系数都为 0; 这是因为, 轴上光线经过光学系统的每个光学界面时, 都属于正入射情况, 根据菲涅耳公式可知, 此时 TE 波和 TM 波的振幅透射系数总是相等的, 即只有完全正入射的光线才不会产生偏振效应。对于光瞳内的其他位置, 不同位置的光线在光学系统中都是以不同的角度倾斜入射的, 所以会造成出瞳内振幅的非均匀分布。若光学系统的三维偏振像差函数的实部具有非零的对角线外元素, 则表明

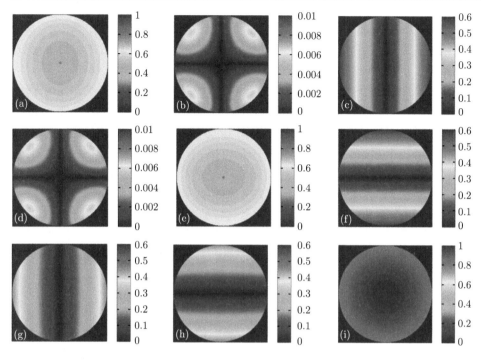

图 3.25 未镀膜时三维偏振像差函数的各项实部 (中心视场)(彩图见封底二维码)

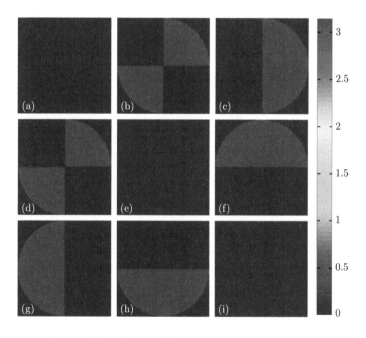

图 3.26 未镀膜时三维偏振像差函数的各项虚部 (中心视场)(彩图见封底二维码)

光束电场的 x, y, z 这三个正交分量之间产生了相互影响, 图 3.25 中第 (b), (d) 项的振幅系数为 10^{-3} 量级, 其他对角线外元素都有较大量值, 表明光场的 x, y 分量之间基本上不发生相互耦合, 但 x, z 分量以及 y, z 分量之间相互影响。

　　图 3.27 和图 3.28 分别描述了半视场角为 9° 时光学系统的三维偏振像差函数在出瞳处的分布规律。与图 3.25 和图 3.26 作比较可以发现, 对角线上的三个振幅系数产生了不对称分布, 即在视场方向上 (y 方向) 产生了不对称倾斜; 对角线外元素中与 y 方向相关的振幅项 (第 (b), (d), (f), (h) 项) 也在光瞳区域内产生了 y 方向上的不对称分布, 且第 (b), (d) 振幅项的 PV 值比中心视场时增大了一个数量级; 而对角线外元素中与 y 方向无关的振幅项 (第 (c), (g) 项) 仅有很小的变化。由此可见, 光学系统的三维偏振像差函数与视场密切相关。

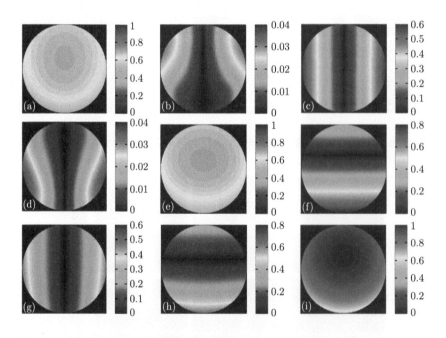

图 3.27　未镀膜时三维偏振像差函数的实部分布 (9° 半视场)(彩图见封底二维码)

　　由图 3.26 和图 3.28 可知, 无论是中心视场还是边缘视场, 未镀膜时光学系统的三维偏振像差函数的相位分布都只有 0 或 π 这两种取值。这是因为, 对于未镀膜的光学系统, 光线在空气–玻璃界面上作用时, 光场的振幅透射系数都为实值, 即对于指定偏振态的光束所产生的偏振效应仅仅表现为光瞳切趾, 而不产生相位变化。对于具有反射界面的未镀膜光学系统, 也只有当光线发生全反射时, 光场的振幅反射系数才为复数, 才会造成光场的相位变化。

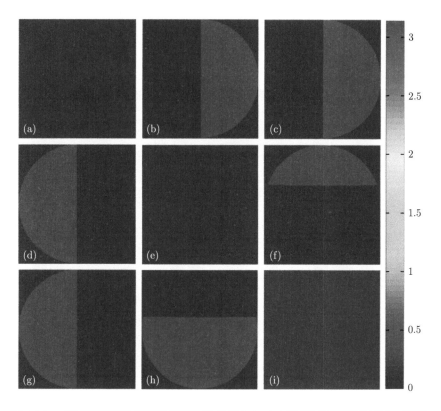

图 3.28 未镀膜时三维偏振像差函数的虚部分布 (9° 半视场)(彩图见封底二维码)

　　然而对于光学薄膜,不管是透射光线还是反射光线,其振幅系数一般都为复数,将同时改变光束的振幅和相位,产生相对明显的偏振效应。图 3.29 和图 3.30 描述了镀制 MgF_2 增透膜时光学系统在边缘视场下的三维偏振像差函数在出瞳处的分布规律。对比图 3.29 和图 3.27 可以发现,对于三维偏振像差函数的振幅项,对角线元素中第 (a) 项和第 (e) 项的光瞳分布形状发生了改变,第 (i) 项基本不变;对角线外元素中第 (b),(d) 项的分布形状和量值都有较大改变,振幅项的 PV 值增大了一个数量级;第 (c),(g) 项基本不变;第 (f),(h) 项只是在分布形状上有较小变化,即沿 x 方向的等高线产生较小程度的弯曲。对比图 3.30 和图 3.28 可见,光学薄膜对三维偏振像差函数的相位项造成了比较复杂的影响。对角线元素中第 (a) 项和第 (e) 项的光瞳分布形状基本相同,都呈沿 y 方向偏心的轴对称分布,在光瞳的边缘部分光线在薄膜界面的入射角较大,该区域的相位值也相应较大;而第 (i) 项的相位分布是沿 x 方向关于 y 轴对称的,只在光瞳内 y 方向的下边缘部分有较小量值的附加相位;对角线外的所有元素的相位分布都非常复杂,在 $[-\pi, \pi]$ 范围内取值。一个显著的特点在于,对角线上的三个相位项在光瞳内的分布一般是连续变化的, 而对角线外的六个相位项在光瞳范围内的某些位置会产生相位突变, 这些不连续点可能会导致出射光场的相位分布在某些位置产生奇异点或者奇异线, 从而造成出射光场偏振态的复杂空间分布。

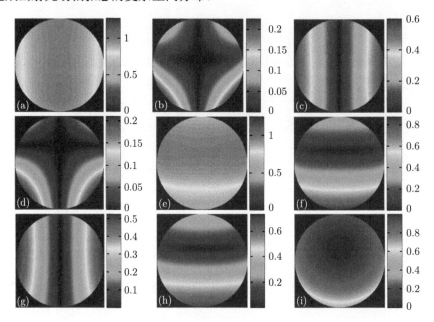

图 3.29 镀增透膜时三维偏振像差函数的实部分布 (9° 半视场)(彩图见封底二维码)

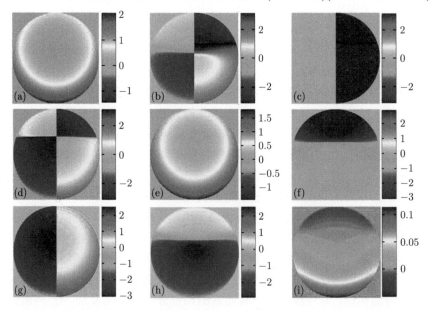

图 3.30 镀增透膜时三维偏振像差函数的虚部分布 (9° 半视场)(彩图见封底二维码)

综上所述，在相同视场下，光学薄膜对三维偏振像差函数在出瞳处的分布特性会产生比较明显的影响。镀膜通常会使光学系统增加少量的离焦和像散。

3.4.3 二向衰减像差和相位延迟像差

二向衰减像差和相位延迟像差都属于偏振像差，分别表征了光瞳内光学系统对光场偏振相关的振幅分布和相位分布的影响，通常用二向衰减系数及相位延迟量的光瞳分布来分别描述二向衰减像差和相位延迟像差。在本章已经详细讨论了二向衰减系数以及相位延迟量的计算方法，通过对光学系统进行三维偏振光线追迹，可以得到出瞳范围内所有采样光线与光学系统相互作用时光学系统的二向衰减系数及相位延迟量分布，如图 3.31 所示。其中，图 3.31(a) 和图 3.31(b) 分别为未镀膜时光学系统在中心视场下的二向衰减系数和相位延迟量的光瞳分布；图 3.31(c) 和图 3.31(d) 分别为镀单层 MgF_2 增透膜时光学系统在中心视场下的二向衰减系数和相位延迟量的光瞳分布；由上述 4 图可见，在中心视场下，无论镀膜与否，光学系统的二向衰减系数和相位延迟量在光瞳内总是关于光轴对称分布，且光瞳上各点的二向衰减系数和相位延迟量都随着该点到光轴距离的增大而迅速增大，即在光瞳边缘的偏振效应要远大于光瞳中心的偏振效应。图 3.31(e) 和图 3.31(f)

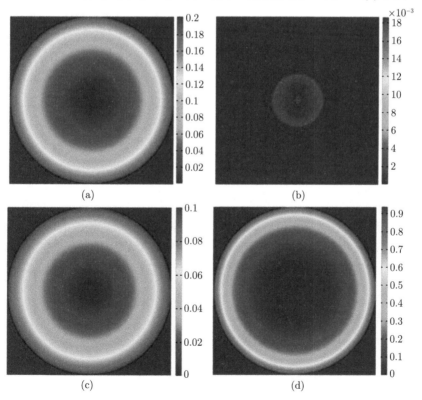

(a)　　　　　　　　　　　　(b)

(c)　　　　　　　　　　　　(d)

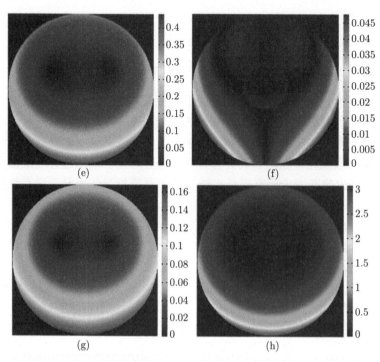

图 3.31　USA PATENT 2604013 SCHADE 出瞳处二向衰减系数 (左) 和相位延迟量 (右)
分布 (彩图见封底二维码)

分别为未镀膜时光学系统在边缘视场下的二向衰减系数和相位延迟量的光瞳分布;
图 3.31(g) 和图 3.31(h) 分别为镀单层 MgF_2 增透膜时光学系统在边缘视场下的二
向衰减系数和相位延迟量的光瞳分布; 由上述 4 图可见, 在边缘视场下, 光学系统
的二向衰减系数和相位延迟量在光瞳内均沿 x 方向关于 y 轴对称分布, 且光瞳下
边缘的偏振效应远大于其他位置的偏振效应。通过对比可知, 当镀膜情况相同时,
边缘视场下出瞳内的二向衰减系数和相位延迟量的 PV 值要大于中心视场; 在相
同视场下, 镀单层 MgF_2 增透膜后, 二向衰减系数的光瞳分布规律变化较小, 但量
值减小为镀膜前的一半, 相位延迟量的光瞳分布变化较大, 且量值增大 1~2 个数
量级, 即镀膜后二向衰减系数减小而相位延迟量增大。需要注意的是, 图 3.31 中
右边表征相位延迟量的 4 个子图的数值单位是角度, 而出瞳处三维偏振像差函数
的虚部分布图中数值单位都是弧度。

3.4.4　出瞳处偏振相关的光强分布

图 3.32 给出了 USA PATENT 2604013 SCHADE 各光学元件都镀单层 MgF_2
增透膜时出瞳处偏振相关的光强分布。其中图 3.32(a)、图 3.32(b)、图 3.32(c) 和图
3.32(d) 分别为入射光场沿 x 方向的线偏振、沿 y 方向的线偏振、右旋圆偏振以及

右旋椭圆偏振 (椭率角为 30°、方位角为 45°) 的均匀平面光场时, 出瞳处中心视场的光强分布; 其中图 3.32(e)、图 3.32(f)、图 3.32(g) 和图 3.32(h) 分别为入射光场沿 x 方向的线偏振、沿 y 方向的线偏振、右旋圆偏振以及右旋椭圆偏振 (椭率角为 30°、方位角为 45°) 的均匀平面光场时, 出瞳处边缘视场的光强分布。对比图 3.24 中不考虑偏振效应时的出瞳光强分布可以发现, 偏振像差对光场强度的分布特性具有较大的影响, 且对于不同偏振态的入射光场, 出射光场的光强分布各不相同。从而可以推论, 合理选择入射光场的偏振态, 或者根据指定的入射光偏振态合理设计光学系统 (尤其是光学薄膜), 对于优化光学系统出射光场的能量分布, 进一步提高光学系统的成像质量是一种切实可行的方法。

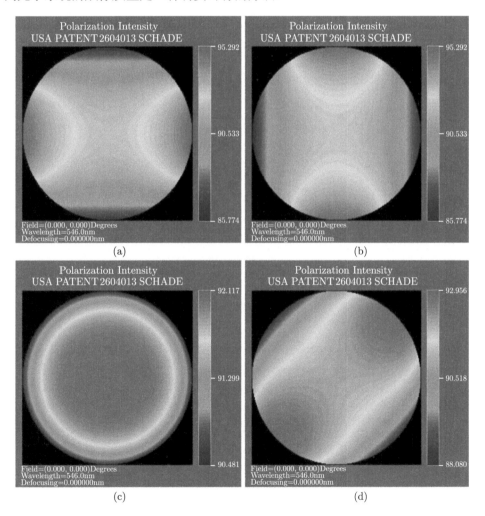

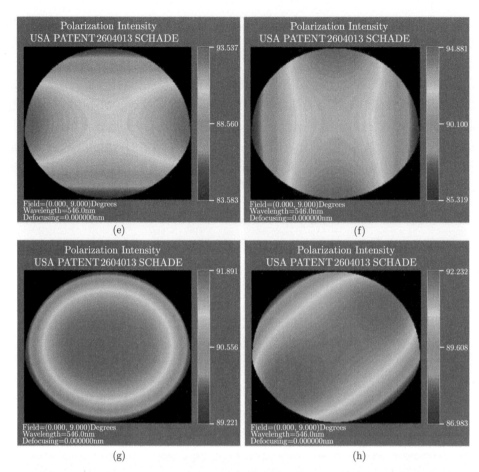

图 3.32　USA PATENT 2604013 SCHADE 出瞳处偏振相关的光强分布 (彩图见封底二维码)

3.4.5　倾斜像差及其分布规律

本小节以 USA PATENT 2604013 SCHADE 光学镜头为例, 进一步讨论光学系统的倾斜像差分布特性。USA PATENT 2604013 SCHADE 的具体光学参数详见 3.4.1 小节。图 3.33 描述了该光学系统的边缘视场 (半视场角为 9°) 在出瞳处的倾斜像差分布规律。其中出瞳坐标轴的单位为 mm, 倾斜像差用伪彩色表示, 单位为 (°)。

如图 3.33 所示, 倾斜像差在光瞳范围内沿着 x 方向关于 y 轴对称。倾斜像差的极值出现在光瞳的左右边缘点, 即在 x 轴上最右边的采样光线具有最大值 4.651°, 在 x 轴上最左边的采样光线具有最小值 $-4.651°$。在旋转对称的光学系统中, 光线可以分为子午光线和倾斜光线, 子午光线是指子午面内的光线, 倾斜光线在子午面外且不与光轴平行或相交。由倾斜像差在入瞳和出瞳上的参考矢量的选择方法可以推论，对于任何旋转对称的光学系统，其子午光线的倾斜像差均为零，即只有倾斜光线才产生倾斜像差。由于图 3.24 中出瞳面 y 轴上的光线为子午光线，所以其倾斜像差都为零。

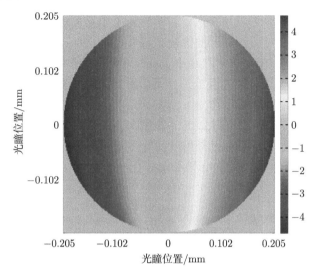

图 3.33　USA PATENT 2604013 SCHADE 边缘视场下的倾斜像差 (彩图见封底二维码)

出瞳面 x 轴上光线的倾斜像差曲线如图 3.34 所示，可见倾斜像差在靠近光瞳中心的部分随出瞳坐标线性变化，而在靠近光瞳边缘的部分随出瞳坐标近似呈三次方变化，因此 USA PATENT 2604013 SCHADE 光学镜头在边缘视场下的倾斜像差形式为圆相位延迟加上少量慧差。倾斜像差与圆相位延迟器具有相同的三维琼斯矩阵形式，它们都引起光束偏振态的旋转。

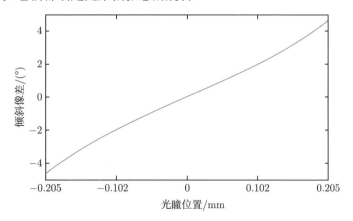

图 3.34　出瞳面 x 轴上光线的倾斜像差曲线

3.4.6 偏振效应对波像差及点扩散函数的影响

本书在 3.3 节中讨论了三维偏振像差，并已知三维偏振像差函数的相位延迟项会对传统的波像差产生影响。本小节首先通过分析 USA PATENT 2604013 光学镜头分别在几何光线追迹和三维偏振光线追迹下的波像差，来验证说明偏振效应对传统波像差的影响。如表 3.5 所示，对于完全非偏振的入射光束，考虑偏振效应后三个工作波长在中心视场的波像差 RMS 值和 PV 值同时变小，以 546nm 为例，RMS 值减小了 3.93%，PV 值减小了 3.35%，即在中心视场下偏振像差函数的相位延迟项与传统波像差有相互抵消作用，偏振像差使该光学系统的中心视场成像质量有所改善。而当半视场角为 5° 和 9° 时，三维偏振光线追迹计算的波像差相对几何光线追迹有少量的增大，此时偏振像差的存在使光学系统的成像质量稍微变差。偏振像差对传统波像差是起补偿作用还是增大作用主要取决于光学系统的具体参数 (包括光学薄膜参数)，需要针对不同光学系统进行具体分析，而不能一概而论。

表 3.5 偏振效应对传统波像差的影响

波长	半视场	几何光线追迹		三维偏振光线追迹			
		RMS	PV	RMS	RMS 增幅	PV	PV 增幅
656nm	0°	0.270	0.947	0.257	−4.81%	0.913	−3.59%
	5°	0.784	3.975	0.786	0.26%	3.987	0.30%
	9°	0.656	3.109	0.660	0.61%	3.128	0.61%
546nm	0°	0.356	1.254	0.342	−3.93%	1.212	−3.35%
	5°	0.998	5.041	1.000	0.20%	5.056	0.30%
	9°	0.799	3.996	0.805	0.75%	4.018	0.55%
435nm	0°	0.345	1.253	0.338	−2.03%	1.210	−3.43%
	5°	1.436	7.243	1.443	0.49%	7.263	0.28%
	9°	1.155	5.926	1.166	0.95%	5.960	0.57%

点扩散函数是一种基于衍射理论而得到广泛应用的像质评价方法，它描述了一个理想的几何物点经过光学系统后其像点的能量展开情况，如图 3.35 所示。其中图 3.35(a) 为几何光线追迹算法下中心视场的点扩散函数，图 3.35(b) 为考虑偏振效应后中心视场的点扩散函数图。斯托列尔比是计算点扩散函数时的一个重要参数，其量值的大小描述了光学系统成像质量的完善程度。表 3.6 偏振效应对点扩散函数的影响给出了 USA PATENT 2604013 SCHADE 光学镜头分别在几何光线追迹和三维偏振光线追迹下各视场的斯托列尔比。

由表 3.6 可知，考虑偏振效应后中心视场的斯托列尔比增大了 12.12%，说明光学系统中心视场的成像质量有所提高；当半视场角为 5° 和 9° 时，斯托列尔比分别减小了 6.33% 和 3.28%，此时点扩散函数变差，像质变坏。上述结论与通过分析传统波像差所得的结论是一致的。由此可见，不管是通过分析传统波像差还是点扩散函数，偏振效应对光学系统成像质量的影响都可以通过三维偏振光追迹方法来进行精确计算和仿真，这对优化设计高性能光学系统，提高光学系统的成像质量有着重要的指导意义。

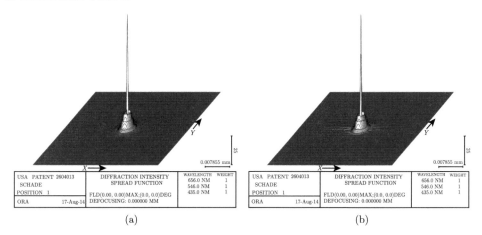

(a)   (b)

图 3.35　USA PATENT 2604013 SCHADE 中心视场在考虑偏振效应前后的点扩散函数图

表 3.6　偏振效应对点扩散函数的影响

	半视场	几何光线追迹	三维偏振光线追迹	减小比率
斯托列尔比	0°	0.1485	0.1665	−12.12%
	5°	0.0600	0.0562	6.33%
	9°	0.0244	0.0236	3.28%

参 考 文 献

[1] Davidson N, Bokor N. High-numerical-aperture focusing of radially polarized doughnut beams with a parabolic mirror and a flat diffractive lens. Optics Letters, 2004, 29(12): 1318-1320

[2] Yao A M, Padgett M J. Orbital angular momentum: Origins, behavior and applications. Advances in Optics and Photonics, 2011, 3(2): 161-204

[3] Gross H. Handbook of Optical Systems. New York: Wiley Online Library, 2005: 613-620

[4] Krantz S G. Handbook of Complex Variables. Boston: Springer, 1999: 49-50

[5] He W, Fu Y, Zheng Y, et al. Polarization properties of a corner-cube retroreflector with three-dimensional polarization ray-tracing calculus. Applied Optics, 2013, 52(19): 4527

[6] Macleod H A. Thin-Film Optical Filters. New York: McGraw-Hill, 1986: 179-209

[7]　Berning P H. Theory and calculations of optical thin films. Physics of Thin Films, 1963, 1(1): 69

[8]　Born M, Wolf E. Principles of Optics. 7th ed. Cambridge: Cambridge University Press, 1999

[9]　Chipman R A. Polarization analysis of optical systems. Optical Engineering, 1989, 28(2): 90-99

[10]　Lu S Y, Chipman R A. Homogeneous and inhomogeneous Jones matrices. J. Opt. Soc. Am. A, 1994, 11(2): 766-773

[11]　Brosseau C. Fundamentals of polarized light. A Statistical Optics Approach, 1998, 2(1): 185-186

[12]　Leinaas J M, Myrheim J. On the theory of identical particles. Il Nuovo Cimento B Series 11, 1977, 37(1): 1-23

[13]　Pancharatnam S. Generalized theory of interference, and its applications. Part I. Coherent pencils. Proceedings of the Indian Academy of Sciences, Section A, 1956, 44: 247-262

[14]　de Vito E, Levrero A. Pancharatnam's phase for polarized light. Journal of Modern Optics, 1994, 41(11): 2233-2238

[15]　Berry M V. The adiabatic phase and Pancharatnam's phase for polarized light. Journal of Modern Optics, 1987, 34(11): 1401-1407

[16]　Yun G, McClain S C, Chipman R A. Three-dimensional polarization ray-tracing calculus II: retardance. Applied Optics, 2011, 50(18): 2866-2874

[17]　Mebius J E. A matrix-based proof of the quaternion representation theorem for four-dimensional rotations. arXiv Preprint Math/0501249, 2005

[18]　Sklar E. Effects of small rotationally symmetrical aberrations on the irradiance spread function of a system with gaussian apodization over the pupil. J. Opt. Soc. Am., 1975, 65(12): 1520-1521

[19]　Mills J P, Thompson B J. Effect of aberrations and apodization on the performance of coherent optical systems. I. The amplitude impulse response. J. Opt. Soc. Am. A, 1986, 3(5): 694-703

[20]　Mills J P, Thompson B J. Effect of aberrations and apodization on the performance of coherent optical systems. II. Imaging. J. Opt. Soc. Am. A, 1986, 3(5): 704-716

[21]　Chipman R A. Polarization aberrations. Tucson: University of Arizona, 1987

[22]　Qiu B W. Experimental analysis of polarization aberration in optical system. Infrared and Laser Engineering, 2010, 39(1): 124-128

[23]　Zhang Y, Li L, Huang Y F. Polarization aberration analysis of optical systems. Optical Technique, 2005, 32(2): 202-207

[24]　Yun G, Crabtree K, Chipman R A. Skew aberration: A form of polarization aberration. Optics Letters, 2011, 36(20): 4062-4064

第4章 三维相干光场偏振理论的应用举例

4.1 角锥棱镜的偏振特性分析

角锥棱镜是一种高精度的光学元件，其工作面为三个相互垂直的反射面，如图 4.1 所示。其特点在于，任意角度入射的光线经过角锥棱镜后，出射光线都与入射光线反向平行。这个特性使角锥棱镜广泛应用于激光测距、激光通信、大地测量 (图 4.2)、铁轨检测 (图 4.3)、全固态激光器谐振腔、干涉测量等光学领域 [1]。

图 4.1 角锥棱镜

图 4.2 大地测量

图 4.3　铁路轨道的平顺性检测

在有些应用中我们需要考虑控制光束的偏振态, 例如, 在双频激光外差干涉测量中 (图 4.4), 角锥棱镜固有的偏振特性会导致出射光束的偏振态在六个不同区域产生不同的复杂变化, 从而影响干涉测量信号的强度, 产生混频效应, 并引入非线性误差 [2]。此外研究发现, 偏振态的改变与光束的入射角度、束散角、相对角锥棱镜主对角线的离轴量、角锥棱镜的姿态、材料、光学膜系等因素都有关系 [3]。而这种由角锥棱镜对光束偏振态的改变限制了外差干涉测量仪器精度的进一步提高。因此, 研究角锥棱镜的偏振特性, 找出控制光束偏振态的方法, 对于减小干涉测量的系统误差, 实现纳米级的高精度测量有重要的意义。

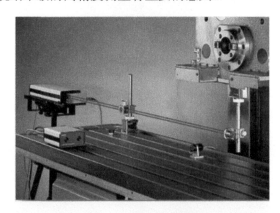

图 4.4　外差干涉测量

在已有的国内外文献中, 人们主要基于电场矢量法 [4-6]、琼斯矩阵法 [7,8] 和缪勒矩阵法 [1,3,9,10] 研究了角锥棱镜出射光束的偏振态。在之前的研究工作中, 大多数只讨论了光线正入射情况下角锥棱镜出射光束的偏振态分布。然而在实际的工程应用中, 严格的正入射情况是很难满足的, 多数情况还是倾斜入射的。此外, 上述几种偏振光分析方法都是传统的二维偏振光追迹, 适用于光线在所有的光学界面上作用时入射平面不变的光学系统。而角锥棱镜的三个工作面是在空间上相互垂直的, 光线在这三个光学面上的入射平面各不相同, 所以传统的偏振光分析方法在处理角锥棱镜时会非常复杂和困难。本节基于三维相干光场的偏振光追踪方法完整剖析了各种不同偏振态的光束以任意角度倾斜入射时, 不同类型的角锥棱镜的偏振特性。下面以实际的例子来进一步加深读者对三维相干光场偏振特性计算方法理论体系的理解。

4.1.1 角锥棱镜的数学模型

角锥棱镜按结构类型可分为实心角锥和空心角锥, 按光学膜系可分为全反射角锥棱镜 (工作面不镀反射膜) 和镀反射膜 (金属膜或介质膜) 的角锥棱镜。全反射角锥棱镜是比较常见的实心角锥, 其三个工作面靠光的全反射原理来工作。下面以全反射角锥棱镜为例来建立角锥棱镜的几何模型。

全反射角锥棱镜具有金字塔式的对称三角形结构, 如图 4.5 所示。面 AOB, 面 BOC, 面 AOC 为角锥棱镜的反射面, 这三个直角等腰三角形在空间上相互垂直; 等边三角形 ABC 为基面, 是透射面, 一般镀相应波段的增透膜; 线 OD 为面 ABC 的法线, 也称为角锥棱镜的主对角线。以角锥棱镜的三条棱边为基底建立笛卡儿坐标系 $OXYZ$, 那么角锥棱镜的前视图如图 4.6 所示, 沿着坐标轴的三条实线表示角锥的棱边, 另外三条虚线表示角锥棱边形成的虚像, 所有的实边和虚边共同将角锥棱镜的三个反射面分成了 6 个区域, 用罗马数字 I ~VI 来表示。从角锥棱镜出射的光束也将分裂为 6 个部分, 且这 6 个部分中光束偏振态的分布各不相同。

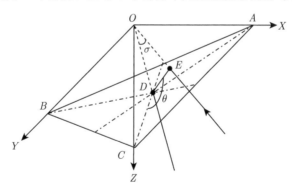

图 4.5 角锥棱镜的几何示意图

为简化计算, 在全局坐标系 $OXYZ$ 中假设 $O = (0,0,0)$, $A = (3,0,0)$, $B = (0,3,0)$, $C = (0,0,3)$, 那么基面 ABC 的法线与基面的交点 $D = (1,1,1)$。考虑任意角度入射的光线矢量 $\boldsymbol{EO}$ 与角锥棱镜的主对角线 OD 的夹角为 σ, 称为倾斜角; 其与线 CD 的夹角为 θ, 称为方位角。由于从任意方向入射的光束经过角锥棱镜后, 出射光束都与入射光束反向平行, 所以入射光矢量和出射光矢量都可以用入射光束的初始方向余弦 a, b, c (分别对应 XYZ 轴) 来表示。在实验测量中, 通常以基面的自准直光束为测量基准，利用基面对倾斜入射光束的反射光来测量入射倾斜角 σ。方位角 θ 以线 CD 为基准，取逆时针为正；线 CD 垂直于线 AB 和主对角线 OD。注意，倾斜角和方位角的取值范围分别为：$0 \leqslant \sigma \leqslant 90°$，$0 \leqslant \theta \leqslant 360°$。

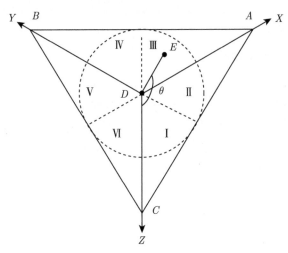

图 4.6   角锥棱镜的出射光束分裂为 6 个区域

用方向余弦 a, b, c 来表示入射光束的矢量特性是简单而直观的一种数学方法，但是无法由实验直接测量；用倾斜角 σ 和方位角 θ 也能完整地表示任意方向入射的光矢量，且倾斜角和方位角都是可观测量。在实际应用中，我们先测量出入射光束的倾斜角和方位角，然后来求取其方向余弦。下面推导方向余弦与倾斜角和方位角的关系。

如图 4.5 所示，矢量 $\boldsymbol{OD} = (1, 1, 1)$ 为角锥棱镜基面的法线，则基面 ABC 上的点满足方程：

$$x + y + z = 3 \tag{4.1}$$

方向余弦 a, b, c 定义为

$$a = \cos\alpha = \frac{x}{\sqrt{x^2 + y^2 + z^2}} \tag{4.2}$$

$$b = \cos\beta = \frac{y}{\sqrt{x^2 + y^2 + z^2}} \tag{4.3}$$

$$c = \cos\gamma = \frac{z}{\sqrt{x^2 + y^2 + z^2}} \tag{4.4}$$

其中，α, β, γ 分别为方向矢量与 X 轴、Y 轴、Z 轴的夹角。联立式 (4.1)~ 式 (4.4) 可得

$$\boldsymbol{DE} = [x - 1, y - 1, z - 1] = \left[\frac{2a - b - c}{a + b + c}, \frac{2b - a - c}{a + b + c}, \frac{2c - a - b}{a + b + c} \right] \tag{4.5}$$

倾斜角和方位角可以表示为

$$\cos\sigma = \frac{\boldsymbol{OE}\cdot\boldsymbol{OD}}{|\boldsymbol{OE}|\cdot|\boldsymbol{OD}|} = \frac{a+b+c}{\sqrt{3}} \tag{4.6}$$

$$\sin\sigma = \sqrt{\frac{2}{3}}\sqrt{1-ab-ac-bc} \tag{4.7}$$

$$\cos\theta = \frac{\boldsymbol{DE}\cdot\boldsymbol{DC}}{|\boldsymbol{DE}|\cdot|\boldsymbol{DC}|} = \frac{2c-b-a}{2\sqrt{1-ab-bc-ac}} \tag{4.8}$$

$$\sin\theta = \frac{\sqrt{3}}{2}\frac{a-b}{\sqrt{1-ab-bc-ac}} \tag{4.9}$$

整理式 (4.6)~ 式 (4.9) 可以求得方向余弦:

$$a = \frac{1}{\sqrt{3}}\cos\sigma - \frac{1}{\sqrt{6}}\sin\sigma(\cos\theta-\sqrt{3}\sin\theta) \tag{4.10}$$

$$b = \frac{1}{\sqrt{3}}\cos\sigma - \frac{1}{\sqrt{6}}\sin\sigma(\cos\theta+\sqrt{3}\sin\theta) \tag{4.11}$$

$$c = \frac{1}{\sqrt{3}}\cos\sigma + \sqrt{\frac{2}{3}}\sin\sigma\cos\theta \tag{4.12}$$

图 4.7 给出了倾斜角 $\sigma = 10°$ 时方向余弦 a,b,c 随方位角 θ 的变化曲线。值得注意的是，入射光线的方向矢量 $\boldsymbol{k}_{\rm in} = (-a,-b,-c)$ 为 $\boldsymbol{EO}$ 的单位化矢量。

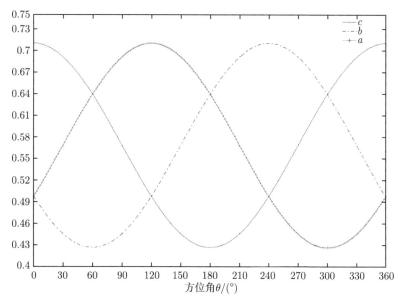

图 4.7   方向余弦与方位角的关系 $(\sigma = 10°)$ (彩图见封底二维码)

4.1.2　全反射角锥棱镜的偏振特性

本小节主要分析全反射实心角锥棱镜的偏振特性。假设全反射角锥棱镜的材料为 N-BK7 光学玻璃，其折射率为 1.515 ($\lambda = 632.8\text{nm}$)。若假设入射光束的倾斜角 $\sigma = 10°$，方位角 $\theta = 80°$，那么根据式 (4.10)～ 式 (4.12) 可以计算出入射光束的方向矢量 $\boldsymbol{k}_{\text{in}} = (-0.6772, -0.4353, -0.5932)$。入射到角锥棱镜上的平行光束有六种不同的传播路径：Ⅰ→Ⅵ→Ⅳ，Ⅱ→Ⅲ→Ⅴ，Ⅲ→Ⅱ→Ⅵ，Ⅳ→Ⅵ→Ⅰ，Ⅴ→Ⅳ→Ⅱ，Ⅵ→Ⅰ→Ⅲ，其中罗马数字分别代表图 4.6 中反射面上不同的区域，为方便起见，这些传播路径依次记为光路 A～F。首先以传播路径光路 A 为例来说明问题，其他传播路径的计算方法与之相同，将不再赘述。对于实心的角锥棱镜，光线将两次在基面上发生折射，因此在三维偏振光追迹计算中，将计算在光学界面上的两次折射和三次反射。

表 4.1 给出了全反射角锥棱镜在光路 A 上每一个光学界面的法矢量、传播方向矢量、局部坐标系基底矢量，以及 ${}^3G_q$ 矩阵等三维偏振光追迹参量。全反射角锥棱镜在光路 A 上的三维琼斯矩阵 ${}^3G_{\text{total}}$ 为表中各个光学界面上 ${}^3G_q$ 矩阵的级联：

$$
\begin{aligned}
{}^3G_{\text{total}} &= {}^3G_5 \cdot {}^3G_4 \cdot {}^3G_3 \cdot {}^3G_2 \cdot {}^3G_1 \\
&= \begin{bmatrix} -0.4867 - 0.4621\text{i} & -0.5288 + 0.3119\text{i} & -0.1979 + 0.2986\text{i} \\ -0.2364 + 0.5052\text{i} & -0.6088 - 0.1222\text{i} & -0.0172 - 0.4871\text{i} \\ -0.4125 + 0.1567\text{i} & 0.3166 - 0.2664\text{i} & -0.7614 + 0.0166\text{i} \end{bmatrix}
\end{aligned} \tag{4.13}
$$

一般而言，对于起偏器、波片、退偏振器等典型的偏振器件都可以用二向衰减系数、相位延迟量和退偏振系数这三种参量中的某一种来表征其偏振特性。非理想的一般偏振元件或光学系统往往同时包含这三种偏振参量，对于存在一定制造误差的角锥棱镜，要想精确而完整地描述其偏振特性是比较复杂的。二向衰减系数可以利用式 (3.33) 通过对三维琼斯矩阵 ${}^3G_{\text{total}}$ 进行奇异值分解来求取；相位延迟量可以通过从 ${}^3G_{\text{total}}$ 矩阵中剔除平行传输矩阵 ${}^3Q_{\text{total}}$ 的影响，得到偏振光追迹矩阵 ${}^3P_{\text{total}}$，然后对偏振光追迹矩阵 ${}^3P_{\text{total}}$ 进行极分解来求解。退偏效应从本质上来说与散射效应和偏振态相干性的丢失有关。这不可避免地涉及部分相干、部分偏振光束，用基于琼斯矢量的三维相干光场的偏振光追迹方法是无法处理的，所以本节的讨论中将忽略角锥棱镜的制造误差、退偏效应、材料的吸收和应力双折射、波长和温度的变化等因素。

对式 (4.13) 进行奇异值分解可得

$$
{}^3G_{\text{total}} = U \cdot D \cdot V^+ \tag{4.14}
$$

表 4.1　全反射角锥棱镜的每个光学界面上的三维偏振光追迹参量

q	k_{q-1}	k_q	p_q	p'_q	s_q	N_q	^3G_q		
1	-0.6772	-0.6452	-0.5157	-0.5552	-0.5248	0.5774	0.8817	0.0203	0.0662
	-0.4353	-0.4856	0.8559	0.8284	-0.2793	0.5774	0.1062	0.8349	0.0846
	-0.5932	-0.5898	-0.0394	-0.0747	0.8041	0.5774	0.0961	0.0285	0.8637
2	-0.6452	-0.6452	0.3584	-0.3584	0.6747	0	$0.4392 + 0.3655i$	$0.0751 + 0.2036i$	$0.5516 - 0.5675i$
	-0.4856	0.4856	-0.8742	-0.8742	0	1	$-0.0751 - 0.2036i$	$-0.8167 + 0.4965i$	$-0.0687 - 0.1861i$
	-0.5898	-0.5898	0.3276	-0.3276	-0.7381	0	$0.5516 - 0.5561i$	$0.0687 + 0.1861i$	$0.3400 + 0.4677i$
3	-0.6452	0.6452	-0.7640	-0.7640	0	1	$-0.5936 + 0.5561i$	$0.2182 + 0.2985i$	$-0.2650 - 0.3626i$
	0.4856	0.4856	-0.4101	0.4101	-0.7720	0	$-0.2182 - 0.2985i$	$0.5703 + 0.3640i$	$-0.1151 + 0.6263i$
	-0.5898	-0.5898	0.4981	-0.4981	-0.6356	0	$0.2650 + 0.3626i$	$-0.1151 - 0.6263i$	$0.6153 + 0.1190i$
4	0.6452	0.6452	-0.4712	0.4712	0.6013	0	$0.6188 + 0.1637i$	$0.2904 - 0.6087i$	$-0.1779 - 0.3221i$
	0.4856	0.4856	-0.3547	0.3547	-0.7990	1	$0.2904 - 0.6087i$	$0.4514 + 0.5144i$	$-0.1339 - 0.2424i$
	-0.5898	0.5898	-0.8076	-0.8076	0	0	$0.1779 + 0.3221i$	$0.1339 + 0.2424i$	$-0.6951 + 0.5520i$
5	0.6452	0.6772	-0.5552	-0.5157	0.5248	-0.5774	1.1167	-0.0114	-0.0641
	0.4856	0.4353	0.8284	0.8559	0.2793	-0.5774	-0.1174	1.1643	-0.0921
	-0.5898	0.5932	-0.0747	-0.0394	-0.8041	-0.5774	-0.1010	-0.0229	1.1351

$$U = \begin{bmatrix} 0.6772 & 0.0978 - 0.5353i & -0.2941 - 0.3998i \\ 0.4353 & 0.3017 + 0.7029i & -0.4344 + 0.1912i \\ 0.5932 & -0.3330 + 0.0941i & 0.6545 + 0.3161i \end{bmatrix} \qquad (4.15)$$

$$D = \begin{bmatrix} 1 & 0 & 0 \\ 0 & 0.9591 & 0 \\ 0 & 0 & 0.9570 \end{bmatrix} \qquad (4.16)$$

$$V = \begin{bmatrix} -0.6772 & 0.6623 & 0.3205 \\ -0.4353 & -0.6448 - 0.2064i & 0.4126 + 0.4265i \\ -0.5932 & -0.2829 + 0.1515i & -0.6687 - 0.3130i \end{bmatrix} \qquad (4.17)$$

结合式 (4.16) 与式 (3.39) 可得二向衰减系数:

$$D_0 = \frac{\Lambda_1^2 - \Lambda_2^2}{\Lambda_1^2 + \Lambda_2^2} = 0.0022 \qquad (4.18)$$

平行传输矩阵表征了三维偏振光追迹中与偏振效应无关的几何变换, 主要是由每个光学界面上折反射定律所定义的局部坐标系不同而造成的, 利用式 (3.49)~式 (3.51) 可计算出光在每个光学界面上的平行传输矩阵 ^3Q_q。那么总的平行传输矩阵 $^3Q_{\text{total}}$ 为各个光学界面上平行传输矩阵 ^3Q_q 的级联:

$$^3Q_{\text{total}} = {}^3Q_5 \cdot {}^3Q_4 \cdot {}^3Q_3 \cdot {}^3Q_2 \cdot {}^3Q_1 = \begin{bmatrix} -1 & 0 & 0 \\ 0 & -1 & 0 \\ 0 & 0 & -1 \end{bmatrix} \qquad (4.19)$$

从三维琼斯矩阵 $^3G_{\text{total}}$ 中剔除平行传输矩阵 $^3Q_{\text{total}}$ 的影响:

$$\begin{aligned} ^3P_{\text{total}} &= {}^3Q_{\text{total}}^{-1} \cdot {}^3G_{\text{total}} \\ &= \begin{bmatrix} 0.4867 + 0.4621i & 0.5288 - 0.3119i & 0.1979 - 0.2986i \\ 0.2364 - 0.5052i & 0.6088 + 0.1222i & 0.0172 + 0.4871i \\ 0.4125 - 0.1567i & -0.3166 + 0.2664i & 0.7614 - 0.0166i \end{bmatrix} \end{aligned} \qquad (4.20)$$

矩阵 $^3P_{\text{total}}$ 为计算相位延迟的基本方程, 其包含了二向衰减系数和相位延迟量。对式 (4.20) 进行极分解可得

$$^3P_{\text{total}} = {}^3P_{\text{total,R}} \cdot {}^3P_{\text{total,D}} \tag{4.21}$$

$$^3P_{\text{total,R}} = \begin{bmatrix} 0.4881 + 0.4821\mathrm{i} & 0.5394 - 0.3251\mathrm{i} & 0.1885 - 0.3117\mathrm{i} \\ 0.2342 - 0.5269\mathrm{i} & 0.6268 + 0.1268\mathrm{i} & 0.0065 + 0.5084\mathrm{i} \\ 0.4125 - 0.1636\mathrm{i} & -0.3420 + 0.2781\mathrm{i} & 0.7801 - 0.0172\mathrm{i} \end{bmatrix} \tag{4.22}$$

$$^3P_{\text{total,D}} = \begin{bmatrix} 0.9776 & 0.0118 + 0.0003\mathrm{i} & 0.0169 - 0.0002\mathrm{i} \\ 0.0118 - 0.0003\mathrm{i} & 0.9661 & 0.0114 + 0.0003\mathrm{i} \\ 0.0169 + 0.0002\mathrm{i} & 0.0114 - 0.0003\mathrm{i} & 0.9723 \end{bmatrix} \tag{4.23}$$

其中 $^3P_{\text{total,R}}$ 为幺正矩阵，是表征偏振相关的相位延迟矩阵；$^3P_{\text{total,D}}$ 为一个半正定的厄米矩阵，表征二向衰减，其与奇异值分解中 D 矩阵的不同在于 D 为对角阵，见式 (4.16)。延迟矩阵 $^3P_{\text{total,R}}$ 有三个特征根及其对应的特征向量：

$$\lambda_1 = \exp(1.5887\mathrm{i}), \quad \boldsymbol{v}_1 = \begin{bmatrix} 0.7066 \\ -0.5491 + 0.1534\mathrm{i} \\ -0.4037 - 0.1126\mathrm{i} \end{bmatrix} \tag{4.24}$$

$$\lambda_2 = \exp(-0.4205\mathrm{i}), \quad \boldsymbol{v}_2 = \begin{bmatrix} 0.1338 + 0.1556\mathrm{i} \\ 0.6967 \\ -0.6640 - 0.1776\mathrm{i} \end{bmatrix} \tag{4.25}$$

$$\lambda_3 = 1, \quad \boldsymbol{v}_3 = \begin{bmatrix} 0.6772 \\ 0.4353 \\ 0.5932 \end{bmatrix} \tag{4.26}$$

可见特征根为 1 所对应的特征向量正好为角锥棱镜出射光的方向矢量。通过求解另外两个特征根的辐角之差即可计算角锥棱镜的相位延迟量 δ：

$$\delta = \arg(\lambda_1) - \arg(\lambda_2) = 115.12° \tag{4.27}$$

由式 (4.15) 和式 (4.17) 可见，矩阵 U 和 V 的第一列恰好分别等于出射光和入射光的方向矢量。矩阵 V 的后两列矢量分别表示出射光强最大和最小时所对应的入射光偏振态，此处这两个列矢量都表示椭圆偏振，且为相互正交的偏振态。由于二向衰减值为 0.0022，相位延迟为 115.12°，所以全反射角锥棱镜在传播路径光路 A 上主要表现为一个椭圆相位延迟器。

　　若以完全线偏振光入射，假定偏振方向为第一次折射时菲涅耳局部坐标系的 TM 方向 (即为 p 偏振光)，在局部坐标系下表示为 $p = (0, 1, 0)$，在全局坐标系下则表示为 $p_1 = (-0.5157, 0.8559, -0.0394)$，出射光的偏振态在出射光线横截面上表示为

$$^3E_{\text{out}} = O_{\text{out},5}^{-1} \cdot {}^3G_{\text{total}} \cdot p_1 = \begin{bmatrix} -0.6530 + 0.4290\text{i} \\ -0.2725 - 0.5616\text{i} \\ 0 \end{bmatrix} \tag{4.28}$$

其中，矩阵 $O_{\text{out},5}^{-1}$ 为 $O_{\text{out},5}$ 的逆矩阵，表示第 5 个光学界面上出射光的坐标变换矩阵，在上式中的作用是将全局坐标系下的电场矢量转换到出射光局部坐标系下来表示，从而表征出射光束的偏振态。由式 (4.28) 可见，当入射光为 TM 方向的线偏振光时，从角锥棱镜光路 A 出射的光束为椭率角 $\varepsilon = 37.64°$、方位角 $\psi = 14.85°$ 的椭圆左旋偏振光。

　　如图 4.8 和图 4.9 所示，当倾斜角为 5° 和 10° 时，全反射角锥棱镜在光路 A 上的二向衰减系数和相位延迟量都随着方位角在一个较小的范围内振荡。当倾斜角为 20° 时，二向衰减系数和相位延迟量随方位角的变化明显增大。这主要是因为，当倾斜角不大时，方位角的变化对每个光学界面上入射角度的改变较小。由菲涅耳公式可知，两个正交偏振态之间的相位差和振幅比与入射角度是密切相关的。

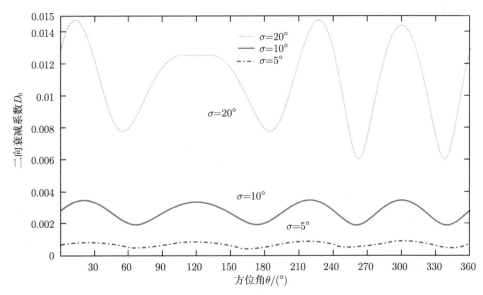

图 4.8　全反射角锥棱镜的二向衰减系数与方位角的关系

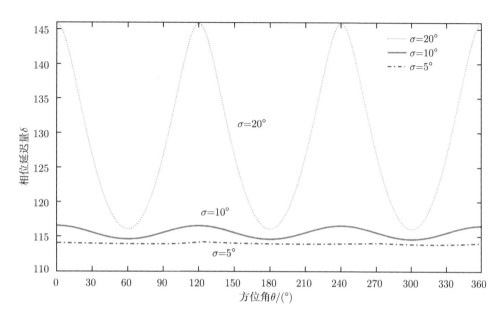

图 4.9 全反射角锥棱镜的相位延迟量与方位角的关系

由图 4.10 所示, 当方位角为 80° 时, 二向衰减随倾斜角的变化是分段函数: 当倾斜角小于 29.95° 时, 二向衰减系数随倾斜角缓慢增大; 当倾斜角大于 29.95° 后,

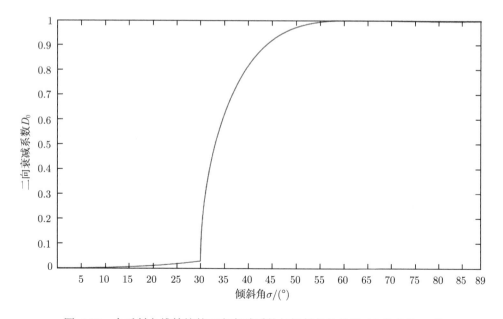

图 4.10 全反射角锥棱镜的二向衰减系数与倾斜角的关系 (方位角为 80°)

二向衰减系数迅速增大, 并在倾斜角大于 55° 后趋于平缓; 当倾斜角大于 62.9° 时, 光线在角锥棱镜第二个反射面上的入射角度接近布儒斯特角, 反射光束中 TM 偏振分量非常少, 二向衰减系数接近 1, 即全反射角锥棱镜逐步等效为一个起偏器。如图 4.11 所示, 当方位角为 80° 时, 与偏振相关的相位延迟在倾斜角为 29.95°, 38.4° 和 62.9° 时会发生阶跃变化, 产生相位延迟的突变。这主要是因为, 当倾斜角为上述三个特殊值时, 角锥棱镜的三个反射面中有一个光学界面的光线入射角小于全反射临界角。全反射条件被破坏, 对偏振光束 TE 分量和 TM 分量的振幅比和相位差有较大的影响。例如, 当倾斜角略大于 29.95° 时, 光线在第二个反射面上的入射角略小于全反射临界角, TM 偏振分量的振幅反射系数迅速减小, 但 TE 偏振分量的振幅反射系数变化相对缓慢, 因此振幅比和二向衰减系数迅速增大。

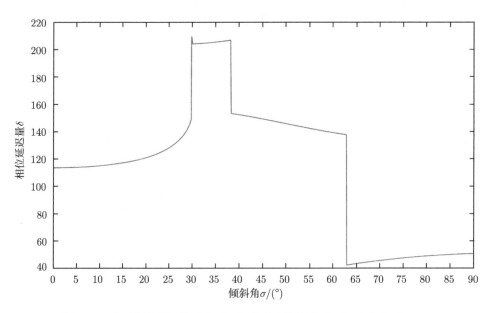

图 4.11　全反射角锥棱镜的相位延迟量与倾斜角的关系 (方位角为 80°)

二向衰减系数和相位延迟量是表征角锥棱镜偏振特性的两个重要的参量, 图 4.12 和图 4.13 分别给出了全反射角锥棱镜的二向衰减系数和相位延迟量与倾斜角和方位角的关系。从图中可见, 二向衰减系数和相位延迟量都随方位角周期性变化, 且在 2π 范围内都具有三个周期, 这主要是由角锥棱镜反射面的三对称结构引起的。当倾斜角小于 21° 时, 二向衰减系数和相位延迟量基本不随方位角改变, 且二向衰减系数接近于 0; 但是此时相位延迟量的值较大, 即角锥棱镜等效于一个波片, 角锥棱镜的出射光束偏振态依然会有较大的改变。因此, 在需要控制出射光束的偏振态不变的场合, 应该避免使用全反射角锥棱镜。

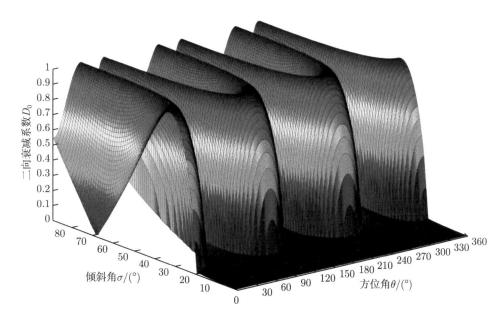

图 4.12 全反射角锥棱镜的二向衰减系数与倾斜角和方位角的关系 (彩图见封底二维码)

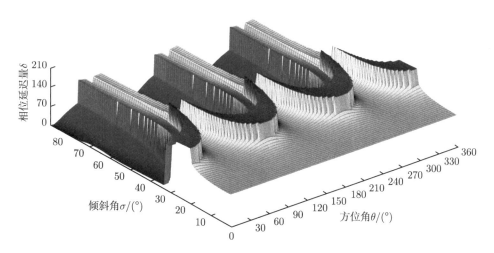

图 4.13 全反射角锥棱镜的相位延迟量与倾斜角和方位角的关系 (彩图见封底二维码)

下面将考虑角锥棱镜所有传播路径的偏振特性, 表 4.2 给出了倾斜角为 10°、方位角为 80° 时, 光线的全部传播路径光路 A~F 上每个光学界面上二向衰减系数和相位延迟量的分布。对于折射界面, 相位延迟为零; 对于全反射界面, 二向衰减系数为零。在各个传播路径中, 角锥棱镜三个全反射面的相位延迟量都各不相同, 主要是因为倾斜入射时, 光线在各个反射面上的入射角度各不相同。此外, 从

表 4.2 可知，各个传播路径的二向衰减系数和相位延迟量的总值，并不等于传播路径上各光学界面的二向衰减系数和相位延迟量的简单求和。这进一步验证了 3.4.2 小节中二向衰减系数和相位延迟量在光学系统中的传播规律的正确性。

表 4.2　全反射角锥棱镜的二向衰减系数和相位延迟量分布

q	光路 A		光路 B		光路 C		光路 D		光路 E		光路 F	
	D_0	δ	D_0	δ	D_0	δ	D_0	δ	D_0	δ	D_0	δ
1	0.0018	0	0.0018	0	0.0018	0	0.0018	0	0.0018	0	0.0018	0
2	0	139.96	0	139.96	0	134.36	0	134.36	0	133.92	0	133.92
3	0	133.92	0	134.36	0	139.96	0	133.92	0	134.36	0	139.96
4	0	134.36	0	133.92	0	133.92	0	139.96	0	139.96	0	134.36
5	0.0018	0	0.0018	0	0.0018	0	0.0018	0	0.0018	0	0.0018	0
合计	0.0022	115.12	0.0029	115.12	0.0028	115.12	0.0022	115.12	0.0029	115.12	0.0028	115.12

图 4.14 给出了各种不同偏振态的光束正入射和倾斜入射时，全反射角锥棱镜出射光束的偏振态分布。可见出射光束分裂为六个区域，这六个区域的偏振态各不相同，光束倾斜入射对偏振态的分布有明显的影响。此外，当入射光的偏振态不同时，全反射角锥棱镜出射光的偏振态分布也是完全不同的。由于全反射角锥棱镜六个不同传播路径的本征偏振态并不相同，所以无论光束以何种偏振态入射，都无法控制出射光束所有区域的偏振态都保持不变。

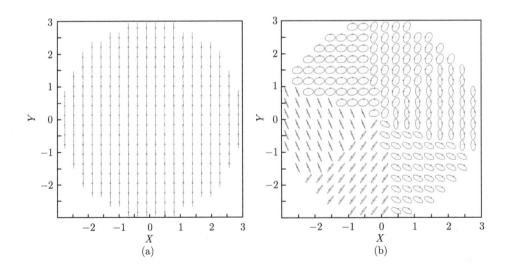

(a)　　　　　　　　　　　　　　　　　(b)

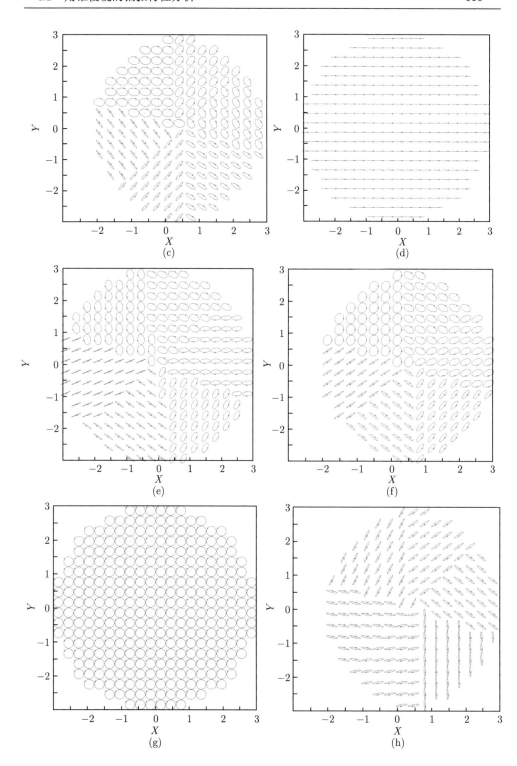

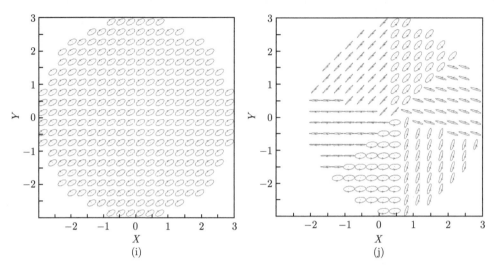

图 4.14　(a) TM 线偏振光入射；(b) TM 线偏振光正入射时，全反射角锥棱镜的出射光偏振
态分布；(c) TM 线偏振光倾斜入射时，全反射角锥棱镜的出射光偏振态分布；(d) TE 线偏振
光入射；(e) TE 线偏振光正入射时，全反射角锥棱镜的出射光偏振态分布；(f) TE 线偏振光
倾斜入射时，全反射角锥棱镜的出射光偏振态分布；(g) 右旋圆偏振光入射；(h) 圆偏振光倾
斜入射时，全反射角锥棱镜的出射光偏振态分布；(i) 右旋椭圆偏振光入射，椭率为 0.5，椭圆
方位角为 30°；(j) 椭圆偏振光倾斜入射时，全反射角锥棱镜的出射光偏振态分布

4.1.3　镀金属膜角锥棱镜的偏振特性

　　本小节主要讨论镀金属反射膜的角锥棱镜的偏振特性，包括镀金属铝膜和镀
金属银膜的实心角锥和空心角锥。为了便于对比分析，选择同样的传播路径 (光路
A) 来进行三维偏振光追迹计算。金属铝的折射率为 $n = 1.37 + 7.62i$ ($\lambda = 632.8$nm)，
金属银的折射率为 $n = 0.14 + 3.99i$ ($\lambda = 632.8$nm)。图 4.15∼ 图 4.21 分别给出了镀
金属反射膜的各种类型的角锥棱镜的二向衰减系数和相位延迟量与倾斜角和方位
角的关系。

　　由图 4.15 和图 4.16 可见，镀金属银膜的空心角锥棱镜的二向衰减系数要小于
镀金属铝膜的空心角锥棱镜的二向衰减系数。这主要是因为当入射角相同时，镀银
光学表面 TE 和 TM 振幅反射系数的差值要小于镀铝光学表面，如图 4.17 所示。
正是光波在光学表面上折反射时 TE 和 TM 方向上菲涅耳振幅系数的不同，引起
了光束 TE 和 TM 分量的振幅比和相位差的改变，从而产生了偏振效应。

　　结合图 4.12、图 4.18 和图 4.19 可以发现，无论是未镀膜的全反射角锥棱镜还
是镀金属反射膜的实心角锥棱镜，二向衰减系数都随着倾斜角的增大而迅速增加。
事实上，当倾斜角较大时，角锥棱镜的三个反射面对二向衰减系数的贡献量非常

小；随着倾斜角的增大，光线在角锥棱镜基面上的折射所产生的二向衰减系数越来越大。一般而言，折射所产生的二向衰减系数随入射角的增大而迅速增大，而其产生的相位延迟量却总是零。

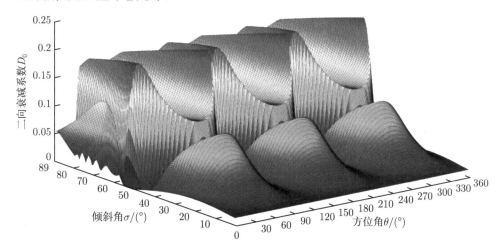

图 4.15 镀铝空心角锥棱镜的二向衰减系数与倾斜角和方位角的关系 (彩图见封底二维码)

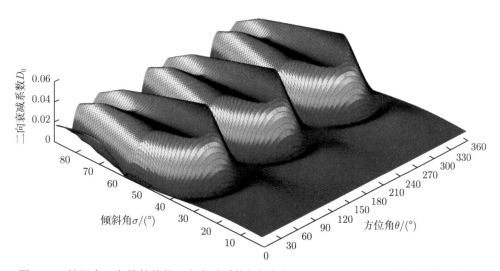

图 4.16 镀银空心角锥棱镜的二向衰减系数与倾斜角和方位角的关系 (彩图见封底二维码)

镀金属膜的空心角锥棱镜和实心角锥棱镜的区别主要在于，光线经过空心角锥棱镜时没有折射界面，只产生三次反射。因为折射时并不引起相位延迟量的改变，所以镀金属膜的空心角锥和实心角锥的相位延迟图是基本一致的。

如图 4.20 和图 4.21 所示，当方位角等于 0°，120° 和 240° 时，镀金属膜的角

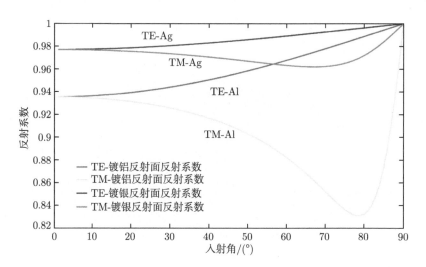

图 4.17　镀铝和镀银反射面菲涅耳反射系数与入射角的关系 (彩图见封底二维码)

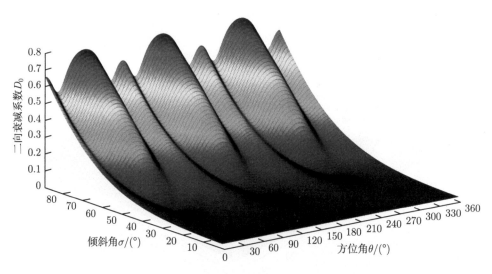

图 4.18　镀铝实心角锥棱镜的二向衰减系数与倾斜角和方位角的关系 (彩图见封底二维码)

锥棱镜的相位延迟量并不随着倾斜角的增大而明显变化。在这种情况下，角锥棱镜的三个反射面中总有两个反射面的相位延迟量相等，光线在这两个反射面上的入射角也相等。每个反射界面对总的相位延迟量的贡献量都可以通过三维偏振光线追迹计算出来。

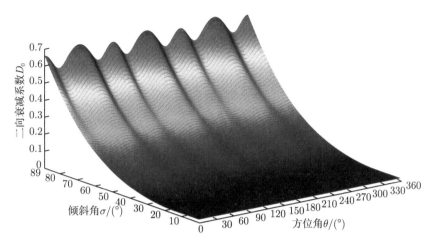

图 4.19 镀银实心角锥棱镜的二向衰减系数与倾斜角和方位角的关系 (彩图见封底二维码)

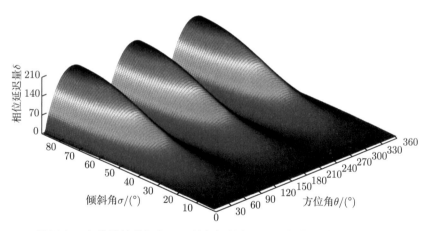

图 4.20 镀铝实心角锥棱镜的相位延迟量与倾斜角和方位角的关系 (彩图见封底二维码)

计算结果表明, 当方位角为 $0°$, $120°$ 和 $240°$ 时, 镀金属膜的角锥棱镜的三个反射面产生的相位延迟量相互抵消, 无论倾斜角如何变化, 总的相位延迟量都在 $4.06°\sim9.97°$ 范围内变化。镀金属膜的角锥棱镜具有很小的二向衰减系数, 当倾斜角一定时, 我们可以绕基面的法线来旋转角锥棱镜, 使方位角等于 $0°$, $120°$ 和 $240°$ 这几个特殊值, 从而使角锥棱镜具有最好的保偏能力。

当倾斜角为 $10°$、方位角为 $80°$ 时, 镀铝实心角锥棱镜的所有传播路径的二向衰减系数都不超过 0.029, 相位延迟量不超过 $7.93°$, 即这两个重要的偏振参量都具有较小的数值。所以以任意偏振态的光束入射时, 镀铝反射膜的实心角锥棱镜都具有较好的保偏能力, 如图 4.22 所示。因此, 给角锥棱镜镀金属反射膜, 是控制出射光偏振态变化的有效技术手段。

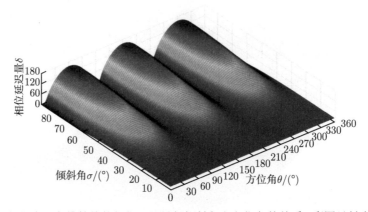

图 4.21 镀银实心角锥棱镜的相位延迟量与倾斜角和方位角的关系 (彩图见封底二维码)

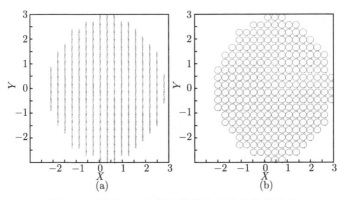

图 4.22 镀铝实心角锥棱镜的出射光偏振态分布

(a) TM 线偏振光倾斜入射；(b) 右旋圆偏振光倾斜入射

4.2 激光通信链路光学保偏衰减器

激光通信链路衰减器是自由空间光通信系统性能测试设备中的一种关键器件，通过调整激光通信链路衰减器的能量衰减系数，可以模拟通信距离，完成自由空间光通信系统通信链路性能的地面测试工作。目前自由空间光通信所采用的信道主要有 808nm，974nm，1064nm 和 1550nm 等，一对光端机通常采用不同的信道来实现收发信号的隔离，且通信激光的功率往往不同。近年来，偏振复用技术和偏振位移键控调制技术逐步成为自由空间光通信领域的研究热点，自由光通信系统所采取的调制方式也变得更为多样化，主要包括振幅调制、频率调制、相位调制，以及偏振调制。因此，为了给各种不同类型 (信道、功率、调制方式) 的自由空间光通信系统提供一个统一的性能测试基准，研制一种高精度、宽光谱，具备光学保偏性能,可连续衰减的衰减器是精确测试空间光通信系统的通信链路性能的必要前提。

目前可变光学衰减器的实现方法有很多种,包括机械型、波导型、液晶型、微光机电型、光纤位移型和光电效应型等,大多应用于光纤通信中的密集波分复用系统。机械型可变光衰减器通常有三种,一种是利用吸收型光学材料对入射光束进行能量衰减,加工多种具有不同光密度或者不同厚度的吸收型材料,通过机械插入或轮换的方式实现不同的衰减系数;一种是在平面光学元件上镀膜对入射光束进行能量分光,在不同平行平板上分别镀制具有不同分光比例的膜系,通过机械方法替换平行平板实现不同的衰减系数;还有一种是让入射光束经过两个偏振片,其中一个偏振片固定不动,另一个偏振片可以绕光轴旋转,根据马吕斯定律可知,当偏振片旋转一周时,可实现光束的连续衰减,衰减系数的动态范围取决于两个偏振片的消光比。前两种方法的缺点在于插入损耗大、衰减系数只能分为固定的几挡、动态范围小、有弱的偏振损耗;最后一种虽然能连续衰减,但偏振损耗非常大。

波导型、微光机电型、光纤位移型、光电效应型衰减器对入射光束的波像差影响很大,对入射光束的波长比较敏感,且对光束的偏振态有较大影响。液晶型光衰减器从原理上说也是利用了马吕斯定律,液晶器件中的液晶分子可以根据施加电压的不同呈现不同的排列方式,其作用等效为偏振片,通过电压控制可以改变等效偏振片的透光轴方向;其缺点在于偏振损耗很大、动态范围小。

综上所述,现有技术手段无法同时具备宽光谱、低偏振损耗、大动态范围、极小波像差等特殊要求,本节旨在设计一款新的光学衰减器,以满足空间光通信系统的通信链路性能测试要求。

4.2.1 光学保偏衰减器的工作原理

激光通信链路光学保偏无级衰减器主要由斜方棱镜、高精度旋转台、编码器、驱动电机、光陷阱装置、温度传感装置、定标数据库和衰减系数控制系统等部分组成,如图 4.23 所示。

主要工作原理为:精密控制入射光束在斜方棱镜反射面上的入射角,使其从布儒斯特角到临界角连续变化,利用棱镜的内反射效应来实现光束能量的连续衰减。当材料为玻璃时菲涅耳反射系数随入射角变化情况如图 4.24 所示。由于 P 波和 S 波在入射角小于临界角时的反射系数并不相同,入射光束经过斜方棱镜的两次反射衰减后,光束偏振态必然发生改变。而当入射角大于等于临界角时,虽然反射系数都为 1,但是会由全反射产生相位差,光束偏振态也将发生改变,即由菲涅耳折反射定律可知,经过单个斜方棱镜后,被衰减的光束偏振态必然会发生改变,所以本书采用两个完全相同的斜方棱镜,其工作面在空间上相互正交,来实现对光束偏振态变化的完全补偿。

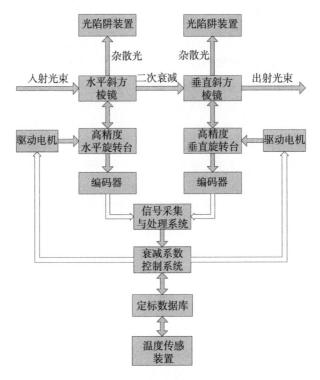

图 4.23   系统原理框图

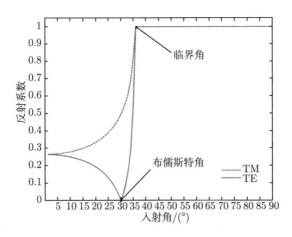

图 4.24   菲涅耳反射系数随入射角的变化

当入射光束进入水平放置的斜方棱镜后,一部分光在工作面经过两次反射,进入垂直放置的斜方棱镜;另一部分光在工作面透射成为杂散光,进入光陷阱装置被吸收。进入垂直放置的斜方棱镜的光束被二次衰减,一部分光在工作面透射成为杂散光, 进入光陷阱装置被吸收; 另一部分光在工作面经过两次反射, 而与初始入射光束平行出射, 如图 4.25 所示。

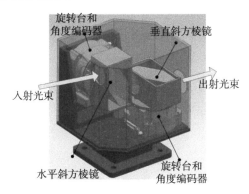

图 4.25　原理样机结构示意图

高精度水平转台和垂直转台分别由驱动电机控制, 能实现精密的旋转运动。垂直斜方棱镜安装在垂直转台上, 水平斜方棱镜安装在水平转台上。高精度水平转台和垂直转台都配有角度编码器, 由信号采集和处理系统实时采集转台的位置信号和转角信号。温度传感装置实时监测测试环境下的温度数据, 衰减系数控制系统通过对比该温度下定标数据库里的数据和转台的位置数据, 给出指定衰减系数所对应的转角, 反馈控制驱动电机来精密调整入射光线在两个斜方棱镜工作面上的入射角度, 实现衰减系数的连续变化。

斜方棱镜是链路衰减器的核心部件, 它主要承担光学保偏能量衰减作用。斜方棱镜包含水平斜方棱镜和垂直斜方棱镜这两个部件, 从结构形式上看这两个棱镜是完全相同的, 只是在链路衰减器中的安装方位是相互垂直的, 以实现偏振态改变量的相互补偿。

斜方棱镜的几何结构形式如图 4.26 所示, 第 1 工作面和第 2 工作面严格平行,

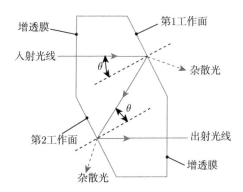

图 4.26　斜方棱镜的几何结构示意图 (彩图见封底二维码)

以保证入射光线经过两次反射后的出射方向与入射方向保持一致，且两次反射时的入射角相等。入射面和出射面镀增透膜 (400~1560nm)，两个工作面不镀膜。水平斜方棱镜和垂直斜方棱镜具有完全相同的结构，只是空间姿态不同，光线在两者中传播的入射平面是相互垂直的，以达到校正偏振态的目的，如图 4.27 所示。

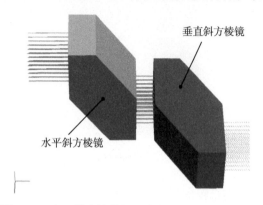

垂直斜方棱镜

水平斜方棱镜

图 4.27　水平斜方棱镜与垂直斜方棱镜的空间姿态

4.2.2　衰减能力及保偏能力的计算和仿真

斜方棱镜是衰减器中的关键部件，其光学材料的选择需要考虑如下因素。

(1) 临界角与布儒斯特角之差应适中，如果这两个角度的差值过大，会导致斜方棱镜在连续衰减时转角过大，为保证有效通光口径，棱镜的体积必然增大；若差值过小，在旋转台定位精度一定的情况下，衰减精度会降低。

(2) 在 790~1560nm 光波范围内应该有高的透射率。

(3) 适于光学冷加工，无毒环保，不易潮解。

综合上述因素本书选用肖特玻璃 N-LAF2 作为斜方棱镜的光学材料。根据色散系数，按照 Sellmeier 色散公式可计算 N-LAF2 的色散曲线。

对于入射面相互垂直的两个斜方棱镜，用三维偏振光线追迹的方法来计算其对偏振态的改变。假设入射光波长为 974nm，相对斜方棱镜反射面的入射角度为 33.17°，斜方棱镜的光学材料为 N-LAF2。设定全局坐标系，z 为入射光矢量方向，x 和 y 为垂直于 z 方向的正交矢量，那么 x, y 矢量可以作为表征光束偏振态的一对正交基底矢量。对于每一个斜方棱镜，光束都经过两次折射和两次反射，水平斜方棱镜的三维琼斯矩阵用 P_H 表示，垂直斜方棱镜的三维琼斯矩阵用 P_V 表示：

$$P_\mathrm{H} = P_4 \cdot P_3 \cdot P_2 \cdot P_1 = \begin{pmatrix} 0.39932 & 0 & 0 \\ 0 & 0.03819 & 0 \\ 0 & 0 & 1 \end{pmatrix} \tag{4.29}$$

$$P_V = P_8 \cdot P_7 \cdot P_6 \cdot P_5 = \begin{pmatrix} 0.03819 & 0 & 0 \\ 0 & 0.39932 & 0 \\ 0 & 0 & 1 \end{pmatrix} \tag{4.30}$$

$$P_{\text{total}} = P_V \cdot P_H = \begin{pmatrix} 0.01525 & 0 & 0 \\ 0 & 0.01525 & 0 \\ 0 & 0 & 1 \end{pmatrix} \tag{4.31}$$

用传统的二维琼斯矢量来表示光束的偏振态,那么入射光矢量的 z 方向的电场分量为零,则出射光电场矢量为

$$E_{\text{out}} = P_{\text{total}} \cdot E_{\text{in}} = P_{\text{total}} \cdot \begin{pmatrix} E_x \\ E_y \\ 0 \end{pmatrix} = 0.01525 E_{\text{in}} \tag{4.32}$$

由此可见,入射面相互垂直的两个斜方棱镜只对入射光束进行了能量的衰减,而没有改变入射光的偏振态。水平斜方棱镜和垂直斜方棱镜的三维琼斯矩阵都只在对角线上有实值,且对 x, y 方向电场分量的偏振态的改变量实现了相互补偿。出射光强为

$$I_{\text{out}} = E_{\text{out}}^2 = 2.32 \times 10^{-4} \cdot I_{\text{in}} \tag{4.33}$$

即衰减系数为 -36.3dB。

根据光学保偏的数学模型,精确计算各个典型激光通信信道波长下衰减器的动态范围,由图 4.28 可知,对于光学材料为 N-LAF2 的斜方棱镜,各个波长都在其对应的布儒斯特角附近对光束能量的衰减能力达到最强:790nm 可达 -231.1dB, 974nm 可达 -232.6dB, 1550nm 可达 -255.8dB。但是其随着入射角的微小变化而迅速变化,若要保证衰减精度,则对旋转台的定位精度要求过于苛刻。由图 4.28 可见,衰减系数在 $-50 \sim -3\text{dB}$ 范围内时,衰减系数随入射角缓慢变化,且在此区间的线性度很好。根据实际使用需求,衰减系数达到 -40dB 就足够了,因此我们将光束的入射角控制在该范围内。

利用 FRED 软件对链路衰减器的保偏性能进行仿真,首先将链路衰减器的光学模型导入 FRED 软件中,设置好光学材料以及镀膜参数;然后设置不同偏振态的偏振光源,并分别在两个斜方棱镜后面设置偏振分析面 A 和偏振分析面 B (图 4.29),来监视光束偏振态的变化过程。

图 4.30 描述了不同偏振态的光入射时,衰减器对光束偏振态的影响:图 4.30 (a)~(d) 分别表示入射光为圆偏振光、水平线偏振光、方位角为 30° 的线偏振光,以及方位角为 30° 椭率为 0.5 的椭圆偏振光时光源处的偏振态分布;图 4.30(e)~(h) 分别表示上述 4 种不同偏振态的光束经过垂直斜方棱镜的衰减后,在偏振分析面

A 上的偏振态分布；图 4.30 (i)~(l) 分别表示上述 4 种不同偏振态的光束经过整个衰减器后，在偏振分析面 B 上的偏振态分布。单个的斜方棱镜对于线偏振光的作用为改变其方位角，对于圆偏振光和椭圆偏振光则既改变其方位角又改变其椭率。仿真结果表明垂直斜方棱镜能够完全补偿水平斜方棱镜对光束偏振态的改变，所以该方案设计的宽光谱保偏型连续衰减器从理论上说是完全保偏的。

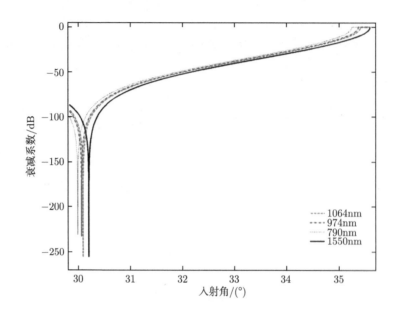

图 4.28   衰减系数随入射角的变化 (彩图见封底二维码)

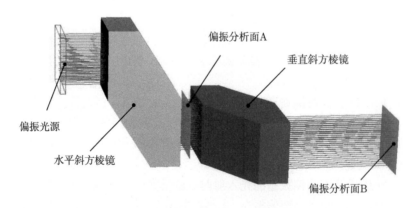

图 4.29   利用 FRED 软件进行保偏性能仿真

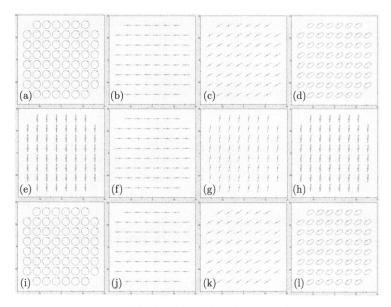

图 4.30 不同偏振态入射时偏振分析面上的偏振态分布

4.2.3 关键技术指标测试方法及实验

为了测试宽光谱保偏型连续衰减器衰减系数的动态范围，我们利用功率可调的 6 种不同波长的激光器，结合相应光谱范围的高精度功率计，完成了 532nm，633nm，808nm，974nm，1064nm，1550nm 六种典型波长下衰减系数的标定，建立了定标数据库，给出了 10 种不同衰减系数对应的定标数据，测试现场如图 4.31 所示。测试结果见表 4.3。

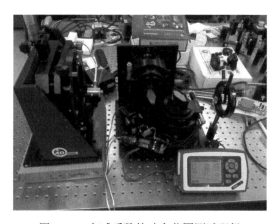

图 4.31 衰减系数的动态范围测试现场

表 4.3　不同波长下衰减系数的动态范围测试结果

波长/nm	最大衰减系数	最小衰减系数	衰减系数动态范围/dB
532	88.53%	0.00437%	$-43.6 \sim -0.53$
633	86.72%	0.00525%	$-42.8 \sim -0.62$
808	85.64%	0.00603%	$-42.2 \sim -0.67$
974	84.39%	0.00617%	$-42.1 \sim -0.74$
1064	84.23%	0.00741%	$-41.3 \sim -0.75$
1550	81.45%	0.00912%	$-40.4 \sim -0.89$

　　由测试结果可见，该宽光谱保偏型连续衰减器衰减系数的动态范围在不同波长略有差异，其中 1550nm 波长下衰减系数的动态范围最小，为 $-40.4 \sim -0.89$dB，满足任务指标要求的动态范围 $-40 \sim -1.5$dB。

　　偏振损耗主要表征经过宽光谱保偏型连续衰减器前后光束偏振态的改变程度。我们通常采用庞加莱球和斯托克斯参数来描述光束的偏振态，利用偏振态测试仪分别测试从激光器出射的光束偏振态和经过宽光谱保偏型连续衰减器之后的出射光偏振态，根据斯托克斯参数的变化程度即可求出偏振损耗。

　　首先，利用偏振态测试仪测量从激光器出射的光束偏振态，其测得的庞加莱球和相应的斯托克斯参数如图 4.32 所示。由于偏振态测试仪的测量结果是归一化的斯托克斯参数，所以 S_0 总为 1，由测试结果可得 $S_1 = 0.8197$，$S_2 = -0.2698$，$S_3 = 0.5052$，计算得到偏振度为 $\mathrm{DoP} = 97.855\%$。

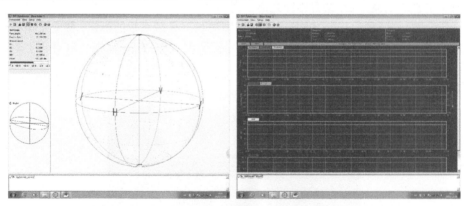

图 4.32　入射光束的偏振态分布

　　然后，利用偏振态测试仪测量从宽光谱保偏型连续衰减器出射的光束偏振态，其测得的庞加莱球和相应的斯托克斯参数如图 4.33 所示。由测试结果可得 $S_1 = 0.8040$，$S_2 = -0.2025$，$S_3 = 0.5591$，计算得到偏振度为 $\mathrm{DoP} = 97.722\%$，则偏振损耗为 $\Delta\mathrm{DoP} = 0.133\%$。

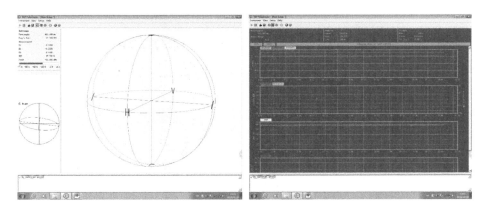

图 4.33　出射光束的偏振态分布

4.3　深紫外光刻投影物镜的三维偏振像差

4.3.1　深紫外光刻投影物镜的光学参数

采用的深紫外光刻投影物镜是一个由 29 片球面透镜组成的旋转对称式光学系统, 如图 4.34 所示, 光学系统的像方数值孔径 NA = 0.75, 物面半高为 36.5mm, 玻璃材料采用熔石英和氟化钙。在全视场范围内, MTF 为 0.4 时系统分辨率达到 4000lp/mm, 截止频率为 7700lp/mm。从图中可以看出光学系统中有很多大曲率的透镜面, 因此在光学表面光线的入射角会比较大, 会诱导偏振像差。图中不同颜色的光线分别代表不同的视场, 其中蓝色为中心视场, 红色为边缘视场, 下面主要对这两个视场进行偏振像差分析。

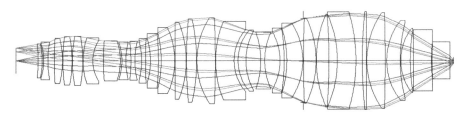

图 4.34　深紫外光刻投影物镜的光学系统 (彩图见封底二维码)

图 4.35 和图 4.36 为该光学系统在几何光线追迹下不同视场的波像差。其中图 4.35 为中心视场的波像差: RMS = 0.0143λ, PV = 0.0513λ, 主要像差表现为球差; 图 4.36 为边缘视场下的波像差, 此时 RMS = 0.0578λ, PV = 0.341λ, 主要像差表现为像散。

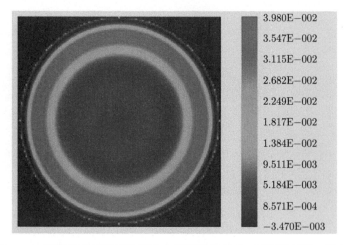

图 4.35　深紫外光刻投影物镜中心视场的波像差 (彩图见封底二维码)

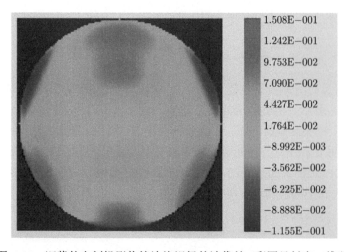

图 4.36　深紫外光刻投影物镜边缘视场的波像差 (彩图见封底二维码)

4.3.2　深紫外光刻薄膜设计及偏振特性

在深紫外波段绝大多数薄膜材料的吸收和散射都比较大, 杂质影响也比较明显, 只有少数薄膜材质具有良好的光学特性, 有氧化物材料和氟化物材料, 本书选择了 HfO_2 和 SiO_2 两种高折射率氧化薄膜材料进行组合, 对于 193nm 波段设计高透射率薄膜, 可用于深紫外光刻物镜上。利用 Essential Macleod 光学薄膜软件进行优化设计, 薄膜结构参数如表 4.4 所示, 按照 G-0.54H-0.13L-0.35H-0.22L-A 结构进行排列, 其中, G 表示基底材料; A 表示空气; H 和 L 分别为高折射率膜层和低折射率膜层。

表 4.4 膜层参数

层数	材料	折射率	光学厚度	物理厚度/nm
基底	JGS1	1.48956	—	—
1	HfO_2	2.07757	0.54022970	50.19
2	SiO_2	1.52252	0.13479898	17.09
3	HfO_2	2.07757	0.35573957	33.05
4	SiO_2	1.52252	0.22357505	28.34
入射介质	空气	1.00000	—	—

在深紫外波段，通常选择紫外级熔融石英 (JGS1) 作为基底，因其与 SiO_2 的折射率比较相近。根据所设计的薄膜参数，输入 MATLAB 编写的膜系程序，绘制出 193nm 波段入射角与 TE 分量和 TM 分量的透射率和透射相移的关系曲线，如图 4.37 所示，入射角度在 0~ 70°，S 偏振光和 P 偏振光具有不同的透射系数和透射相移曲线。随入射角的增大，S 偏振光的透射率逐渐减小，而 P 偏振光的透射率呈现先递增后递减趋势，原因在于整个膜系的 S 偏振光的有效导纳随入射角的增大而增大，相反，经过膜系 P 偏振光的有效导纳随入射角的增大而减小，因此 S 光透射率和 P 光透射率分别呈现递减和递增趋势，透射率差随入射角增大而增大。由图 4.37 中 S 偏振光和 P 偏振光透射率变化趋势可看出，当入射角较小时，曲率变化比较缓慢，透射率变化不明显，当入射角变大时，曲率变化明显，透射率变化幅度变大，所以入射角较大时，薄膜对光的偏振更加敏感，S 光和 P 光振幅变化较大。图 4.37 中呈现了 S 光和 P 光相位变化与入射角的关系，入射角较小时相位变化

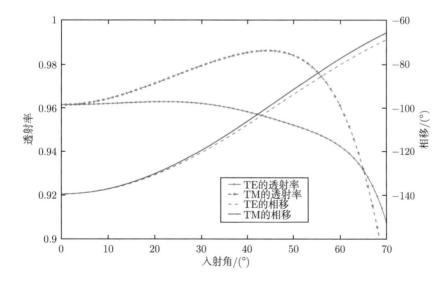

图 4.37 深紫外多层增透膜的透射率曲线和相移曲线 (彩图见封底二维码)

不明显, 两种偏振态的相位变化几乎相同, 随着入射角增大, 薄膜引起偏振光的相位变化逐渐变小, S 光和 P 光的相移曲线逐渐分离, 产生相位差。对于所设计的多层膜系, 在 193nm 波段入射角较小时 S 光和 P 光的光谱特性几乎相同, 而随着入射角变大, S 光和 P 光振幅和相位差变化明显, 产生明显的偏振效应, 因此在大数值孔径的深紫外光刻系统中, 薄膜会引入较大的偏振效应。

对于大多数光学系统, 尤其是大数值孔径系统, 薄膜会诱导偏振像差, 会对光学系统最终成像质量造成影响, 所以薄膜对光束的偏振影响不可忽略。为了分析薄膜的偏振效应, 采用特征矩阵法推导出膜堆的等效导纳, 可推导计算膜系的相关问题, 如透射率、透射系数和相移等。选用 MATLAB 软件对薄膜光学特性进行数值模拟分析, 并将 MATLAB 模拟出光束的透射率和相移的数值曲线与 TFCalc 薄膜软件的仿真结果做了对比, 两组数据几乎吻合, 验证了膜系程序的准确性。采用 MATLAB 编写的程序界面友好, 易于操作, 通过建立膜系初始结构的数据库, 能快速精确地进行计算和仿真, 并以图像的形式显示, 然而薄膜偏振特性计算程序最突出的特点是可以根据需求添加所需要的功能, 如 TFCalc 等薄膜软件无法计算薄膜的透射系数、反射系数等一些光学特性参数、多层膜不规则叠加等, 可以通过编写程序实现各种功能。对 193nm 深紫外波段的光学薄膜进行了光学特性分析, 随着光束入射角变大, 两个正交偏振分量的振幅和相位差有明显变化, 引起光场的偏振态改变, 因此大入射角的光学系统中, 光学薄膜会引入明显的偏振效应, 诱导偏振像差, 但是合理运用薄膜的相位变化可以与光学系统自身引起的偏振效应相抵消, 达到改善系统的目的, 因此将薄膜的偏振算法与光追迹相结合, 在分析光学薄膜对光学系统偏振特性影响方面有积极作用。

4.3.3   光刻投影物镜的三维偏振像差分布特性分析

根据三维偏振像差理论, 按照深紫外光刻投影物镜的光学结构参数建立三维偏振光追迹的数学模型, 依次计算各个采样光线从物面到像面的三维偏振光追迹矩阵和几何光程, 最终可以得到各视场的三维偏振像差函数、二向衰减像差和相位延迟像差, 从而完整地表征深紫外光刻投影物镜的偏振特性。

三维偏振像差函数可以表征为出瞳内各项矩阵元素的实部分布和虚部分布, 图 4.38 为未镀膜时光学系统中心视场的三维偏振像差函数, 实部代表着对光束振幅分布的影响规律, 虚部代表着对光束相位分布的影响规律, 它们共同描述了光学系统的偏振特性, 而与入射光束的偏振态无关。

对于无偏振像差的理想光学系统, 其三维偏振像差函数应该是: 实部对角线上 (第 (a) (e) (i) 子图) 的系数在光瞳区域内均匀分布且都为 1, 对角线外的系数在光瞳范围内都为 0; 虚部所有项在出瞳区域内都与波像差的分布相同。对于中心视场, 光瞳中心点代表沿光轴传播的光线; 由图 4.39 所示, 对角线上三个子图的中心

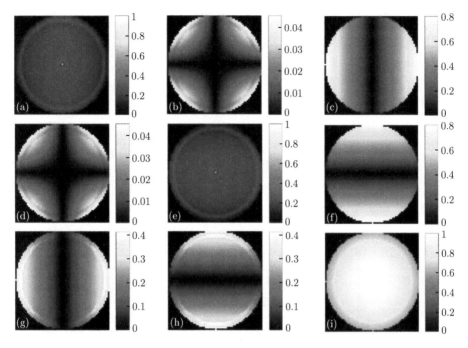

图 4.38 未镀膜时中心视场的三维偏振像差实部函数 (彩图见封底二维码)

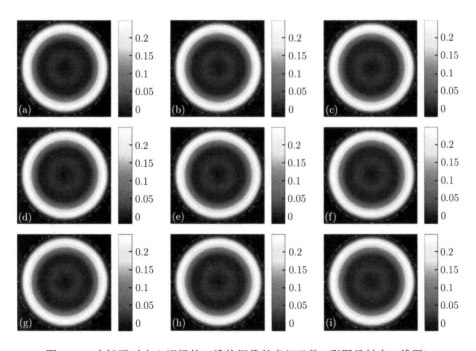

图 4.39 未镀膜时中心视场的三维偏振像差虚部函数 (彩图见封底二维码)

点实部系数都等于 1, 而对角线外的子图中心点实部系数都为 0。这是因为, 沿光轴传播的光线经过旋转对称式光学系统的每个光学界面时, 都属于严格的正入射, 根据菲涅耳公式可知, 此时 S 和 P 分量的振幅透射系数总是相等的, 即只有严格正入射的光线才不会产生偏振效应。若三维偏振像差函数的实部具有非零的对角线外元素, 则表明光学系统具有二向衰减像差, 即存在偏振相关的振幅透射率的非均匀分布。

图 4.40 和图 4.41 为边缘视场下三维偏振像差函数在出瞳处的分布规律; 由图 4.40 可见, 对角线上三个实部项失去了旋转对称性, 即在视场方向上 (y 方向) 产生了不对称倾斜; 对角线外与 y 方向相关的实部项 (第 (b) (d) (f) (h) 项) 也在光瞳区域内产生了 y 方向上的不对称分布, 且实部项的 PV 值比中心视场时略有增大; 而对角线外元素中与 y 方向无关的实部项 (第 (c) (g) 项) 基本不变。由此可见, 光学系统的三维偏振像差与视场密切相关。

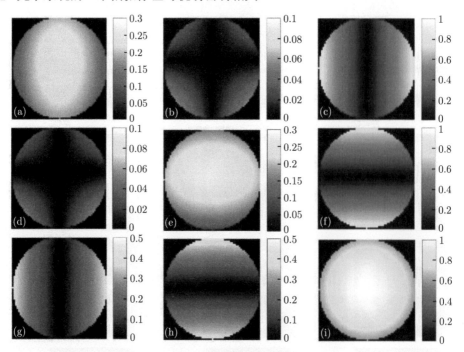

图 4.40　未镀膜时边缘视场的三维偏振像差实部函数 (彩图见封底二维码)

对比图 4.38、图 4.39 和图 4.41 可知, 无论是中心视场还是边缘视场, 未镀膜时光学系统的三维偏振像差函数的虚部项分布都与波像差的分布相同。这是因为, 对于未镀膜的光学系统, 光线在空气/玻璃或玻璃/空气界面上发生折射时, 光场的振幅透射 (反射) 系数都为实值, 即对于指定偏振态的光束所产生的偏振效应仅仅

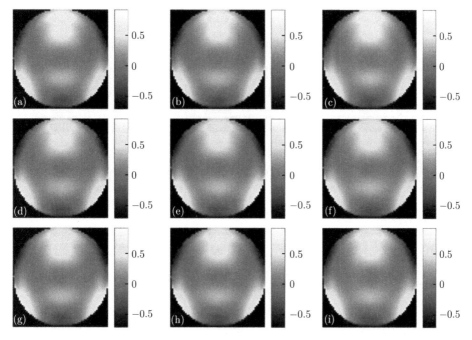

图 4.41 未镀膜时边缘视场的三维偏振像差虚部函数 (彩图见封底二维码)

表现为光瞳切趾, 而不产生相位变化。对于具有反射界面的未镀膜光学系统, 也只有当光线发生全反射时, 光场的振幅反射系数才为复数, 才会造成光场的相位变化, 进而影响波像差。

然而对于大多数的光学薄膜, 无论是透射光线还是反射光线, 其振幅系数一般都为复数, 即同时改变光束的振幅和相位, 产生相对明显的偏振效应。为了说明薄膜对光学系统偏振像差的影响, 我们以边缘视场为例, 考察了镀制多层增透膜时光刻投影物镜的三维偏振像差函数分布, 如图 4.42 所示。所镀制的多层增透膜的透射率和相移曲线如图 4.37 所示。光波的 TE 分量和 TM 分量具有不同的透射率曲线和相移曲线, 这正是光学薄膜能够影响光学系统偏振像差的根本原因。

对比图 4.42 和图 4.40 可以发现, 对于三维偏振像差函数的实部项, 除了第 (i)项没有明显变化外, 其他实部项的分布规律和量值都发生了较大的改变, 对角线上的实部项更接近于全为 1 的均匀分布, 表明镀多层增透膜将会减小光学系统的二向衰减像差。光学薄膜使三维偏振像差函数的虚部项不再等于波像差, 这是因为镀光学薄膜引入了偏振相关的附加相位。虚部项分布的另一个显著特点在于, 对角线上的三个虚部项在光瞳内的分布通常是连续变化的, 而对角线外的某些虚部项在光瞳范围内会产生相位突变, 这些不连续点可能会导致出射光场的相位分布在某些空间位置产生奇异点或者奇异线, 从而造成出射光场偏振态的复杂空间分布, 如

图 4.43 所示。

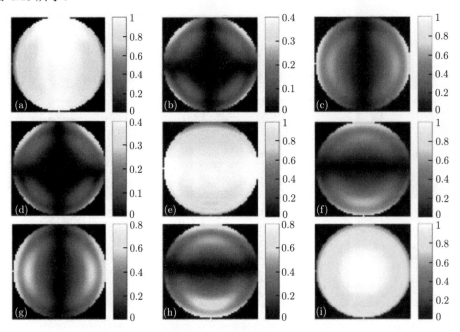

图 4.42　镀多层增透膜时边缘视场的三维偏振像差实部函数 (彩图见封底二维码)

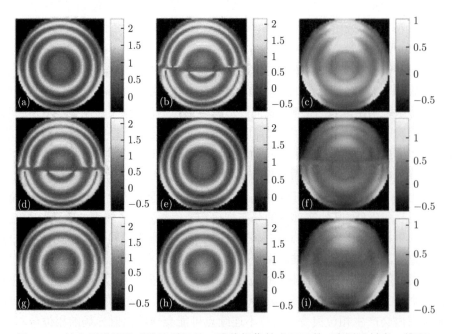

图 4.43　镀多层增透膜时边缘视场的三维偏振像差虚部函数 (彩图见封底二维码)

4.3.4 矢量光场照明对光刻投影物镜成像质量的影响

传统的波像差表征了实际波面与参考波面之间的光程差，反映了出瞳位置上波前的相位变化，通常采用 RMS (均方根) 和 PV (峰谷) 值描述波像差，随着对一些复杂系统的成像要求的提高，人们逐渐意识到波像差不仅包含了相位信息，还包含了偏振的变化情况。对于深紫外光刻投影物镜这种大数值孔径的光学系统，采用三维偏振追迹矩阵能完整地表征系统的偏振特性，同样也可以表征光学系统的波前信息，采用三维偏振像差函数可同时表征波像差和偏振效应，可采用关于光瞳坐标的函数表示：

$$\mathrm{PAF}\left(\boldsymbol{h},\boldsymbol{\rho},\lambda\right)=P\left(\boldsymbol{h},\boldsymbol{\rho},\lambda\right)\cdot\exp\left(-\mathrm{i}\frac{2\pi}{\lambda}\mathrm{OPD}\left(\boldsymbol{h},\boldsymbol{\rho},\lambda\right)\right) \tag{4.34}$$

其中，$\mathrm{OPD}\left(\boldsymbol{h},\boldsymbol{\rho},\lambda\right)$ 为光程差函数，可由几何光线追迹方法求得，指数部分表示由几何光程差引起的相位改变；$P\left(\boldsymbol{h},\boldsymbol{\rho},\lambda\right)$ 表征了光学系统的偏振效应。偏振效应与光程差函数共同影响光学系统的波前像差。若改变光学元件上镀制的光学薄膜，$P\left(\boldsymbol{h},\boldsymbol{\rho},\lambda\right)$ 会发生改变，但光程差函数 $\mathrm{OPD}\left(\boldsymbol{h},\boldsymbol{\rho},\lambda\right)$ 不变；因此，即使假设光学系统不含有与光程相关的波像差，它依旧会存在与偏振相关的波像差。下面采用矢量光场入射光刻系统，分析波像差的分布情况。

图 4.44 表征了不同视场下矢量光场入射对深紫外光刻投影物镜波像差的影响。图 4.44 中第一、第二、第三列分别代表物高为 0mm，25.85mm 和 36.5mm 时对应的视场；第一行是未镀膜情况下光瞳处各视场的波像差；第二行是以径向矢量光场入射镀膜系统后对应的不同视场下的波像差分布；第三行是以切向矢量光场入射镀膜系统后不同视场下的波像差分布。表 4.5 则是图 4.44 所对应的波像差的 PV 值和 RMS 值。

结合图 4.44 和表 4.5 可知，镀制光学薄膜使光学系统在不同视场下的波像差各参数值增大，导致成像质量下降，中心视场波像差的 PV 值由原来的 0.0433λ 增长为 1.5811λ(径向矢量光场照明) 或 1.6477λ(切向矢量光场照明)；中间视场波像差的 PV 值由原来的 0.3142λ 增长为 1.6011λ(径向矢量光场照明) 或 1.9548λ(切向矢量光场照明)；边缘视场波像差的 PV 值由原来的 0.2663λ 增长为 1.7173λ(径向矢量光场照明) 或 1.8226λ(切向矢量光场照明)。镀膜后的波像差主要表现为球差，在边缘视场同时表现出少量像散。对于普通光学系统，在实际应用中我们并没有发现光学薄膜会对成像质量造成如此大的影响，其主要原因在于，普通光学系统的数值孔径小、光学镜片少，导致光线入射角小，发生折反射的次数变少，薄膜引入的相位差较小，波像差因此也会较小，同时普通光学系统自身对成像质量的要求也没有那么高，往往会忽略薄膜的影响。但对于深紫外光刻投影物镜这类具有大数值孔径 (NA = 0.75)、光学结构复杂 (共 58 个光学表面)、对成像质量要求十分严格的光学系统, 光线在各个光学表面都具有较大的入射角, 此时光学薄膜对成像质量的影响是不可忽略的。在考虑光学薄膜与光学系统兼容性的前提下, 如何实现对光学系统的优化设计, 是研制高性能光刻投影物镜过程中一个值得探索的方向。

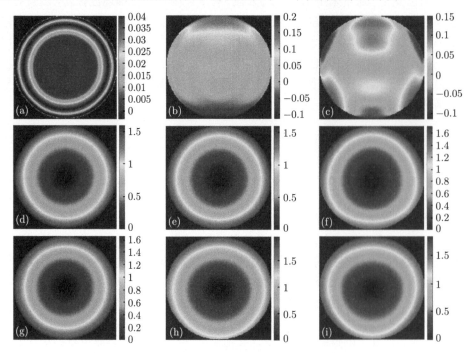

图 4.44　深紫外光刻投影物镜的波像差 (彩图见封底二维码)

表 4.5　光学薄膜及入射光偏振态对光学系统波像差的影响

物高/mm	未镀膜		径向矢量光场照明 (镀膜)		切向矢量光场照明 (镀膜)	
	RMS/λ	PV/λ	RMS/λ	PV/λ	RMS/λ	PV/λ
0	0.0145	0.0433	0.4537	1.5811	0.4760	1.6477
25.85	0.0461	0.3142	0.4546	1.6011	0.4825	1.9548
36.5	0.0398	0.2663	0.4633	1.7173	0.4705	1.8226

由表 4.5 可知, 当照明光源采用径向矢量光场时, 光学系统的像质明显优于采用切向矢量光场照明时的像质, 从中心视场到边缘视场 PV 值依次减小了 4.04%, 18.09%, 5.78%; RMS 值依次减小了 4.68%, 5.78%, 1.53%。该现象验证了深紫外光刻投影物镜的偏振敏感性, 当采用径向矢量光场照明时, 所有光线在光学表面入射时都相当于 TM 波, 系统波像差取决于光学薄膜的 TM 波相移曲线; 而当采用切向矢量光场照明时, 系统波像差取决于光学薄膜的 TE 波相移曲线; 若采用其他的照明方式, 系统波像差的值将介于径向和切向矢量光场照明这两种情

况之间。从分析结果上看，对于本书所采用的光学薄膜，径向矢量光场照明将获得最佳的成像质量。这也为实际工程中的偏振光照明技术提供了理论依据和指导。

4.3.5　光刻投影物镜对矢量光场的偏振调制作用

为了获得特定的偏振光场分布，通常采用设计激光器谐振腔或者设计光路调制激光束的方式，采用特殊的光学元件，将基膜高斯光束调制成各种复杂的矢量光场，往往是为了获得某种光场而设计出特定的光路来实现光场调制。但是光场经过光学系统的过程中，往往因为入射角较大、光学薄膜、界面折反射、应力双折射等影响，整个光场的偏振态会发生变化，而且非均匀变化，这是引起偏振像差的原因，在出瞳处会获得复杂的偏振态分布，说明光学系统也对矢量光场进行了调制，但这种调制不是产生想获得的偏振分布模式，通常对入瞳面上偏振场的调制不仅仅体现在出瞳面上的偏振态变化，还产生与出瞳面垂直方向的纵向电场分量，下面采用不同的柱对称矢量光场入射深紫外光刻投影物镜系统，分析出瞳位置的偏振态分布情况。

柱对称矢量光场具有严格的旋转对称性，在紧聚焦方面有广泛应用。以柱对称矢量光场作为照明光源入射到图 4.34 的深紫外光刻投影物镜系统，光瞳面上柱对称矢量光场的极坐标系表达式为

$$\boldsymbol{E} = l_0 P \left(\cos \varphi_0 \boldsymbol{e}_\rho + \sin \varphi_0 \boldsymbol{e}_\varphi \right) \tag{4.35}$$

其中，l_0 是光瞳面上振幅最大值；P 是在轴对称光瞳面上相对 l_0 振幅的归一化值。当 φ_0 取 0 值时，对应的光场为径向偏振分布，当 φ_0 不为 0 值时，相当于径向偏振光场中线偏振光的方位角旋转 φ_0 值。

如图 4.45 所示，当式 (4.35) 中的 φ_0 分别取 0，$\pi/4$，$\pi/2$ 时，分别对应三种不同的轴对称偏振光场，(a) 和 (c) 分别为径向矢量光场和切向矢量光场，光场的偏振态分布都为线偏振光。分别用图 4.45 中的三种光场从入瞳面入射到深紫外光刻投影物镜系统，分别讨论镀膜和未镀膜、中心视场和边缘视场下，出瞳处偏振态的

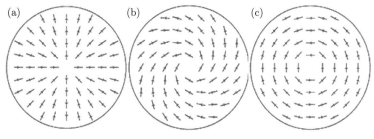

图 4.45　不同的柱对称光场偏振态分布

(a) $\varphi_0 = 0$; (b) $\varphi_0 = \pi/4$; (c) $\varphi_0 = \pi/2$

分布情况。由于出瞳处在 x 轴、y 轴、z 轴方向都有电场分量，所以下面对不同条件下的偏振态分布采取分解的方式，用三个平面表示，这样会更直观地表现偏振态的分布情况。

如图 4.46 所示，径向矢量光场入射到未镀膜光学系统出瞳处的光场偏振态分布，相当于光线在光学表面入射时都是 TM 波，出瞳面上偏振态分布依然是径向分布模式，与入射光场分布模式相同。如图 4.46(b) 和 (c) 所示，可以看到，以径向矢量光场入射系统后，在出瞳位置产生了 z 轴方向的偏振分量，出瞳面上离光轴越远的点，线偏振方向与 x 轴或 y 轴方向的夹角越大，则 z 轴方向产生的偏振分量越明显，产生的纵向分量越大。当系统镀上多层膜后，从中心视场入射的径向矢量光场经过系统后出瞳处偏振分布如图 4.47 所示，在出瞳面上偏振态分布依然没有变化，分布模式依然是径向方向，从图 4.47(b) 和 (c) 中看到，在出瞳边缘处，偏振分量在 x-z 和 y-z 平面上的偏振态不只是线偏振分布，有的区域出现了偏振椭圆，偏振态分布变化明显，这种原因来自于光学薄膜对 S 偏振光和 P 偏振光引入了相位差，导致呈现明显的偏振椭圆状态。与图 4.46 相比较，在光轴附近，偏振态变化不明显，说明近光轴的位置光线入射角较小，薄膜引起的偏振效应不明显。因此光学薄膜会引入较大的偏振效应，并且受入射角度影响。

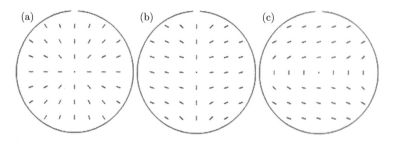

图 4.46   未镀膜时中心视场入射径向偏振光场在出瞳处偏振态分布

(a) x-y 平面；(b) x-z 平面；(c) y-z 平面

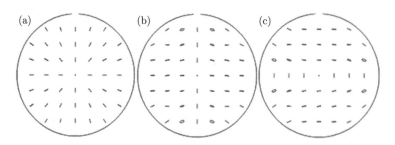

图 4.47   镀膜时中心视场入射径向偏振光场在出瞳处偏振态分布

(a) x-y 平面；(b) x-z 平面；(c) y-z 平面

　　图 4.48 给出了中心视场入射切向矢量光场在系统出瞳处的偏振分布情况。从图 4.48(a) 中可以发现，在出瞳面上光场分布依然呈现切向矢量光场分布模式，而图 4.48 中 (b) 和 (c) 中在 x-z 平面和 y-z 平面上的线偏振光为水平线偏振光，说明在 z 轴方向未产生纵向电场分量。如图 4.49 所示，当切向光场入射到镀膜的系统后，出瞳偏振态分布情况与图 4.48 相比，偏振场分布几乎没有变化，z 轴方向依然没有纵向电场分量，因此切向光场入射与系统是否镀膜没有必然关系。因此，采用切向光场作为照明光源与径向矢量场作为照明光源经过系统后具有不同的偏振性质。

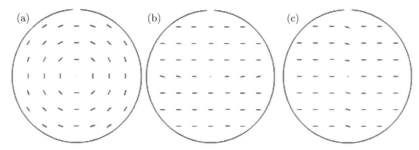

图 4.48　未镀膜时中心视场入射切向偏振光场在出瞳处的偏振态分布

(a) x-y 平面；(b) x-z 平面；(c) y-z 平面

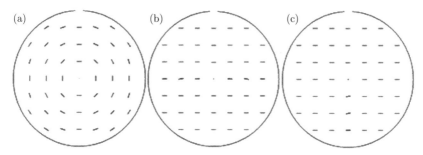

图 4.49　镀膜时中心视场入射切向偏振光场在出瞳处的偏振态分布

(a) x-y 平面；(b) x-z 平面；(c) y-z 平面

　　图 4.50 和图 4.51 是边缘视场下径向矢量光场入射深紫外光刻投影物镜后出瞳处的偏振态分布情况。图 4.50 与图 4.46 相比较，出瞳处偏振态分布没有明显区别，由于边缘视场入射和中心视场入射在出瞳处成像位置不同，图 4.50 中的偏振态分布比图 4.46 的偏振态分布位置有些偏移。图 4.51 是对边缘视场下镀膜系统的分析，与图 4.50 相比，在 x-z 平面和 y-z 平面内光瞳边缘处出现偏振椭圆，偏振态变化明显，薄膜引入了偏振效应，将图 4.51 中的 (b) 和 (c) 与图 4.47 中的 (b) 和 (c) 比较，图 4.47 中偏振态变化明显，原因在于，深紫外光刻物镜的视场较大，边缘视场入射时入射角很大，引入了较大的偏振变化。

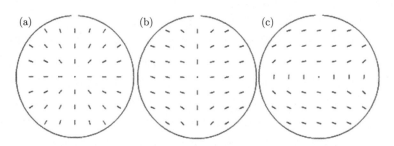

图 4.50   未镀膜时边缘视场入射径向偏振光场在出瞳处的偏振态分布

(a) x-y 平面; (b) x-z 平面; (c) y-z 平面

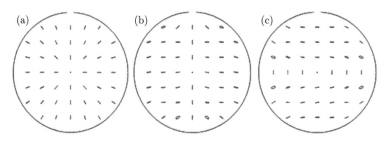

图 4.51   镀膜时边缘视场入射径向偏振光场在出瞳处的偏振态分布

(a) x-y 平面; (b) x-z 平面; (c) y-z 平面

图 4.52 是式 (4.35) 中的 $\varphi_0 = \pi/4$ 时的柱对称矢量光束经过系统后出瞳处的偏振态分布情况。从图 4.52(a) 可以看出, 在出瞳面上的偏振态分布与入射光场的分布模式相同; 从图 4.52(b) 和 (c) 中可以看出, 在 z 轴方向有明显的偏振分量, 尤其是在入瞳处 45° 方向和 135° 方向附近 z 轴方向偏振分量比较明显, 原因在于, 入射场中 45° 方向和 135° 方向是垂直线偏振和水平线偏振光。如图 4.53 所示, 在镀膜情况下, 偏振态分布产生了明显变化, 薄膜引入了相位变化, 出现了偏振椭圆。

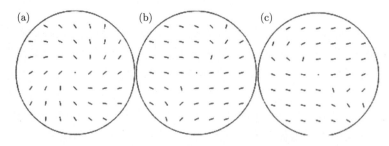

图 4.52   未镀膜时中心视场入射 $\varphi_0 = \pi/4$ 柱对称光场在出瞳处的偏振态分布

(a) x-y 平面; (b) x-z 平面; (c) y-z 平面

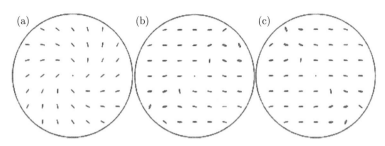

图 4.53 镀膜时中心视场入射 $\varphi_0 = \pi/4$ 柱对称光场在出瞳处的偏振态分布

(a) x-y 平面; (b) x-z 平面; (c) y-z 平面

图 4.54 和图 4.55 是边缘视场入射情况下的分析。图 4.54 与图 4.52 相比，偏振态分布相似，只是边缘视场入射的情况下相比于中心视场入射情况偏离光瞳中心位置。图 4.55 中镀膜情况下在出瞳处 45° 和 135° 位置处有明显的纵向分量，在其他区域几乎为水平线偏振光，几乎无纵向电场分量产生，而图 4.54 中这些区域有纵向偏振分量，说明镀膜后 z 轴方向的电场分量变小了，虽然镀膜的情况下会产生偏振效应，引起光场偏振态变化，但是从图 4.54 和图 4.55 可得出，入射的矢量光场模式会与膜系产生的偏振效应相抵消。

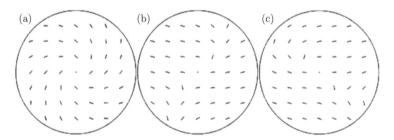

图 4.54 未镀膜时边缘视场入射 $\varphi_0 = \pi/4$ 柱对称光场在出瞳处的偏振态分布

(a) x-y 平面; (b) x-z 平面; (c) y-z 平面

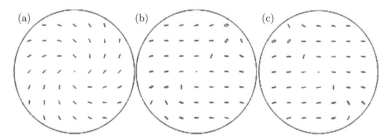

图 4.55 镀膜时边缘视场入射 $\varphi_0 = \pi/4$ 柱对称光场在出瞳处的偏振态分布

(a) x-y 平面; (b) x-z 平面; (c) y-z 平面

4.4 基于双延迟器级联系统的矢量光场调控方法

4.4.1 双延迟器偏振调控的数学模型

径向偏振光场是电矢量振动方向在光束横截面上始终沿径向方向的一种矢量光场，具有旋转对称性。由于其独特的偏振分布，在高数值孔径光学系统的聚焦作用下，其聚焦场具有很强的纵电场分量，形成的光斑尺寸也很小，因此径向偏振光场在众多领域具有潜在的应用价值。径向偏振光具有沿旋向变化的柱对称性，在某一时刻，柱对称矢量光场在光束横截面上任一点偏振态的表达式为

$$\boldsymbol{E}(x,y) = E(x,y)\left[\cos\left(m\varphi + \varphi_0\right)\boldsymbol{x} + \sin\left(m\varphi + \varphi_0\right)\boldsymbol{y}\right] \tag{4.36}$$

其中，m 是拓扑荷数；φ_0 是初始相位；$\boldsymbol{x}$，$\boldsymbol{y}$ 分别为沿 x，y 轴的单位方向矢量。当 $m = 1$，$\varphi_0 = 0$ 时，可得到径向偏振光。

S 波片是一种能够将线偏振光直接转换为径向偏振光的特殊器件，也称为径向偏振转换片，具有轴向中心对称性，如图 4.56 所示，当水平线偏振光入射 S 波片后出射光为径向矢量光场，而垂直入射线偏振光经过 S 波片会产生切向偏振光场，这两种光场是最典型的矢量光场，通过调控这两种光场可以获得更复杂的矢量光场。由于 S 波片具有结构简单、体积小、抗激光损伤、阈值高等优点，目前已被用于激光切割、粒子加速、光刻投影等领域。

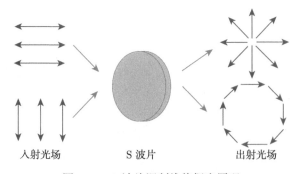

入射光场　　　　　S 波片　　　　　出射光场

图 4.56 S 波片调制线偏振光原理

如图 4.57 所示，由 S 波片和双延迟器组成的矢量光场调制原理图。入射光场为水平线偏振光，一般是由激光器发出的基膜高斯光束，假设高斯光束偏振方向沿着 x 轴，传播方向沿着 z 轴，可用基尔霍夫公式表示为

$$\boldsymbol{E}_1(x,y,z) = \frac{A_0}{\omega(z)} \exp\left[\frac{-\left(x^2 + y^2\right)}{\omega^2(z)}\right] \cdot \boldsymbol{x} \cdot \exp\left[-\mathrm{i}k\left(\frac{x^2 + y^2}{2R(z)} + z\right) + \mathrm{i}\varphi(z)\right] \tag{4.37}$$

式中，A_0 为原点处 $(z = 0)$ 中心点的振幅；$\omega(z)$ 代表光斑的半径；$R(z)$ 代表波面曲率半径；$\boldsymbol{x}$ 代表电矢量方向；$\varphi(z)$ 代表相位；k 为波数。标量基膜高斯光束经过 S 波片，将被调制为径向矢量光束，如图 4.57(d) 所示，径向矢量光场横截面上任意点的偏振矢量可表示为

$$
\begin{aligned}
\boldsymbol{E}_2(r, \alpha, z) &= \frac{A_0}{\omega(z)} \exp\left[\frac{-r^2}{\omega^2(z)}\right] \exp\left[-\mathrm{i}k\left(\frac{r^2}{2R(z)} + z\right) + \mathrm{i}\varphi(z)\right](\boldsymbol{x}\cos\alpha + \boldsymbol{y}\sin\alpha) \\
&= E(r, \alpha, z)(\boldsymbol{x}\cos\alpha + \boldsymbol{y}\sin\alpha)
\end{aligned}
\tag{4.38}
$$

式中 $\boldsymbol{x}$，$\boldsymbol{y}$ 表示沿坐标轴正方向的矢量；r 和 α 代表极坐标下的点。

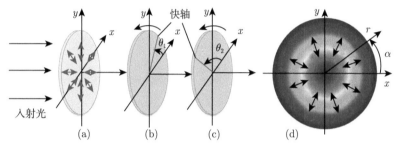

图 4.57　矢量光场偏振调制原理 (彩图见封底二维码)

(a) S 波片；(b) 延迟器-1；(c) 延迟器-2；(d) 径向偏振光场

由径向偏振光场中各点偏振态与坐标的关系，可采用斯托克斯矢量表示光场任一点瞬时的偏振态：

$$
\boldsymbol{S}(r, \alpha, z) = \begin{bmatrix} S_0(r, \alpha, z) \\ S_1(r, \alpha, z) \\ S_2(r, \alpha, z) \\ S_3(r, \alpha, z) \end{bmatrix} = I(r, \alpha, z)\begin{bmatrix} 1 \\ p \cdot \cos 2\alpha \\ p \cdot \sin 2\alpha \\ 0 \end{bmatrix}
\tag{4.39}
$$

其中，$I(r, \alpha, z) = E(r, \alpha, z) \cdot E^*(r, \alpha, z)$ 为光场中某点的光强值；p 代表偏振度。

波片是一种理想的线性延迟器件，对于任意波片的偏振特性都可采用缪勒矩阵统一表示：

$$
M_{\delta,\theta} = \begin{bmatrix}
1 & 0 & 0 & 0 \\
0 & \cos^2 2\theta + \cos\delta\sin^2 2\theta & (1 - \cos\delta)\sin 2\theta\cos 2\theta & -\sin\delta\sin 2\theta \\
0 & (1 - \cos\delta)\sin 2\theta\cos 2\theta & \sin^2 2\theta + \cos\delta\cos^2 2\theta & \sin\delta\cos 2\theta \\
0 & \sin\delta\sin 2\theta & -\sin\delta\cos 2\theta & \cos\delta
\end{bmatrix}
\tag{4.40}
$$

式中，δ 代表相位延迟量；θ 为波片快轴与 x 轴正方向的夹角大小。如图 4.57 所示，如果两个级联的波片有相同的延迟量，且 $\delta = \pi/2$ 或 $\delta = \pi$ 时，可得双 1/4 波

片和双 1/2 波片的组合缪勒矩阵分别为

$$M_{\delta=\pi/2} = M_{\pi/2,\theta_2} \cdot M_{\pi/2,\theta_1}$$

$$= \begin{bmatrix} 1 & 0 & 0 & 0 \\ 0 & A\cos 2\theta_2 - B\sin 2\theta_2 & C\cos 2\theta_2 - D\sin 2\theta_2 & \cos 2\theta_2 \sin 2\Delta\theta \\ 0 & A\sin 2\theta_2 - B\cos 2\theta_2 & C\sin 2\theta_2 - D\cos 2\theta_2 & \sin 2\theta_2 \sin 2\Delta\theta \\ 0 & \cos 2\theta_1 \sin 2\Delta\theta & \sin 2\theta_1 \sin 2\Delta\theta & -\cos 2\Delta\theta \end{bmatrix} \tag{4.41}$$

$$M_{\delta=\pi} = M_{\pi,\theta_2} \cdot M_{\pi,\theta_1} = \begin{bmatrix} 1 & 0 & 0 & 0 \\ 0 & \cos 4\Delta\theta & \sin 4\Delta\theta & 0 \\ 0 & -\sin 4\Delta\theta & \cos 4\Delta\theta & 0 \\ 0 & 0 & 0 & 1 \end{bmatrix} \tag{4.42}$$

其中，$A = \cos 2\theta_1 \cos 2\Delta\theta$，$B = \sin 2\theta_1$，$C = \sin 2\theta_1 \cos 2\Delta\theta$，$D = \cos 2\theta_1$，$\theta_1$ 和 θ_2 分别为两个波片的快轴相对 x 轴正向夹角的大小，$\Delta\theta = \theta_2 - \theta_1$ 为双波片快轴之间的夹角大小。式 (4.42) 是双 1/2 波片组合的缪勒矩阵形式，公式中的参量只与双波片快轴夹角有关，与快轴方向无关，因此双波片的相对夹角大小决定了偏振态的变换模式，而式 (4.42) 本质是个旋转矩阵，只改变入射光束偏振态的方位角，起到了旋光的作用。结合式 (4.39)～ 式 (4.41)，可得径向矢量光场经过双 1/4 波片或双 1/2 波片后出射光场偏振态分布情况：

$$\begin{aligned} & \boldsymbol{S}_{\delta=\pi/2}\,(r,\alpha,z) \\ &= M_{\delta=\pi/2} \cdot \boldsymbol{S}\,(r,\alpha,z) \\ &= I\,(r,\alpha,z) \begin{bmatrix} 1 \\ p \cdot [\cos 2\theta_2 \cos 2\Delta\theta \cos 2\,(\theta_1 - \alpha) - \sin 2\theta_2 \sin 2\,(\theta_1 - \alpha)] \\ p \cdot [\sin 2\theta_2 \cos 2\Delta\theta \cos 2\,(\theta_1 - \alpha) + \cos 2\theta_2 \sin 2\,(\theta_1 - \alpha)] \\ p \cdot [\cos 2(\theta_1 - \alpha)\sin(2\Delta\theta)] \end{bmatrix} \end{aligned} \tag{4.43}$$

$$\boldsymbol{S}_{\delta=\pi}\,(r,\alpha,z) = M_{\delta=\pi} \cdot \boldsymbol{S}\,(r,\alpha,z) = I\,(r,\alpha,z) \begin{bmatrix} 1 \\ p \cdot \cos 2(2\Delta\theta + \alpha) \\ p \cdot \sin 2(2\Delta\theta + \alpha) \\ 0 \end{bmatrix} \tag{4.44}$$

4.4.2　偏振调控效果的理论分析与仿真

图 4.58 所示，线偏振的基膜高斯光束经过 S 波片和双 1/4 波片后光场横截面上偏振态的分布情况，图 4.58(a)～(h) 对应不同双 1/4 波片快轴夹角所调制的矢量光场偏振态分布。

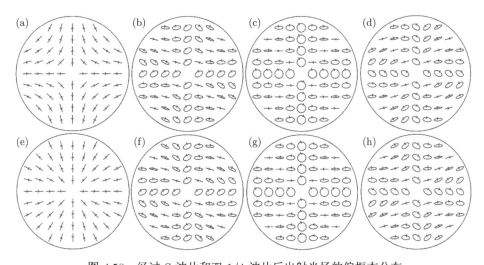

图 4.58 经过 S 波片和双 1/4 波片后出射光场的偏振态分布

(a)~(h) 依次对应 $\Delta\theta$ 为 0°, 30°, 45°, 60°, 90°, 120°, 135°, 150° 时的光场偏振态

如图 4.57(a) 所示,当双 1/4 波片快轴的相对夹角 $\Delta\theta = 0$ 时,其等效为一个 1/2 波片,只改变偏振态的方位角,不改变径向偏振光场中各空间位置偏振态的椭率。当 $\Delta\theta = 90°$ 时,双 1/4 波片不产生偏振调制作用,此时它的缪勒矩阵等于单位矩阵,所以径向矢量光场保持不变,如图 4.58(e) 所示。当 $\Delta\theta \neq 90°$ 时,光场的偏振态分布将不再保持严格的旋转对称性,而呈现出新的区域特性:在由 x 和 y 坐标轴划分出的 4 个象限中,同一象限内不同空间位置的偏振态都不相同,呈非均匀分布;相邻的两个象限区域内偏振态分布不同,但相对的两个象限区域具有相同的偏振态分布。此外,不管 $\Delta\theta$ 如何变化,在光场 $\pm45°$ 对角线位置上的偏振态总为线偏振,其线偏振的方位角受 $\Delta\theta$ 影响。

图 4.58 直观地呈现了光场横截面上的偏振态,为了获得更加精确的光场分布规律,下面对调制后光场的偏振方位角和椭率角进行分析。对于式 (4.41),令 $\theta_1 = 0$,$p = 1$,由斯托克斯矢量和偏振椭圆公式,推导出光场任意位置偏振椭率角 ε 及方位角 ψ 为

$$\sin 2\varepsilon = \frac{S_3(r, \alpha, z)}{S_0(r, \alpha, z)} = \sin(2\Delta\theta)\cos(2\alpha) \tag{4.45}$$

$$\tan 2\psi = \frac{S_2(r, \alpha, z)}{S_1(r, \alpha, z)} = \frac{\frac{1}{2}\sin(4\Delta\theta)\cos 2\alpha + \cos(2\Delta\theta)\sin 2\alpha}{\cos^2(2\Delta\theta)\cos 2\alpha - \sin(2\Delta\theta)\sin 2\alpha} \tag{4.46}$$

图 4.59 和图 4.60 分别显示了经过 S 波片和双 1/4 波片偏振调制后光场偏振椭率角和方位角的空间分布。图 4.59(a) 和图 4.60(e) 表明,当 $\Delta\theta$ 为 0 或 90° 时,整个光场内偏振椭率角都等于 0,即光场内任意位置都是线偏振光,且图 4.60(a)

和图 4.60(e) 表明, 偏振方向只与空间位置参量 α 有关, 而与 r 无关。由图 4.59 可知, 椭率角的极值总是分布在 x 和 y 坐标轴上, 而 $\Delta\theta$ 只影响极值的大小。当 $\Delta\theta$ 为 45° 或 135° 时, 图 4.59(c) 和图 4.59(g) 表明, 椭率角的极值达到 ±45°, 则在 x 和 y 坐标轴上的所有位置均为圆偏振光; 而图 4.60(c) 和图 4.60(g) 表明, 此时整个光场内偏振方位角都等于 0, 即光场内任意位置的偏振椭圆长轴都沿着 x 轴。从图 4.59 中可知, 不管 $\Delta\theta$ 如何变化, 在光场 ±45° 对角线位置上的椭率角总等于 0, 故在光场 ±45° 对角线位置上的偏振态总为线偏振。结合图 4.59 和图 4.60, 可明显看出光场中偏振态分布的区域对称性, 因为相邻的象限区域的椭率角分布关于坐标轴对称, 而相对的两个象限区域具有相同的椭率角分布和方位角分布。

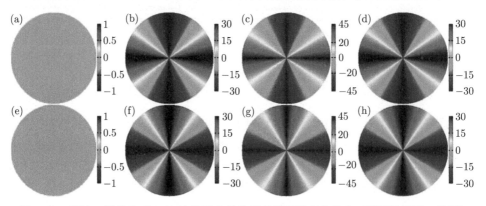

图 4.59　经过 S 波片和双 1/4 波片后出射光场的偏振椭率角分布 (彩图见封底二维码)

(a)~(h) 依次对应 $\Delta\theta$ 为 0°, 30°, 45°, 60°, 90°, 120°, 135°, 150° 时的偏振椭率角

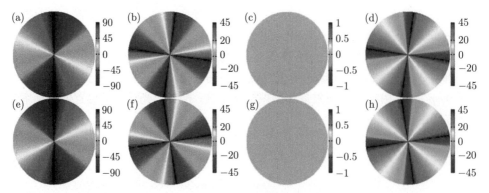

图 4.60　经过 S 波片和双 1/4 波片后出射光场的偏振方位角分布 (彩图见封底二维码)

(a)~(h) 依次对应 $\Delta\theta$ 为 0°, 30°, 45°, 60°, 90°, 120°, 135°, 150° 时的偏振方位角

综上所述, 椭率角和方位角的空间分布同时受空间位置参量 α 和双 1/4 波片之间快轴夹角 $\Delta\theta$ 的调制, 所以通过相对旋转双 1/4 波片会对径向矢量光场产生

复杂的偏振调控，从而生成偏振态非均匀分布的复杂矢量光场。

如图 4.61 所示，双延迟片结构为双 1/2 波片，图 4.61(a)~(h) 对应不同双 1/2 波片快轴夹角所调制的矢量光场偏振态分布。

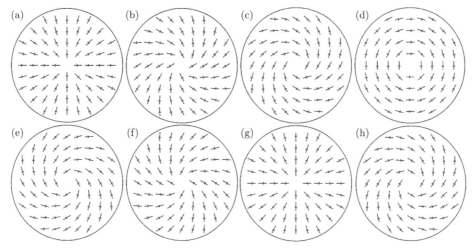

图 4.61 经过 S 波片和双 1/2 波片后出射光场的偏振态分布

(a)~(h) 依次对应 $\Delta\theta$ 为 0°、30°、45°、60°、90°、120°、135°、150° 时的光场偏振态

对于式 (4.37)，令 $\theta_0 = 1$，$p = 1$，那么根据斯托克斯矢量与偏振椭圆参量的数学关系，可得偏振椭率角 ε 及方位角 ψ 分别为

$$\varepsilon(r, \alpha, z) = 0, \quad \psi(r, \alpha, z) = 2\Delta\theta + \alpha \tag{4.47}$$

由式 (4.47) 可知，出射光场中任意空间位置的偏振椭圆率角都等于 0，而方位角是关于 α 和 $\Delta\theta$ 的简单线性函数，即旋转双 1/2 波片只产生方位角的空间非均匀调制，但不影响偏振椭率角。图 4.61 为线偏振的标量高斯光场经过 S 波片和双 1/2 波片后的偏振态分布情况，可明显看出，旋转双 1/2 波片，会产生方位角在空间上呈涡旋状分布的矢量光场。当 $\Delta\theta = 0°$ 和 135° 时，依旧为径向偏振光场保持不变，此时双 1/2 波片无偏振调制作用，如图 4.61(a) 和图 4.61(g) 所示。当 $\Delta\theta = 60°$ 时，径向偏振光场转换为切向偏振光场，此时双 1/2 波片等效为一个径向/切向偏振转换器。

从图 4.62 可知，径向矢量光场经过双 1/2 波片后，出射场横截面上偏振态的方位角变化有明显的分布规律，当改变双 1/2 波片的快轴夹角时，整个场的线偏振态方位角从 −90° 到 90° 变化，呈对称分布。如图 4.62(a) 所示，当 $\Delta\theta = 0$ 时为径向矢量光场的方位角分布，旋转双 1/2 波片后，分布规律没有变化，只是发生了旋转，图 4.62 中的伪彩图是图 4.62(a) 伪彩图绕中心旋转而来，旋转角度与双 1/2 波片夹角有关, 因为级联的双 1/2 波片只对偏振光的方位角起旋转作用。

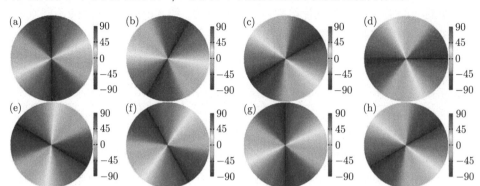

图 4.62　经过 S 波片和双 1/2 波片后出射光场的方位角分布 (彩图见封底二维码)

(a)~(h) 依次对应 $\Delta\theta$ 为 0°, 30°, 45°, 60°, 90°, 120°, 135°, 150° 时的偏振方位角

4.4.3　实验验证

图 4.63 和图 4.64 分别为径向偏振光经过双 1/4 波片和检偏器之后光强分布的仿真图和实验结果。由于双 1/4 波片对径向偏振光场具有复杂的偏振调控效果, 偏振态分布的旋转对称性被破坏, 所以最终光场的强度分布不仅取决于双 1/4 波片之间快轴夹角 $\Delta\theta$, 而且与检偏器的方位角 β 有关。当 $\Delta\theta$ 固定时, β 可能会改变消光线的方位, 使光强图案旋转, 也可能改变光强图案, 甚至导致消光线的消失。

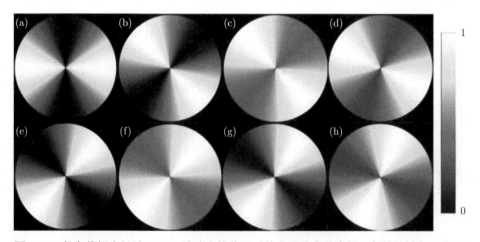

图 4.63　径向偏振光经过双 1/4 波片和检偏器后的光强分布仿真图 (彩图见封底二维码)

(a)~(h) 依次对应 $(\Delta\theta, \beta)$ 为 (0°, 0°), (0°, 45°), (30°, 45°), (30°, 60°), (45°, 0°), (45°, 30°), (60°, 30°), (60°, 45°) 时的光强分布

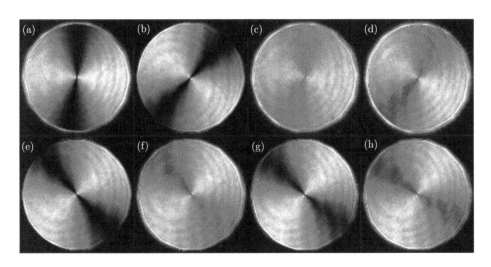

图 4.64 径向偏振光经过双 1/4 波片和检偏器后的光强分布实验结果 (彩图见封底二维码)

(a)∼(h) 依次对应 $(\Delta\theta, \beta)$ 为 $(0°, 0°)$, $(0°, 45°)$, $(30°, 45°)$, $(30°, 60°)$, $(45°, 0°)$, $(45°, 30°)$, $(60°, 30°)$, $(60°, 45°)$ 时的光强分布

图 4.65 和图 4.66 分别为径向偏振光经过双 1/2 波片和检偏器之后光强分布的仿真图和实验结果。由于双 1/2 波片只调制光场偏振态的方位角分布而不影响椭率角，所以当双 1/2 波片之间快轴夹角 $\Delta\theta$ 固定时，检偏器的方位角不会改变光强图案，而仅仅使消光线发生旋转。因此在图 4.65 和图 4.66 中，我们令 $\beta = 0$，以简化分析。

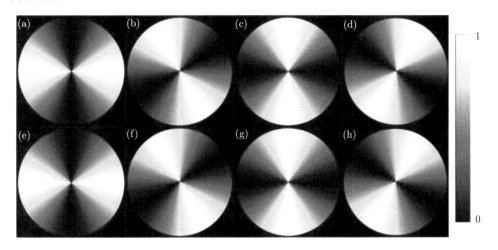

图 4.65 径向偏振光经过双 1/2 波片和检偏器后的光强分布仿真图 (彩图见封底二维码)

(a)∼(h) 依次对应 $\Delta\theta$ 为 $0°$, $30°$, $45°$, $60°$, $90°$, $120°$, $135°$, $150°$ 时的光强分布

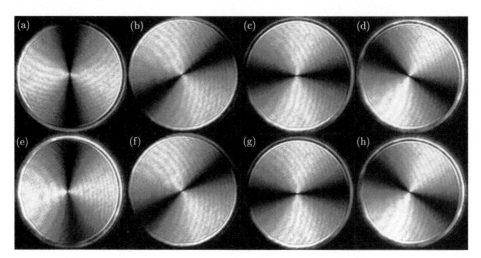

图 4.66　径向偏振光经过双 1/2 波片和检偏器后的光强分布实验结果 (彩图见封底二维码)

(a)～(h) 依次对应 $\Delta\theta$ 为 0°, 30°, 45°, 60°, 90°, 120°, 135°, 150° 时的光强分布

图 4.64 和图 4.66 表明, 不管采用双 1/4 波片还是双 1/2 波片配合 S 波片进行矢量光场的偏振调制, 实验结果与仿真结果都十分吻合, 表明基于 S 波片和双延迟器可以实现对标量相干光场的复杂偏振调控, 充分验证了本书提出的矢量光场生成和偏振调控方法是可行而有效的。

参 考 文 献

[1] Segre S E, Zanza V. Mueller calculus of polarization change in the cube-corner retrore-flector. J. Opt. Soc. Am., 2003, 20(9): 1804-1811

[2] Park B, Eom T, Chung M. Polarization properties of cube-corner retroreflectors and their effects on signal strength and nonlinearity in heterodyne interferometers. Applied Optics, 1996, 35(22): 4372-4380

[3] Kalibjian R. Stokes polarization vector and Mueller matrix for a corner-cube reflector. Optics Communications, 2004, 240(1): 39-68

[4] Scholl M S. Ray trace through a corner-cube retroreflector with complex reflection co-efficients. J. Opt. Soc. Am., 1995, 12(7): 1589-1592

[5] Huai F X. Polarization characters of glass corner-cube reflector. Chinese Journal of Lasers, 1986, 4(1): 11

[6] Shih C C. Depolarization effect in a resonator with corner-cube reflectors. J. Opt. Soc. Am., 1996, 13(7): 1378-1384

[7] Peck E R. Polarization properties of corner reflectors and cavities. J. Opt. Soc. Am., 1962, 52(3): 253

[8] Liu J, Azzam R. Polarization properties of corner-cube retroreflectors: Theory and experiment. Applied Optics, 1997, 36(7): 1553-1559

[9] Kalibjian R. Output polarization states of a corner cube reflector irradiated at non-normal incidence. Optics & Laser Technology, 2007, 39(8): 1485-1495

[10] Crabtree K, Chipman R. Polarization conversion cube-corner retroreflector. Applied Optics, 2010, 49(30): 5882-5890

第 5 章 部分相干光场的三维偏振算法

5.1 三维部分相干光场的数学表征

5.1.1 三维相干矩阵法

三维相干矩阵也被称为三维偏振矩阵[1]，包含了光波的光强、相位、偏振和相干等信息[2]，其定义式为

$$
\boldsymbol{R}(\boldsymbol{r},t) = \langle \boldsymbol{E}(\boldsymbol{r},t) \otimes \boldsymbol{E}^{\dagger}(\boldsymbol{r},t) \rangle
$$

$$
= \begin{pmatrix}
\langle \eta_x(\boldsymbol{r},t) \otimes \eta_x^*(\boldsymbol{r},t) \rangle & \langle \eta_x(\boldsymbol{r},t) \otimes \eta_y^*(\boldsymbol{r},t) \rangle & \langle \eta_x(\boldsymbol{r},t) \otimes \eta_z^*(\boldsymbol{r},t) \rangle \\
\langle \eta_y(\boldsymbol{r},t) \otimes \eta_x^*(\boldsymbol{r},t) \rangle & \langle \eta_y(\boldsymbol{r},t) \otimes \eta_y^*(\boldsymbol{r},t) \rangle & \langle \eta_y(\boldsymbol{r},t) \otimes \eta_z^*(\boldsymbol{r},t) \rangle \\
\langle \eta_z(\boldsymbol{r},t) \otimes \eta_x^*(\boldsymbol{r},t) \rangle & \langle \eta_z(\boldsymbol{r},t) \otimes \eta_y^*(\boldsymbol{r},t) \rangle & \langle \eta_z(\boldsymbol{r},t) \otimes \eta_z^*(\boldsymbol{r},t) \rangle
\end{pmatrix}
$$

$$(5.1)$$

其中，符号 "$\dagger$" 和 "$*$" 分别表示求复共轭转置和求复共轭；"$\otimes$" 表示求克罗内克积；角括号 "$\langle \ \rangle$" 表示求取时间平均值，对应的数学运算可表达为

$$
\langle \boldsymbol{E}(\boldsymbol{r},t) \otimes \boldsymbol{E}^{\dagger}(\boldsymbol{r},t) \rangle = \lim_{\Delta t \to \infty} \frac{1}{\Delta t} \int_0^{\Delta t} \boldsymbol{E}(\boldsymbol{r},t) \otimes \boldsymbol{E}(\boldsymbol{r},t) \mathrm{d}t \tag{5.2}
$$

其中，Δt 为统计时间或测量时间。

三维相干矩阵定义为三维瞬时琼斯矢量的克罗内克积 (Kronecker product) 的形式，根据克罗内克积的运算特点，可知：三维相干矩阵是一个半正定厄米 (Hermitian) 矩阵[3]。此外，三维相干矩阵的元素均是由三个正交的场分量 $\eta_i(\boldsymbol{r},t)(i = x, y, z)$ 的二阶矩所构成，由此可知：三维相干矩阵也是一个协方差矩阵。

三维相干矩阵可表达为振幅和相位差的形式，即

$$
\boldsymbol{R}(\boldsymbol{r},t)
$$

$$
= \begin{pmatrix}
\langle A_x^2(\boldsymbol{r},t) \rangle & \langle A_x(\boldsymbol{r},t)A_y(\boldsymbol{r},t)\mathrm{e}^{-\mathrm{i}\delta_y(\boldsymbol{r},t)} \rangle & \langle A_x(\boldsymbol{r},t)A_z(\boldsymbol{r},t)\mathrm{e}^{-\mathrm{i}\delta_z(\boldsymbol{r},t)} \rangle \\
\langle A_x(\boldsymbol{r},t)A_y(\boldsymbol{r},t)\mathrm{e}^{\mathrm{i}\delta_y(\boldsymbol{r},t)} \rangle & \langle A_y^2(\boldsymbol{r},t) \rangle & \langle A_x(\boldsymbol{r},t)A_y(\boldsymbol{r},t)\mathrm{e}^{-\mathrm{i}\cdot\Delta\delta(\boldsymbol{r},t)} \rangle \\
\langle A_x(\boldsymbol{r},t)A_z(\boldsymbol{r},t)\mathrm{e}^{\mathrm{i}\delta_z(\boldsymbol{r},t)} \rangle & \langle A_y(\boldsymbol{r},t)A_z(\boldsymbol{r},t)\mathrm{e}^{-\mathrm{i}\cdot\Delta\delta(\boldsymbol{r},t)} \rangle & \langle A_z^2(\boldsymbol{r},t) \rangle
\end{pmatrix}
$$

$$(5.3)$$

其中，$\Delta\delta(\boldsymbol{r},t) = \delta_y(\boldsymbol{r},t) - \delta_z(\boldsymbol{r},t)$ 为 y 场分量相对于 z 场分量的相位差；对角线元素 $\langle A_i^2(\boldsymbol{r},t) \rangle (i = x, y, z)$ 分别为 x 场分量、y 场分量和 z 场分量的光强值。

结合式 (5.2) 可知: 三维相干矩阵也可表达为三维瞬时琼斯矢量 $\boldsymbol{E}(\boldsymbol{r},t)$ 在统计时间内标准差 σ_i 和相干度 μ_{ij} 的形式 [4], 即

$$\boldsymbol{R}(\boldsymbol{r},t) = \begin{pmatrix} \sigma_x^2 & \mu_{xy}\sigma_x\sigma_y & \mu_{xz}\sigma_x\sigma_z \\ \mu_{xy}^*\sigma_x\sigma_y & \sigma_y^2 & \mu_{yz}\sigma_y\sigma_z \\ \mu_{xz}^*\sigma_x\sigma_z & \mu_{yz}^*\sigma_y\sigma_z & \sigma_z^2 \end{pmatrix} \tag{5.4}$$

根据式 (5.4), 三维相干矩阵 $\boldsymbol{R}(\boldsymbol{r},t)$ 的矩阵元素 $r_{ij}(i,j=x,y,z)$ 可表达为

$$r_{ij} = \mu_{ij}\sigma_i\sigma_j \tag{5.5}$$

其中, 在统计时间 Δt 内标准差 σ_i 和相干度 μ_{ij} 分别为

$$\sigma_i^2 = \langle \eta_i(\boldsymbol{r},t)\eta_i^*(\boldsymbol{r},t) \rangle, \quad \mu_{ij} = r_{ij}/\sigma_i\sigma_j \tag{5.6}$$

由此可得, 三维相干矩阵中不仅包含了光波的光强、相位和偏振信息, 也包含了相干信息 [5]。相比于三维琼斯矢量, 三维相干矩阵适用于表征所有的偏振光, 包含完全偏振光、部分偏振光和完全非偏振光 [6-8]。

5.1.2 三维斯托克斯矢量法

美国物理学家 Murray Gell-Mann 在研究物理学中粒子间的强相互作用时, 提出了八个线性无关的 3×3 厄米矩阵, 并被称之为 Gell-Mann 矩阵 [9]。在此基础上, 结合一个 3×3 单位对角矩阵, 构成了一组空间基底矩阵, 其数学表达形式如下:

$$\begin{cases} \boldsymbol{\omega}_{00} = \begin{bmatrix} 1 & 0 & 0 \\ 0 & 1 & 0 \\ 0 & 0 & 1 \end{bmatrix} & \boldsymbol{\omega}_{01} = \sqrt{\dfrac{3}{2}} \cdot \begin{bmatrix} 0 & 1 & 0 \\ 1 & 0 & 0 \\ 0 & 0 & 0 \end{bmatrix} & \boldsymbol{\omega}_{02} = \sqrt{\dfrac{3}{2}} \cdot \begin{bmatrix} 0 & -i & 0 \\ i & 0 & 0 \\ 0 & 0 & 0 \end{bmatrix} \\[3mm] \boldsymbol{\omega}_{10} = \sqrt{\dfrac{3}{2}} \cdot \begin{bmatrix} 1 & 0 & 0 \\ 0 & -1 & 0 \\ 0 & 0 & 0 \end{bmatrix} & \boldsymbol{\omega}_{11} = \sqrt{\dfrac{3}{2}} \cdot \begin{bmatrix} 0 & 0 & 1 \\ 0 & 0 & 0 \\ 1 & 0 & 0 \end{bmatrix} & \boldsymbol{\omega}_{12} = \sqrt{\dfrac{3}{2}} \cdot \begin{bmatrix} 0 & 0 & -i \\ 0 & 0 & 0 \\ i & 0 & 0 \end{bmatrix} \\[3mm] \boldsymbol{\omega}_{20} = \sqrt{\dfrac{3}{2}} \cdot \begin{bmatrix} 0 & 0 & 0 \\ 0 & 0 & 1 \\ 0 & 1 & 0 \end{bmatrix} & \boldsymbol{\omega}_{21} = \sqrt{\dfrac{3}{2}} \cdot \begin{bmatrix} 0 & 0 & 0 \\ 0 & 0 & -i \\ 0 & i & 0 \end{bmatrix} & \boldsymbol{\omega}_{22} = \dfrac{1}{\sqrt{2}} \cdot \begin{bmatrix} 1 & 0 & 0 \\ 0 & 1 & 0 \\ 0 & 0 & -2 \end{bmatrix} \end{cases} \tag{5.7}$$

由线性代数和矩阵论可知: 基于式 (5.7) 中的 9 个基底矩阵, 任意一个 3×3 的矩阵均可分解为关于该基底矩阵线性组合的形式, 即

$$\boldsymbol{R}(\boldsymbol{r},t) = \frac{1}{3}\sum_{i,j=0}^{2} q_{ij}\boldsymbol{\omega}_{ij} \tag{5.8}$$

其中，9 个分解系数 $q_{ij}(i, j = 0, 1, 2)$ 均为实数。

结合 Gell-Mann 矩阵的物理意义可知：每个基底矩阵所对应的分解系数表征分解所得特定偏振分量的光强值，其中单位对角阵 ω_{00} 所对应的分解系数 q_{00} 则表征光波的总光强。将上述分解所得的 9 个系数定义为一个 9×1 列矢量，即

$$S = (q_{00}, q_{01}, q_{02}, q_{10}, q_{11}, q_{12}, q_{20}, q_{21}, q_{22})^{\mathrm{T}} \tag{5.9}$$

其中，上标 T 表示求矩阵转置；S 被定义为三维斯托克斯矢量 (9×1)；$q_{ij}(i, j = 0, 1, 2)$ 定义为三维斯托克斯参数。

结合式 (5.8) 可知：相干矩阵 $R(r, t)$ 也可表达为三维斯托克斯参数的形式，即

$$R(r, t) = \frac{1}{6} \begin{bmatrix} 2q_{00} + \sqrt{6}q_{11} + \sqrt{2}q_{22} & \sqrt{6}(q_{01} - \mathrm{i} \cdot q_{10}) & \sqrt{6}(q_{02} - \mathrm{i} \cdot q_{20}) \\ \sqrt{6}(q_{02} + \mathrm{i} \cdot q_{20}) & 2q_{00} - \sqrt{6}q_{11} + \sqrt{2}q_{22} & \sqrt{6}(q_{12} - \mathrm{i} \cdot q_{21}) \\ \sqrt{6}(q_{01} + \mathrm{i} \cdot q_{10}) & \sqrt{6}(q_{12} + \mathrm{i} \cdot q_{21}) & 2(q_{00} - \sqrt{2}q_{22}) \end{bmatrix} \tag{5.10}$$

显然，三维斯托克斯矢量是由式 (5.1) 中所定义的三维相干矩阵基于式 (5.7) 中的基底矩阵而衍生的一种 9×1 矢量表达式，因此，三维斯托克斯矢量同样也适用于表征所有的偏振光，包含完全偏振光、部分偏振光和完全非偏振光 [10]。

5.1.3　强度椭球法

基于三维相干矩阵 (3×3)，Dennis 提出了适用于表征任意时刻三维偏振光场的偏振状态的惯性椭球法，Gil 提出了一种与惯性椭球相类似的强度椭球几何表征方法，如图 5.1 所示，也可用于表征任意三维偏振光场的偏振态 [8,11]。

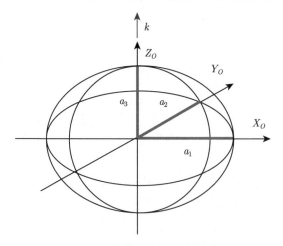

图 5.1　三维偏振态的强度椭球法

对于三维相干矩阵 $\boldsymbol{R}$ 而言, 利用矩阵的对角化变换, 可获得一个与三维相干矩阵具有完全相同物理意义的 3×3 矩阵 $\boldsymbol{R}$, 即

$$\boldsymbol{R}' = \boldsymbol{Q}^{\mathrm{T}} \cdot \boldsymbol{R} \cdot \boldsymbol{Q} \tag{5.11}$$

三维相干矩阵 $\boldsymbol{R}$ 是一个半正定厄米矩阵, 因此, 任意偏振光场的三维相干矩阵也可分解为实部矩阵和虚部矩阵相加的形式, 即

$$\boldsymbol{R} = \boldsymbol{R}_{\mathrm{R}} + \mathrm{i} \cdot \boldsymbol{R}_{\mathrm{I}} \tag{5.12}$$

其中, 实部矩阵 $\boldsymbol{R}_{\mathrm{R}} = \mathrm{Re}(\boldsymbol{R})$ 是一个半正定对称矩阵; 虚部矩阵 $\boldsymbol{R}_{\mathrm{I}} = \mathrm{Im}(\boldsymbol{R})$ 是一个反对称矩阵。

对实部矩阵 $\boldsymbol{R}_{\mathrm{R}}$ 也进行上述对角化变换, 可获得一个与 $\boldsymbol{R}_{\mathrm{R}}$ 具有相同物理意义的 3×3 对角矩阵 $\mathrm{diag}(a_1, a_2, a_3)$, 即

$$\boldsymbol{Q}^{\mathrm{T}} \cdot \boldsymbol{R}_{\mathrm{R}} \cdot \boldsymbol{Q} = \mathrm{diag}(a_1, a_2, a_3) \tag{5.13}$$

其中, 对角矩阵的元素始终满足以下关系:

$$a_1 + a_2 + a_3 = 1, \quad 0 \leqslant a_1 \leqslant a_2 \leqslant a_3 \leqslant 1 \tag{5.14}$$

根据实部矩阵 $\boldsymbol{R}_{\mathrm{R}}$ 的对角化结果, 以 a_1, a_2 和 a_3 作为空间坐标系 $\{X_O Y_O Z_O\}$ 的坐标轴, 构造了如图 5.1 所示的强度椭球。

令对角矩阵为 $\mathrm{diag}(a_1, a_2, a_3) = \boldsymbol{R}_D$, 类似于二维偏振的情况, 任意偏振态均可分解为 S 波和 P 波线性相加的形式, 同理, 对于任意一个三维偏振态, 也可分解为三个相互正交的偏振分量的线性加和形式, 因此, 对角矩阵 $\boldsymbol{R}_D$ 可被分解为

$$\boldsymbol{R}_D = \boldsymbol{R}_{\mathrm{p}1} + \boldsymbol{R}_{\mathrm{p}2} + \boldsymbol{R}_{\mathrm{p}3} \tag{5.15}$$

$$\boldsymbol{R}_{\mathrm{p}1} = a_1 \cdot \mathrm{diag}(1,0,0), \quad \boldsymbol{R}_{\mathrm{p}2} = a_2 \cdot \mathrm{diag}(0,1,0), \quad \boldsymbol{R}_{\mathrm{p}3} = a_3 \cdot \mathrm{diag}(0,0,1) \tag{5.16}$$

式 (5.16) 中三个对角矩阵分别表征三个相互正交的线偏振分量的三维相干矩阵, 系数 a_1, a_2 和 a_3 分别表示相应线偏振分量的强度值。

5.1.4 三维部分相干光场的 9×1 相干矢量表示方法

空间任意传播方向的准单色光波在某一时刻 t 某一点 $\boldsymbol{r}$ 处的电场矢量可表示为

$$\boldsymbol{E}(\boldsymbol{r}, t) = \begin{pmatrix} E_x(\boldsymbol{r}, t) \\ E_y(\boldsymbol{r}, t) \\ E_z(\boldsymbol{r}, t) \end{pmatrix} = \begin{pmatrix} E_{0x}(\boldsymbol{r}, t)\mathrm{e}^{\mathrm{i}\delta_x(\boldsymbol{r}, t)} \\ E_{0y}(\boldsymbol{r}, t)\mathrm{e}^{\mathrm{i}\delta_y(\boldsymbol{r}, t)} \\ E_{0z}(\boldsymbol{r}, t)\mathrm{e}^{\mathrm{i}\delta_z(\boldsymbol{r}, t)} \end{pmatrix} \tag{5.17}$$

其中，$E_j(\boldsymbol{r},t)(j=x,y,z)$ 为电场矢量在空间坐标系 $\{xyz\}$ 下的三个正交电场分量；$E_{0j}(\boldsymbol{r},t)$ 和 $\delta_j(\boldsymbol{r},t)(j=x,y,z)$ 分别为 t 时刻点 $\boldsymbol{r}$ 处三个正交电场分量的振幅和相位。在一些文献中，上式也被称之为三维瞬时琼斯矢量或三维琼斯矢量 [12,13]。

结合 5.1.1 小节中三维相干矩阵的定义，可得

$$\boldsymbol{\Phi} = \begin{bmatrix} \langle E_x(\boldsymbol{r},t)\cdot E_x^*(\boldsymbol{r},t)\rangle & \langle E_x(\boldsymbol{r},t)\cdot E_y^*(\boldsymbol{r},t)\rangle & \langle E_x(\boldsymbol{r},t)\cdot E_z^*(\boldsymbol{r},t)\rangle \\ \langle E_y(\boldsymbol{r},t)\cdot E_x^*(\boldsymbol{r},t)\rangle & \langle E_y(\boldsymbol{r},t)\cdot E_y^*(\boldsymbol{r},t)\rangle & \langle E_y(\boldsymbol{r},t)\cdot E_z^*(\boldsymbol{r},t)\rangle \\ \langle E_z(\boldsymbol{r},t)\cdot E_x^*(\boldsymbol{r},t)\rangle & \langle E_z(\boldsymbol{r},t)\cdot E_y^*(\boldsymbol{r},t)\rangle & \langle E_z(\boldsymbol{r},t)\cdot E_z^*(\boldsymbol{r},t)\rangle \end{bmatrix} \tag{5.18}$$

其中，$\langle\ \rangle$ 表示关于时间求平均值；"$*$" 表示求复共轭。

式 (5.18) 中的三维相干矩阵包含了光波的全部光信息，即光强、相位 (差)、偏振和相干，这些光信息均可从三维相干矩阵中解析得出。

(1) 光强。三维相干矩阵的对角元素 $\phi_{jj}(j=x,y,z)$ 分别表征光波沿着 x，y 和 z 方向的光强值，即 $I_j=\phi_{jj}(j=x,y,z)$。而且三维相干矩阵的迹始终等于光波的总光强值，即 $I_{\text{total}}=\text{tr}(\boldsymbol{\Phi})$。

(2) 相位 (差)。三维相干矩阵为半正定厄米矩阵，因此，非对角元素始终满足 $\phi_{ij}=\phi_{ji}^*(i,j=x,y,z$ 且 $i\neq j)$，结合式 (5.3) 可知：相位 (差) 始终等于 $\delta_{i-j}=\ln(\phi_{ij}/\phi_{ji})/2(i,j=x,y,z$ 且 $i\neq j)$，其中 $\delta_{i-j}(i,j=x,y,z)$ 表示 i 电场分量相对于 j 电场分量的相位差值。

(3) 偏振。任意一个三维偏振光场 ($\boldsymbol{\Phi}$)，均可以分解为偏振分量 ($\boldsymbol{\Phi}_{\text{p}}$) 和完全非偏振分量 ($\boldsymbol{\Phi}_{\text{up}}$) 之和的形式，其中三维偏振度定义为偏振分量的光强值 (I_{p}) 与总光强 (I_{total}) 之比，即 $\text{DoP}=I_{\text{p}}/I_{\text{total}}$。结合三维相干矩阵的物理意义，三维偏振度 DoP 可表达为

$$\text{DoP}^2 = \frac{3}{2}\cdot\frac{\text{tr}(\boldsymbol{\Phi}^2)}{\text{tr}(\boldsymbol{\Phi})^2} - \frac{1}{2} \tag{5.19}$$

当 $\text{DoP}=1$ 时，表示完全偏振光场；当 $\text{DoP}=0$ 时，表示完全非偏振光场；当 $0<\text{DoP}<1$ 时，表示部分偏振光场。特别地，当 $\text{DoP}=1/2$ 时，式 (5.18) 所表示的三维偏振光场为一个二维完全非偏振光场，对应的三维相干矩阵的表达式为

$$\boldsymbol{\Phi}_{\text{2D\_up}} = \frac{1}{2}\begin{bmatrix} 1 & 0 & 0 \\ 0 & 1 & 0 \\ 0 & 0 & 0 \end{bmatrix} \text{ 或 } \frac{1}{2}\begin{bmatrix} 1 & 0 & 0 \\ 0 & 0 & 0 \\ 0 & 0 & 1 \end{bmatrix} \text{ 或 } \frac{1}{2}\begin{bmatrix} 0 & 0 & 0 \\ 0 & 1 & 0 \\ 0 & 0 & 1 \end{bmatrix} \tag{5.20}$$

然而，对于三维完全非偏振光场 (自然光) 而言，可被分解为三个强度相等的正交线性偏振光场的非相干叠加，即

$$\boldsymbol{\Phi}_{\mathrm{3D\_up}} = \sum_{i=1}^{3} \frac{1}{3} \cdot \boldsymbol{\Phi}_i = \frac{1}{3} \begin{bmatrix} 1 & 0 & 0 \\ 0 & 1 & 0 \\ 0 & 0 & 1 \end{bmatrix} \tag{5.21}$$

其中，三个正交线性偏振光场所对应的三维相干矩阵的秩恒等于 1，即 $\mathrm{Rank}(\boldsymbol{\Phi}_i) = 1(i = 1, 2, 3)$。

将式 (5.21) 代入式 (5.19)，可求得三维偏振度值 DoP = 0。因此，需要特别地注意：二维完全非偏振光场，即物理光学书籍中常说的自然光，其电场矢量的振动状态在三维空间中所对应的偏振度值并不等于 0，而是 1/2，只有三维完全非偏振光场，即任意时刻电场矢量的振动状态等概率等强度地出现在空间任意位置，而不仅仅只是等概率等强度地出现在某一固定的二维平面内。

(4) 相干。结合三维相干矩阵的物理意义，任意三维偏振光场的相干度可表达为

$$|\mu_{ij}| \cdot \mathrm{e}^{\mathrm{i} \cdot \beta_{ij}} = \frac{\phi_{ij}}{\sqrt{\phi_{ii} \cdot \phi_{jj}}} \quad (i, j = x, y, z) \tag{5.22}$$

其中，μ_{ij} 为相干度；β_{ij} 为复相干度；ϕ_{ij} 为三维相干矩阵的元素。

此外，对于任意的三维偏振光场而言，偏振度和相干度之间存在着必然的内在联系，联立式 (5.19) 和式 (5.22)，推导可得

$$1 - \mathrm{DoP}^2 = \frac{(1 - |\mu_{xy}|^2) \cdot \phi_{xx}\phi_{yy} + (1 - |\mu_{xz}|^2) \cdot \phi_{xx}\phi_{zz} + (1 - |\mu_{yz}|^2) \cdot \phi_{yy}\phi_{zz}}{(\phi_{xx} + \phi_{yy} + \phi_{zz})^2} \tag{5.23}$$

相比于三维琼斯矢量和三维斯托克斯矢量，三维相干矩阵不仅适用于表征所有的三维偏振光场，包括完全偏振、部分偏振和完全非偏振，更重要的是，三维相干矩阵还同时包含了光强、相位、偏振和相干等信息，这对于研究三维偏振光场传播特性的演化有着尤为重要的意义。

将式 (5.18) 中的三维相干矩阵按行展开，构造一个 9×1 列矢量，即

$$\boldsymbol{\Phi}_{9\times1} = (\phi_{xx}, \phi_{xy}, \phi_{xz}, \phi_{yx}, \phi_{yy}, \phi_{yz}, \phi_{zx}, \phi_{zy}, \phi_{zz})^{\mathrm{T}} \tag{5.24}$$

其中，上标 T 表示求矩阵的转置。类似于三维琼斯矢量和三维斯托克斯矢量的命名方式，式 (5.24) 中的 9×1 列矢量 $\boldsymbol{\Phi}_{9\times1}$ 在本书中被命名为三维相干矢量 (9×1)。

利用美国物理学家 Murray Gell-Mann 在 1962 年在 *Physical Review* 上发表的一组特殊基底矩阵 [9]，由 8 个迹为 0 且线性无关的厄米矩阵构成，并结合 3×3 单位对角阵，构成了一组三维空间的线性无关基底。其具体的表达形式为

$$\begin{cases} \boldsymbol{\sigma}_0 = \sqrt{\dfrac{2}{3}} \cdot \begin{bmatrix} 1 & 0 & 0 \\ 0 & 1 & 0 \\ 0 & 0 & 1 \end{bmatrix}, & \boldsymbol{\sigma}_1 = \begin{bmatrix} 0 & 1 & 0 \\ 1 & 0 & 0 \\ 0 & 0 & 0 \end{bmatrix}, & \boldsymbol{\sigma}_2 = \begin{bmatrix} 0 & -i & 0 \\ i & 0 & 0 \\ 0 & 0 & 0 \end{bmatrix} \\[18pt] \boldsymbol{\sigma}_3 = \begin{bmatrix} 1 & 0 & 0 \\ 0 & -1 & 0 \\ 0 & 0 & 0 \end{bmatrix}, & \boldsymbol{\sigma}_4 = \begin{bmatrix} 0 & 0 & 1 \\ 0 & 0 & 0 \\ 1 & 0 & 0 \end{bmatrix}, & \boldsymbol{\sigma}_5 = \begin{bmatrix} 0 & 0 & -i \\ 0 & 0 & 0 \\ i & 0 & 0 \end{bmatrix} \\[18pt] \boldsymbol{\sigma}_6 = \begin{bmatrix} 0 & 0 & 0 \\ 0 & 0 & 1 \\ 0 & 1 & 0 \end{bmatrix}, & \boldsymbol{\sigma}_7 = \begin{bmatrix} 0 & 0 & 0 \\ 0 & 0 & -i \\ 0 & i & 0 \end{bmatrix}, & \boldsymbol{\sigma}_8 = \sqrt{\dfrac{1}{3}} \cdot \begin{bmatrix} 1 & 0 & 0 \\ 0 & 1 & 0 \\ 0 & 0 & -2 \end{bmatrix} \end{cases} \tag{5.25}$$

上述 9 个基底矩阵始终满足以下性质:

(1) $\mathrm{tr}(\boldsymbol{\sigma}_i \boldsymbol{\sigma}_j) = 2\delta_{ij} = \begin{cases} 2, & i = j, \\ 0, & i \neq j, \end{cases}$ $i, j = 0, 1, \cdots, 8$;

(2) 实部矩阵: $\mathrm{Re}[\boldsymbol{\sigma}_i \boldsymbol{\sigma}_j] = 2i \cdot f_{ijk} \cdot \boldsymbol{\sigma}_k$;

(3) 虚部矩阵: $\mathrm{Im}[\boldsymbol{\sigma}_i \boldsymbol{\sigma}_j] = 2d_{ijk} \cdot \boldsymbol{\sigma}_k$, 其中 d_{ijk} 和 f_{ijk} 均为实系数, 如表 5.1 所示。

表 5.1　实系数 d_{ijk} 和 f_{ijk}

ijk	f_{ijk}	ijk	d_{ijk}
123	1	118	$-1/\sqrt{3}$
147	1/2	146	1/2
156	$-1/2$	157	1/2
246	1/2	228	$-1/\sqrt{3}$
257	1/2	247	$-1/2$
345	1/2	256	1/2
367	$-1/2$	338	$-1/\sqrt{3}$
458	$\sqrt{3}/2$	344	1/2
678	$\sqrt{3}/2$	355	1/2
$\cdots$	$\cdots$	366	$-1/2$
$\cdots$	$\cdots$	377	$-1/2$
$\cdots$	$\cdots$	448	$-1/(2\sqrt{3})$
$\cdots$	$\cdots$	558	$-1/(2\sqrt{3})$
$\cdots$	$\cdots$	668	$-1/(2\sqrt{3})$
$\cdots$	$\cdots$	778	$-1/(2\sqrt{3})$
$\cdots$	$\cdots$	888	$-1/\sqrt{3}$

此外, 式 (5.25) 所包含的 9 个线性无关的三维空间基底也可构成三组不同的

二维空间基底矩阵, 分别为

$$\begin{cases} x\text{-}y: & \lambda_1 \quad \lambda_2 \quad\quad \lambda_3 \\ x\text{-}z: & \lambda_4 \quad \lambda_5 \quad (\sqrt{3}\lambda_8 + \lambda_3)/2 \\ y\text{-}z: & \lambda_6 \quad \lambda_7 \quad (\sqrt{3}\lambda_8 - \lambda_3)/2 \end{cases} \tag{5.26}$$

基于式 (5.25) 中的三维空间基底矩阵, 任意三维相干矩阵 (3×3) 均可分解为基底矩阵线性叠加的形式, 即

$$\boldsymbol{\Phi} = \frac{1}{2}\sum_{i=0}^{8} s_i \cdot \sigma_i \tag{5.27}$$

其中所得的 9 个分解系数 $s_i(i = 0, 1, 2, \cdots, 8)$ 均为实数, 按照基底矩阵的顺序, 9 个分解系数可写为一个 9×1 列矢量, 即

$$\boldsymbol{S}_{9\times1} = (s_0, s_1, s_2, s_3, s_4, s_5, s_6, s_7, s_8)^{\mathrm{T}} \tag{5.28}$$

结合式 (5.24)、式 (5.25) 和式 (5.27)、式 (5.28), 推导可得: 三维相干矢量 (9×1) 与三维斯托克斯矢量 (9×1) 之间的内在关系, 即

$$\boldsymbol{S}_{9\times1} = \boldsymbol{Q}_{9\times9} \cdot \boldsymbol{\Phi}_{9\times1} \tag{5.29}$$

其中, 关系矩阵 $\boldsymbol{Q}_{9\times9}$ 为一个常数矩阵:

$$\boldsymbol{Q}_{9\times9} = \begin{pmatrix} 1 & 0 & 0 & 0 & 1 & 0 & 0 & 0 & 1 \\ 0 & \sqrt{\frac{3}{2}} & 0 & \sqrt{\frac{3}{2}} & 0 & 0 & 0 & 0 & 0 \\ 0 & \mathrm{i}\sqrt{\frac{3}{2}} & 0 & -\mathrm{i}\sqrt{\frac{3}{2}} & 0 & 0 & 0 & 0 & 0 \\ \sqrt{\frac{3}{2}} & 0 & 0 & 0 & -\sqrt{\frac{3}{2}} & 0 & 0 & 0 & 0 \\ 0 & 0 & \sqrt{\frac{3}{2}} & 0 & 0 & 0 & \sqrt{\frac{3}{2}} & 0 & 0 \\ 0 & 0 & \mathrm{i}\sqrt{\frac{3}{2}} & 0 & 0 & 0 & -\mathrm{i}\sqrt{\frac{3}{2}} & 0 & 0 \\ 0 & 0 & 0 & 0 & 0 & \sqrt{\frac{3}{2}} & 0 & \sqrt{\frac{3}{2}} & 0 \\ 0 & 0 & 0 & 0 & 0 & \mathrm{i}\sqrt{\frac{3}{2}} & 0 & -\mathrm{i}\sqrt{\frac{3}{2}} & 0 \\ \frac{1}{\sqrt{2}} & 0 & 0 & 0 & \frac{1}{\sqrt{2}} & 0 & 0 & 0 & \sqrt{2} \end{pmatrix} \tag{5.30}$$

与此同时，三维斯托克斯矢量与三维相干矢量之间的内在关系也可表达为代数形式，即

$$
\begin{cases}
s_0 = \phi_{xx} + \phi_{yy} + \phi_{zz}, \quad s_1 = \sqrt{\dfrac{3}{2}}(\phi_{xy} + \phi_{yx}), \quad s_2 = \sqrt{\dfrac{3}{2}}(\phi_{xy} - \phi_{yx})\mathrm{i} \\[2mm]
s_3 = \sqrt{\dfrac{3}{2}}(\phi_{xx} - \phi_{yy}), \quad s_4 = \sqrt{\dfrac{3}{2}}(\phi_{xz} + \phi_{zx}), \quad s_5 = \sqrt{\dfrac{3}{2}}(\phi_{xz} - \phi_{zx})\mathrm{i} \\[2mm]
s_6 = \sqrt{\dfrac{3}{2}}(\phi_{yz} + \phi_{zy}), \quad s_7 = \sqrt{\dfrac{3}{2}}(\phi_{yz} - \phi_{zy})\mathrm{i}, \quad s_8 = \dfrac{1}{\sqrt{2}}(\phi_{xx} + \phi_{yy} - 2\phi_{zz})
\end{cases}
\tag{5.31}
$$

由此可得 9 个斯托克斯参数的物理意义，如表 5.2 所示。

表 5.2　三维斯托克斯参数的物理意义

斯托克斯参数	物理意义
s_0	总光强
s_1	x-y 平面内 $\pm 45°$ 偏振分量的光强
s_2	x-y 平面内右/左旋圆偏振分量的光强
s_3	x 偏振分量与 y 偏振分量的光强之差
s_4	x-z 平面内 $\pm 45°$ 偏振分量的光强
s_5	x-z 平面内右/左旋圆偏振分量的光强
s_6	y-z 平面内 $\pm 45°$ 偏振分量的光强
s_7	y-z 平面内右/左旋圆偏振分量的光强
s_8	x 偏振分量和 y 偏振分量分别与 z 偏振分量的光强差之和

同理，利用式 (5.28) 和式 (5.31) 中的三维斯托克斯矢量，并结合式 (5.28) 所示的三维相干矢量和三维斯托克斯矢量之间存在的内在转换关系，从三维斯托克斯矢量中也可很容易地解析出所包含的光信息。

(1) 光强。利用式 (5.31) 中的斯托克斯参数 s_0, s_3 和 s_8，推导可得：总光强值和沿着坐标轴方向的光强值为

$$
\begin{cases}
I_{\text{total}} = s_0, \quad I_x = \dfrac{1}{3}s_0 - \dfrac{\sqrt{2}}{3}s_8 \\[2mm]
I_y = \dfrac{1}{3}s_0 + \dfrac{\sqrt{6}}{6}s_3 + \dfrac{\sqrt{2}}{6}s_8, \quad I_z = \dfrac{1}{3}s_0 - \dfrac{\sqrt{6}}{6}s_3 + \dfrac{\sqrt{2}}{6}s_8
\end{cases}
\tag{5.32}
$$

(2) 偏振。结合式 (5.19) 和式 (5.29)，推导可得：三维偏振表达为三维斯托克斯参数的形式，即

$$
\mathrm{DoP}^2 = \sum_{i=0}^{8} s_i^2 / 3s_0^2
\tag{5.33}
$$

在不考虑包含光信息维数的前提下，对于任意的三维偏振光场而言，式 (5.24) 中的三维相干矢量和式 (5.28) 中的三维斯托克斯矢量均适用于表征其偏振特性。

而且, 三维斯托克斯矢量是由空间中的 9 个不同特征方向上的光强值所构成, 因此, 三维斯托克斯矢量特别适用于偏振术和椭偏术中。

5.2 基于 9×1 相干矢量的三维偏振算法

对于高数值孔径光学系统的聚焦场、矢量涡旋光束的紧聚焦、非线性散射场、辐射源的光学近场等, 其偏振特性的研究必须出于三维考虑。而目前最为广泛应用的三维琼斯矩阵的三维偏振光追迹算法只适用于处理完全偏振光场的情况, 尤其是当三维完全偏振光场入射到光学元件/系统中时, 出射光往往不一定恒为完全偏振态, 因此, 三维琼斯矩阵只适用于研究非退偏光学系统的偏振特性, 无法计算系统的退偏特性。然而, 实际应用中的光学系统, 一般在介质分界面上都镀制金属膜或介质膜以满足能量传递的需求, 而光学薄膜自身一般存在一定的退偏特性, 由此可知: 在光学系统中传播的光束并非总是完全偏振光, 因此, 亟须提出一种算法, 既适用于追迹所有三维偏振光场的传播演化特性, 也适用于定量计算任意光学元件/系统的全部偏振特性, 包含退偏特性。

5.2.1 三维部分相干光场与光学系统的偏振作用

任意三维偏振光场入射到光学元件/系统在各个光学界面上发生折/反射或散射后, 出射光的偏振态往往不同于入射光的偏振态, 除非对光学元件/系统做了保偏设计。为了精确计算光学元件/系统对入射光的偏振改变作用, 基于三维相干矢量 (9×1), 本书构造一种新的三维偏振算法, 适用于计算所有的光学元件/系统中的任意光学界面的偏振特性, 如球面/非球面面型的介质分界面, 镀有金属膜或多层介质高反膜/增透膜的光学界面等。

首先, 需要对所研究的光学元件/系统和入射光线进行矢量建模, 定义光学元件/系统的全局坐标系, 一般都是以 z 轴沿着光轴方向, 且光线传播方向始终为 z 轴正向的右手坐标系 $\{X, Y, Z\}$; 对入射光线进行局部坐标系的定义, 以光线传播方向 k 为局部坐标系 z' 轴正向的右手坐标系 $\{x', y', z'\}$, 如图 5.2 所示。

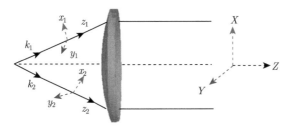

图 5.2 光学系统全局坐标系与入射光线局部坐标系的建立 (彩图见封底二维码)

对任意一个光学元件/系统进行矢量光线追迹之前, 首先, 需对入射光场的传播矢量进行建模, 以线视场 (物高 h) 为例进行说明, 如图 5.3 所示。

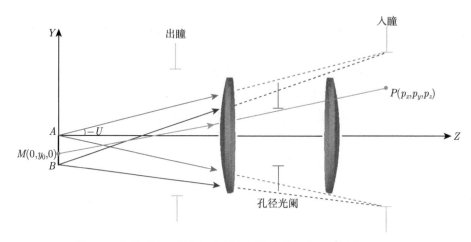

图 5.3　光学系统入射光场传播矢量的建模 (彩图见封底二维码)

光学元件/系统的全局坐标系 $\{X, Y, Z\}$ 的原点位于中心物点处, 已知物高 AB 为 $\pm h/2$, 入瞳直径为 D_{ent}, 入瞳距为 p_z, 在入瞳处对入射光场进行 $m \times m$ 扫描采样, x 和 y 方向的采样范围为 $-D_{\text{ent}}/2$ 到 $D_{\text{ent}}/2$。同理, 对线视场 (物高) 进行 $1 \times n$ 扫描采样, 采样范围为 $-h/2$ 到 $h/2$。对于任意一物点 M, 其在全局坐标系 $\{X, Y, Z\}$ 下的坐标为 $M = (0, h_0, 0)$, 当物点坐标已定时, 相当于这个光学元件/系统的视场已定, 不同的入射光线只取决于入瞳面内的光瞳采样, 当采样点 P 的 x 和 y 坐标分别为 p_x 和 p_y 时, 对应地, 在全部坐标系 $\{X, Y, Z\}$ 下的坐标为 $P = (p_x, p_y, p_z)$。由此可以唯一确定出该入射光线的传播矢量为

$$\boldsymbol{k}_{\text{in}} = MP/|MP| = \pm \frac{(p_x, p_y - h_0, p_z)}{\sqrt{p_x^2 + (p_x - h_0)^2 + p_z^2}} \tag{5.34}$$

其中, $\pm$ 号的选择取决于入瞳位置相对于全局坐标原点的距离, 当入瞳距离为正时, 入射光矢量的表达式取 $+$ 号, 否则, 取 $-$ 号。

其次, 基于入射光线的传播矢量 $\boldsymbol{k}_{\text{in}}$, 并结合入射光学界面的面型方程, 如平面、球面或非球面等, 可以唯一地确定入射光线到达入射光学界面上的入射点的全局坐标, 即入射点 P_1。根据法向的定义可知: 连接球心 C_1 与入射点 P_1 的矢量方向, 即为入射点 P_1 的法向矢量 $\boldsymbol{N}_1$。在此, 需要特别说明一点, 任意入射点的法向方向始终由出射介质 n_2 指向入射介质 n_1。

最后, 在全局坐标系 $\{X, Y, Z\}$ 下, 基于矢量斯涅耳定律 [14,15], 完成对光学元

件/系统中各个光学界面的矢量光线追迹, 求得各个光学分界面上的入射光线和出射光线的传播矢量, 即 $\boldsymbol{k}_{\mathrm{in}}$ 和 $\boldsymbol{k}_{\mathrm{out}}$。进而唯一确定各个光学界面上的局部坐标系 $\{x,y,z\}$ 或 $\{x',y',z'\}$, 即

$$
\begin{cases}
\boldsymbol{z}_{\mathrm{in}} = \boldsymbol{k}_{\mathrm{in}}, \quad \boldsymbol{z}_{\mathrm{out}} = \boldsymbol{k}_{\mathrm{out}} \\
\boldsymbol{y}_{\mathrm{out}} = \dfrac{\boldsymbol{z}_{\mathrm{in}} \times \boldsymbol{z}_{\mathrm{out}}}{|\boldsymbol{z}_{\mathrm{in}} \times \boldsymbol{z}_{\mathrm{out}}|}, \quad \boldsymbol{x}_{\mathrm{out}} = \boldsymbol{z}_{\mathrm{in}} \times \boldsymbol{y}_{\mathrm{out}} \\
\boldsymbol{y}'_{\mathrm{out}} = \boldsymbol{y}_{\mathrm{out}}, \quad \boldsymbol{x}'_{\mathrm{out}} = \boldsymbol{z}_{\mathrm{out}} \times \boldsymbol{y}_{\mathrm{out}}
\end{cases}
\tag{5.35}
$$

其中, 黑体 $\boldsymbol{x}$, $\boldsymbol{y}$ 和 $\boldsymbol{z}$ 表示局部坐标系三个坐标轴的方向; $\boldsymbol{x}'_{\mathrm{out}}$ 和 $\boldsymbol{y}'_{\mathrm{out}}$ 表示反射光线的局部坐标系; $\boldsymbol{x}_{\mathrm{out}}$ 和 $\boldsymbol{y}_{\mathrm{out}}$ 表示透射光线的局部坐标系。

综上所述, 对于任意一个已知视场的光学元件/系统而言, 每一条入射光线的传播矢量 $\boldsymbol{k}_{\mathrm{in}}$、入射点 P_1 的全局坐标以及法向矢量 $\boldsymbol{N}_1$ 都能唯一确定。也就是说, 光学元件/系统中传播的每一条光线所对应的局部坐标系是唯一确定的, 这对后续三维偏振光场与光学元件/系统相互作用的定量计算具有极其重要的意义。

5.2.2 局部坐标系下的三维相干转换矩阵计算方法

首先, 必须明确一点: 5.2.1 小节中所讨论的球面或非球面光学界面的矢量光线追迹所涉及的推导过程均是基于全局坐标系 $\{X,Y,Z\}$ 进行的, 其中 S 波和 P 波的振幅反射/透射系数和相位反射/透射系数的计算推导均是在由式 (5.35) 所确定的各个光学界面的局部坐标系 $\{x,y,z\}$ 下进行的。

根据 5.2.1 小节中局部坐标系 $\{x,y,z\}$ 的定义, 即 z 轴正向始终沿着光线传播方向 $\boldsymbol{k}$。光波的电场矢量是一种横波, 因此, 在局部坐标系 $\{x,y,z\}$ 中, z 电场分量始终为 0, 即 $\boldsymbol{E}_z \equiv 0$。由此可得: 基于上述的偏振光线追迹结果, 当入射光传播到达任意光学分界面发生反射或透射时, 其对入射光的偏振的改变作用在局部坐标系 $\{x,y,z\}$ 下可表达为

$$
\begin{bmatrix} E_{\mathrm{t}\_x} \\ E_{\mathrm{t}\_y} \\ 0 \end{bmatrix} = \begin{bmatrix} t_{\mathrm{s}} & 0 & 0 \\ 0 & t_{\mathrm{p}} & 0 \\ 0 & 0 & 1 \end{bmatrix} \cdot \begin{bmatrix} E_x \\ E_y \\ 0 \end{bmatrix}, \quad \begin{bmatrix} E_{\mathrm{r}\_x} \\ E_{\mathrm{r}\_y} \\ 0 \end{bmatrix} = \begin{bmatrix} r_{\mathrm{s}} & 0 & 0 \\ 0 & r_{\mathrm{p}} & 0 \\ 0 & 0 & 1 \end{bmatrix} \cdot \begin{bmatrix} E_x \\ E_y \\ 0 \end{bmatrix}
\tag{5.36}
$$

其中, E_x 和 E_y 为入射光场的入射光的 x 场分量和 y 场分量; E_{t_x} 和 E_{t_y} 为透射光场的 x 场分量和 y 场分量; E_{r_x} 和 E_{r_y} 为反射光场的 x 场分量和 y 场分量。

综上所述, 对于光学元件/系统中的任意光学界面, 其偏振作用矩阵 $\boldsymbol{J}_{\mathrm{t}}$ 或 $\boldsymbol{J}_{\mathrm{r}}$ 的计算流程如图 5.4 所示。

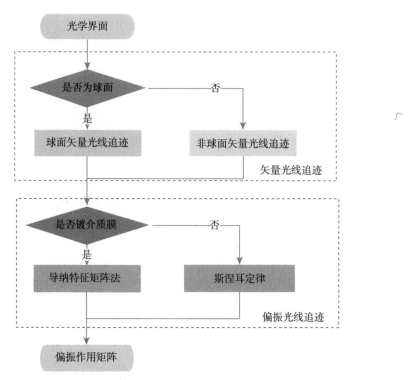

图 5.4　任意光学界面的偏振作用矩阵 $\boldsymbol{J}_t$ 或 $\boldsymbol{J}_r$ 的计算流程图

然而，对于亚波长光栅等其他各向异性的光学界面而言，偏振作用矩阵不再是对角矩阵，具有非对角元素，即

$$\boldsymbol{J} = \left[\begin{array}{cc} j_{11} & j_{12} \\ j_{21} & j_{22} \end{array} \right] \tag{5.37}$$

已有研究表明 [16]：衍射光栅的偏振特性受入射光波长、线对数以及闪耀角的影响，当入射光波长接近光栅周期时，光栅表现出很强的偏振特性，且大小随光栅闪耀角的变化而呈周期性波动。然而，在可见光波段，当入射光波长远大于光栅周期时，光栅的偏振特性就变得非常虚弱，甚至无偏振现象。而且，不同衍射级次具有不同的偏振特性，对应不同的偏振作用矩阵 $\boldsymbol{J}_t$ 或 $\boldsymbol{J}_r$ 的表达式。

结合式 (5.36) 的偏振作用矩阵 $\boldsymbol{J}_t$ 和 5.1.2 小节中的式 (5.7)，可得以下关系式：

$$\boldsymbol{M} = \boldsymbol{A} \cdot \langle \boldsymbol{J} \otimes \boldsymbol{J}^\dagger \rangle \cdot \boldsymbol{A} \tag{5.38}$$

其中，$\boldsymbol{J}$ 为 2×2 偏振作用矩阵；$\boldsymbol{M}$ 为一个 4×4 实数矩阵；且 $\boldsymbol{A}$ 为一个 4×4 的常

数矩阵, 其表达式为

$$A = \begin{bmatrix} 1 & 0 & 0 & 1 \\ 1 & 0 & 0 & -1 \\ 0 & 1 & 1 & 0 \\ 0 & i & -i & 0 \end{bmatrix} \tag{5.39}$$

将式 (5.36) 中的偏振作用矩阵 $\boldsymbol{J}_t$ 代入式 (5.38), 化简可得以下关系式:

$$\begin{bmatrix} \langle E_{t\_x}^2 \rangle + \langle E_{t\_y}^2 \rangle \\ \langle E_{t\_x}^2 \rangle - \langle E_{t\_y}^2 \rangle \\ \langle E_{t\_x} E_{t\_y}^* \rangle + \langle E_{t\_x}^* E_{t\_y} \rangle \\ i(\langle E_{t\_x} E_{t\_y}^* \rangle - \langle E_{t\_x}^* E_{t\_y} \rangle) \end{bmatrix} = \boldsymbol{M} \cdot \begin{bmatrix} \langle E_x^2 \rangle + \langle E_y^2 \rangle \\ \langle E_x^2 \rangle - \langle E_y^2 \rangle \\ \langle E_x E_y^* \rangle + \langle E_x^* E_y \rangle \\ i(\langle E_x E_y^* \rangle - \langle E_x^* E_y \rangle) \end{bmatrix} \tag{5.40}$$

结合 5.1.4 小节表 5.1 中三维斯托克斯矢量的物理意义, 由式 (5.40) 可得入射光场和出射光场的三维斯托克斯矢量的表达式为

$$\boldsymbol{S}_{9 \times 1, l} = \begin{bmatrix} \langle E_x^2 \rangle + \langle E_y^2 \rangle \\ \langle E_x E_y^* \rangle + \langle E_x^* E_y \rangle \\ i(\langle E_x E_y^* \rangle - \langle E_x^* E_y \rangle) \\ \langle E_x^2 \rangle - \langle E_y^2 \rangle \\ 0 \\ 0 \\ 0 \\ 0 \\ \langle E_x^2 \rangle + \langle E_y^2 \rangle \end{bmatrix}, \quad \boldsymbol{S}_{9 \times 1, l}' = \begin{bmatrix} \langle E_{t\_x}^2 \rangle + \langle E_{t\_y}^2 \rangle \\ \langle E_{t\_x} E_{t\_y}^* \rangle + \langle E_{t\_x}^* E_{t\_y} \rangle \\ i(\langle E_{t\_x} E_{t\_y}^* \rangle - \langle E_{t\_x}^* E_{t\_y} \rangle) \\ \langle E_{t\_x}^2 \rangle - \langle E_{t\_y}^2 \rangle \\ 0 \\ 0 \\ 0 \\ 0 \\ \langle E_{t\_x}^2 \rangle + \langle E_{t\_y}^2 \rangle \end{bmatrix}$$

$$\tag{5.41}$$

其中, $\boldsymbol{S}_{9 \times 1, l}$ 和 $\boldsymbol{S}_{9 \times 1, l}'$ 分别为入射光场和出射光场的三维斯托克斯矢量; 下标 l 表示在局部坐标系中计算求得。

结合 5.1.4 小节中式 (5.30) 和式 (5.31) 所包含的三维斯托克斯矢量与三维相干矢量之间的内在关系, 可知式 (5.41) 对应的入射光场和出射光场的三维相干矢量分别为

$$\boldsymbol{\Phi}_{9 \times 1, l} = [\langle E_x E_x^* \rangle \ \langle E_x E_y^* \rangle \ 0 \ \langle E_y E_x^* \rangle \ \langle E_y E_y^* \rangle \ 0 \ 0 \ 0 \ 0]^{\mathrm{T}} \tag{5.42}$$

$$\boldsymbol{\Phi}_{9 \times 1, l}' = [\langle E_{t\_x} E_{t\_x}^* \rangle \ \langle E_{t\_x} E_{t\_y}^* \rangle \ 0 \ \langle E_{t\_y} E_{t\_x}^* \rangle \ \langle E_{t\_y} E_{t\_y}^* \rangle \ 0 \ 0 \ 0 \ 0]^{\mathrm{T}} \tag{5.43}$$

由此可得, 对于任意光学界面与三维偏振光场相互作用, 其入射光和出射光的三维斯托克斯矢量如式 (5.41) 所示, 其三维相干矢量如式 (5.42) 和式 (5.43) 所示。

结合三维斯托克斯矢量和三维相干矢量的数学特征以及光与物质作用的物理意义，构造如下数学模型：

$$\boldsymbol{\Phi}'_{9\times1,\mathrm{l}} = \boldsymbol{N}_1 \cdot \boldsymbol{\Phi}_{9\times1,\mathrm{l}} \tag{5.44}$$

其中，$\boldsymbol{\Phi}_{9\times1,\mathrm{l}}$ 表示入射光在局部坐标系下的三维相干矢量；$\boldsymbol{\Phi}'_{9\times1,\mathrm{l}}$ 为出射光在局部坐标系下的三维相干矢量；$\boldsymbol{N}_1$ 为局部坐标系下光学界面的三维相干转换矩阵 (9×9)。

结合式 (5.42) 和式 (5.43)，式 (5.44) 也可表达为

$$
\begin{bmatrix}
\phi'_{xx} \\
\phi'_{xy} \\
0 \\
\phi'_{yx} \\
\phi'_{yy} \\
0 \\
0 \\
0 \\
0
\end{bmatrix}
=
\begin{bmatrix}
N_{11} & N_{12} & 0 & N_{14} & N_{15} & 0 & 0 & 0 & 0 \\
N_{21} & N_{22} & 0 & N_{24} & N_{25} & 0 & 0 & 0 & 0 \\
0 & 0 & 0 & 0 & 0 & 0 & 0 & 0 & 0 \\
N_{41} & N_{42} & 0 & N_{44} & N_{45} & 0 & 0 & 0 & 0 \\
N_{51} & N_{52} & 0 & N_{54} & N_{55} & 0 & 0 & 0 & 0 \\
0 & 0 & 0 & 0 & 0 & 0 & 0 & 0 & 0 \\
0 & 0 & 0 & 0 & 0 & 0 & 0 & 0 & 0 \\
0 & 0 & 0 & 0 & 0 & 0 & 0 & 0 & 0 \\
0 & 0 & 0 & 0 & 0 & 0 & 0 & 0 & 0
\end{bmatrix}
\cdot
\begin{bmatrix}
\phi_{xx} \\
\phi_{xy} \\
0 \\
\phi_{yx} \\
\phi_{yy} \\
0 \\
0 \\
0 \\
0
\end{bmatrix}
\tag{5.45}
$$

其中，$\phi_{ij}(i,j=x,y)$ 为入射光三维相干矢量的元素；$\phi'_{ij}(i,j=x,y)$ 为出射光三维相干矢量的元素。

结合式 (5.51)~ 式 (5.43)，可以唯一确定式 (5.45) 中三维相干转换矩阵 $\boldsymbol{N}_1(9\times9)$ 的矩阵元素值，即

$$
\begin{cases}
N_{11} = m_{11} + m_{21} + m_{12} + m_{22}, \quad N_{12} = m_{13} + m_{23} - \mathrm{i}\cdot(m_{14} + m_{24}) \\
N_{14} = -m_{13} - m_{23} + \mathrm{i}\cdot(m_{14} + m_{24}), \quad N_{15} = m_{11} + m_{21} - m_{12} - m_{22} \\
N_{21} = m_{31} - \mathrm{i}\cdot m_{41} + m_{32} - \mathrm{i}\cdot m_{42}, \quad N_{22} = m_{33} - \mathrm{i}\cdot m_{43} - \mathrm{i}\cdot(m_{34} - \mathrm{i}\cdot m_{44}) \\
N_{24} = -m_{33} + + m_{44} + \mathrm{i}\cdot(m_{43} + m_{34}), \quad N_{25} = m_{31} - m_{32} - \mathrm{i}\cdot(m_{41} - m_{42}) \\
N_{41} = m_{31} + m_{32} + \mathrm{i}\cdot(m_{41} + m_{42}), \quad N_{42} = m_{33} + m_{44} - \mathrm{i}\cdot(m_{34} - m_{43}) \\
N_{44} = -m_{33} - m_{44} - \mathrm{i}\cdot(m_{43} + m_{34}), \quad N_{45} = m_{31} - m_{32} + \mathrm{i}\cdot(m_{41} - m_{42}) \\
N_{51} = m_{11} - m_{21} + m_{12} - m_{22}, \quad N_{52} = m_{13} - m_{23} - \mathrm{i}\cdot(m_{14} - m_{24}) \\
N_{54} = -m_{13} + m_{23} + \mathrm{i}\cdot(m_{14} - m_{24}), \quad N_{55} = m_{11} - m_{21} - m_{12} + m_{22} \\
N_{ij} = 0 \quad (i = 3, 6, \cdots, 9, j = 1, 2, \cdots, 9)
\end{cases}
\tag{5.46}
$$

其中，$m_{ij}(i,j=1,2,3,4)$ 为式 (5.38) 中 4×4 实数矩阵 $\boldsymbol{M}$ 的元素值。

显然，上述定量计算任意光学界面与三维偏振光场相互作用时，其三维相干转换矩阵均是在各个光学界面所对应的局部坐标系下求得，为了使计算结果保持一

致性以及偏振特性计算的准确性，必须将各个光学界面的三维相干转换矩阵的计算结果转换至同一坐标系下，即全局坐标系 $\{X, Y, Z\}$。在后续 5.2.3 小节中，将引入局部坐标系 $\{x, y, z\}$ 与全局坐标系 $\{X, Y, Z\}$ 之间的旋转变换，并构造一个 3×3 的旋转变换矩阵，进而获得式 (5.38) 中三维相干转换矩阵在全局坐标系 $\{X, Y, Z\}$ 下的广义表达式。

假设入射光场的传播矢量在全局坐标系 $\{X, Y, Z\}$ 下的表达为 $\boldsymbol{k}_{\text{in}} = (a, b, c)^{\text{T}}$，因此，入射光线的局部坐标系 $\{x_1, y_1, z_1\}$ 就被唯一确定了，如图 5.5 所示。

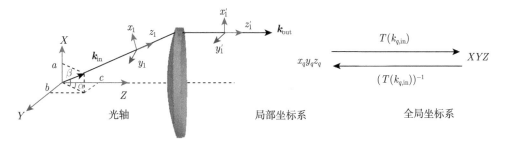

图 5.5　局部坐标系与全局坐标系之间的旋转变换 (彩图见封底二维码)

构造一个 3×3 旋转变换矩阵 T，可实现局部坐标系 $\{x_q, y_q, z_q\}$ 与全局坐标系 $\{X, Y, Z\}$ 之间的旋转变换，表达为矩阵的形式为

$$
\begin{bmatrix} E_X \\ E_Y \\ E_Z \end{bmatrix} = T \cdot \begin{bmatrix} E_{x1} \\ E_{y1} \\ E_{z1} \end{bmatrix} \tag{5.47}
$$

在此，必须明确一点：对于三维空间坐标系的旋转变换，除了需指定旋转角度以外，还必须指明旋转轴。如图 5.5 所示，将入射光线的局部坐标系 $\{x_1, y_1, z_1\}$ 旋转变换到与全局坐标系 $\{X, Y, Z\}$ 完全重合，具体旋转过程分两步。

(1) 将入射光矢量 $\boldsymbol{k}_{\text{in}}$ 绕着 x 轴旋转 β 角至 y-z 平面内，对应的旋转变换矩阵为

$$
\boldsymbol{R}_x(\beta) = \begin{bmatrix} 1 & 0 & 0 \\ 0 & \cos\beta & \sin\beta \\ 0 & -\sin\beta & \cos\beta \end{bmatrix}, \quad \boldsymbol{k}_{yz} = \boldsymbol{k}_{\text{in}} \cdot \boldsymbol{R}_x(\beta) \tag{5.48}
$$

其中，在 y-z 平面内逆时针旋转时，β 为正；否则为负。

(2) 将投影矢量 $\boldsymbol{k}_{yz}$ 绕着 y 轴旋转 α 角至与 z 轴正半轴重合，对应的旋转变

换矩阵为

$$R_y(\alpha) = \begin{bmatrix} \cos\alpha & 0 & \sin\alpha \\ 0 & 1 & 0 \\ -\sin\alpha & 0 & \cos\alpha \end{bmatrix}, \quad z_+ = k_{yz} \cdot R_y(\alpha) \tag{5.49}$$

其中，在 z-x 平面内逆时针旋转时，α 为正；否则为负。

由此可得，局部坐标系$\{x_1, y_1, z_1\}$旋转变换到与全局坐标系 $\{X, Y, Z\}$ 所对应的旋转变换矩阵 T 为

$$T = R_y(\alpha) \cdot R_x(\beta) \tag{5.50}$$

其中，α 与 β 分别等于 $\arctan(b/c)$ 和 $\arcsin(a/\sqrt{a^2+b^2+c^2})$。

由此可得：光学元件/系统中第 q 个光学界面的局部坐标系$\{x_q, y_q, z_q\}$旋转至与全局坐标系 $\{X, Y, Z\}$ 完全重合，所对应的 3×3 旋转变换矩阵 T 只取决于入射光线的传播矢量 $k_{q,\mathrm{in}}$，因此，为了方便起见，可将 3×3 旋转变换矩阵 T 表达为通用形式，即 $T_q = T(k_{q,\mathrm{in}})$。

5.2.3   全局坐标系下的三维相干转换矩阵计算方法

结合式 (5.47)、式 (5.17) 和式 (5.24) 中三维相干矢量的定义，推导可得，局部坐标系$\{x_q, y_q, z_q\}$下的三维相干矢量 $\boldsymbol{\Phi}_{9\times1,\mathrm{l}}$ 和全局坐标系 $\{X, Y, Z\}$ 下的三维相干矢量 $\boldsymbol{\Phi}_{9\times1,\mathrm{g}}$ 之间的转换关系如下：

$$\boldsymbol{\Phi}_{9\times1,\mathrm{g}} = R \cdot \boldsymbol{\Phi}_{9\times1,\mathrm{l}} \tag{5.51}$$

其中，R 为局部坐标系和全局坐标系下的三维相干矢量的 9×9 转换矩阵，化简可得：9×9 转换矩阵 R 的具体表达式为

$$R = \begin{bmatrix} r_{11}^2 & r_{11}\cdot r_{21} & r_{11}\cdot r_{31} & r_{11}\cdot r_{21} & r_{21}^2 & r_{31}\cdot r_{21} & r_{31}\cdot r_{11} & r_{31}\cdot r_{21} & r_{31}^2 \\ 0 & r_{11}\cdot r_{22} & r_{11}\cdot r_{32} & 0 & r_{22}\cdot r_{21} & r_{32}\cdot r_{21} & 0 & r_{31}\cdot r_{22} & r_{31}\cdot r_{32} \\ r_{11}\cdot r_{13} & r_{11}\cdot r_{23} & r_{11}\cdot r_{33} & r_{13}\cdot r_{21} & r_{23}\cdot r_{21} & r_{33}\cdot r_{21} & r_{31}\cdot r_{13} & r_{31}\cdot r_{23} & r_{31}\cdot r_{33} \\ 0 & 0 & 0 & r_{11}\cdot r_{22} & r_{22}\cdot r_{21} & r_{31}\cdot r_{22} & r_{32}\cdot r_{11} & r_{32}\cdot r_{21} & r_{31}\cdot r_{32} \\ 0 & 0 & 0 & 0 & r_{22}^2 & r_{32}\cdot r_{22} & 0 & r_{32}\cdot r_{22} & r_{32}^2 \\ 0 & 0 & 0 & r_{13}\cdot r_{22} & r_{22}\cdot r_{23} & r_{33}\cdot r_{22} & r_{32}\cdot r_{13} & r_{32}\cdot r_{23} & r_{33}\cdot r_{32} \\ r_{13}\cdot r_{11} & r_{13}\cdot r_{21} & r_{13}\cdot r_{31} & r_{11}\cdot r_{23} & r_{21}\cdot r_{23} & r_{31}\cdot r_{23} & r_{33}\cdot r_{11} & r_{33}\cdot r_{21} & r_{33}\cdot r_{31} \\ 0 & r_{13}\cdot r_{22} & r_{13}\cdot r_{32} & 0 & r_{22}\cdot r_{23} & r_{32}\cdot r_{23} & 0 & r_{33}\cdot r_{22} & r_{33}\cdot r_{32} \\ r_{13}^2 & r_{13}\cdot r_{23} & r_{13}\cdot r_{33} & r_{13}\cdot r_{23} & r_{23}^2 & r_{33}\cdot r_{23} & r_{33}\cdot r_{13} & r_{33}\cdot r_{23} & r_{33}^2 \end{bmatrix} \tag{5.52}$$

其中，r_{ij} $(i, j = 1, 2, 3)$ 为式 (5.51) 中的 3×3 旋转变换矩阵 T 的元素值，显然，式 (5.52) 中所包含的 9×9 转换矩阵 R 与式 (5.50) 中所包含的 3×3 旋转变换矩阵 T 严格满足克罗内克积的关系，即

$$R_{9\times9} = T_{3\times3} \otimes T_{3\times3}^* \tag{5.53}$$

同理, 该 9×9 转换矩阵 $\boldsymbol{R}$ 同样也表明: 局部坐标系 $\{x_q, y_q, z_q\}$ 和全局坐标系 j$\{X, Y, Z\}$ 下三维相干矢量之间的变换矩阵 $\boldsymbol{R}$ 也只与光线的传播矢量 $\boldsymbol{k}$ 有关。

类似于式 (5.44), 在全局坐标系 $\{X, Y, Z\}$ 下, 任意光学界面与三维偏振光场相互作用, 入射光线与出射光线的三维相干矢量依然满足以下关系式:

$$\boldsymbol{\Phi}'_{9\times1,\mathrm{g}} = \boldsymbol{N}_\mathrm{g} \cdot \boldsymbol{\Phi}_{9\times1,\mathrm{g}} \tag{5.54}$$

其中, $\boldsymbol{N}_\mathrm{g}$ 为全局坐标系下光学界面的三维相干转换矩阵。

结合式 (5.44)、式 (5.51) 和式 (5.52), 推导可得, 局部坐标系和全局坐标系下的三维相干转换矩阵之间的关系为

$$\boldsymbol{N}_\mathrm{g} = \boldsymbol{R}_{9\times9} \cdot \boldsymbol{N}_1 \cdot \boldsymbol{R}_{9\times9}^{-1} \tag{5.55}$$

假设入射光与光学系统相互作用时, 先后经过了 m 个光学界面, 光线经过每个光学界面的先后顺序用下标 q 表示。若各光学界面之间的光学介质都是各向同性的, 那么光线的偏振特性仅在各个光学界面上发生改变。因此, 整个光学系统对入射光的偏振改变作用等于各个光学界面所对应的三维相干转换矩阵的依次左乘, 即

$$\boldsymbol{N}_\mathrm{total} = \prod_{q=m,-1}^{1} \boldsymbol{N}_q = \boldsymbol{N}_m \cdots \boldsymbol{N}_q \cdots \boldsymbol{N}_1 \tag{5.56}$$

在此, 必须注意一点, 矩阵左乘顺序是按照入射光在光学元件/系统中传播依次到达各个光学界面的先后顺序。

同理, 基于式 (5.29) 中包含的三维斯托克斯矢量与三维相干矢量之间的内在关系, 并将关系式代入式 (5.54), 可得三维偏振光场与光学元件/系统相互作用的三维缪勒矩阵的表达形式, 即

$$\boldsymbol{M}_u = \boldsymbol{Q}_{9\times9} \cdot \boldsymbol{N}_\mathrm{g} \cdot \boldsymbol{Q}_{9\times9}^{-1} \tag{5.57}$$

其中, $\boldsymbol{M}_u$ 为光学元件/系统的三维缪勒矩阵。

基于上述推导得出的三维相干转换矩阵 $\boldsymbol{N}_\mathrm{g}$ 和三维缪勒矩阵 $\boldsymbol{M}_u$ 都能表征光学元件/系统对入射光束的偏振改变作用, 同时包含光学元件/系统的全部偏振信息, 包括相位延迟、二向衰减和退偏效应等。此外, 结合式 (5.54) 和式 (5.57), 当入射光束的偏振特性已知时, 利用上述基于 9×1 相干矢量的三维偏振算法, 可精确计算出射光束的偏振特性, 计算流程如图 5.6 所示。

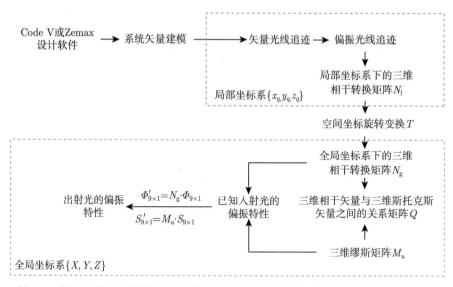

图 5.6　基于三维相干转换矩阵计算光学系统偏振特性或出射光偏振特性的流程图

5.3　基于特征值分解的三维偏振态的几何表示

5.3.1　三维相干转换矩阵的特征值分解

任意一个二维偏振光场，无论是完全偏振态还是部分偏振态，甚至是完全非偏振态，都可以分解为两个相互正交的完全偏振光的非相干叠加，最典型的例子就是在菲涅耳公式中所定义的 S 波 (TE) 和 P 波 (TM)。对于任意一个三维偏振光场，同样，也可以被等效分解为三个正交完全偏振光的非相干叠加，这点不难理解。为了更好地分析被测三维偏振光场的偏振特性，对 3×3 相干矩阵进行特征值分解，即

$$\boldsymbol{\Phi} = (\boldsymbol{\nu}_1, \boldsymbol{\nu}_2, \boldsymbol{\nu}_3) \cdot \begin{bmatrix} \lambda_{01} & 0 & 0 \\ 0 & \lambda_{02} & 0 \\ 0 & 0 & \lambda_{03} \end{bmatrix} \cdot (\boldsymbol{\nu}_1, \boldsymbol{\nu}_2, \boldsymbol{\nu}_3)^{\dagger} \tag{5.58}$$

其中，$\boldsymbol{\nu}_i (i = 1, 2, 3)$ 为 3×3 相干矩阵的特征向量，分别表征三个相互正交的完全偏振分量；$\lambda_{0i} (i = 1, 2, 3)$ 为三个归一化特征值，分别表征三个相互正交的完全偏振分量的归一化光强值，即

$$\lambda_{0i} = \frac{\lambda_i}{I_{\text{total}}} = \frac{\lambda_i}{\text{tr}(\boldsymbol{\Phi})} = \frac{\lambda_i}{\lambda_1 + \lambda_2 + \lambda_3} \quad (i = 1, 2, 3) \tag{5.59}$$

这里，$\lambda_i (i = 1, 2, 3)$ 是三维相干矩阵的特征值，且始终满足 $\lambda_1 \geqslant \lambda_2 \geqslant \lambda_3 \geqslant 0$。

5.3.2 三维偏振态的投影偏振椭圆表示法

式 (5.58) 所对应的物理意义为：任意一个三维偏振光场均可以分解为三个相互正交的完全偏振分量的非相干叠加。因此，式 (5.58) 也可表达为三个三维相干矩阵的加和形式，即

$$\boldsymbol{\Phi} = \sum_{i=1}^{3} \lambda_{0i} \cdot \boldsymbol{\Phi}_{0i} \tag{5.60}$$

其中，$\boldsymbol{\Phi}_{0i}(i = 1, 2, 3)$ 为三个相互正交的完全偏振分量的三维相干矩阵，显然，与三维相干矩阵的特征向量 $\boldsymbol{\nu}_i(i = 1, 2, 3)$ 之间的关系为

$$\boldsymbol{\Phi}_{0i} = \boldsymbol{\nu}_i \otimes \boldsymbol{\nu}_i^{\dagger} \tag{5.61}$$

结合三维相干矩阵与三维斯托克斯矢量之间的内在关系，可推导求得上述每个分解所得的三维完全偏振光场的三维斯托克斯矢量，并结合三维斯托克斯矢量的物理意义，求得任意一个三维完全偏振光场在三个正交投影平面 (x-y, x-z 和 y-z) 内的完全偏振分量，表达为 4×1 斯托克斯矢量的形式，即

$$\boldsymbol{S}_{x\text{-}y} = \begin{pmatrix} I_x + I_y \\ r_3 \\ r_1 \\ r_2 \end{pmatrix}, \quad \boldsymbol{S}_{x\text{-}z} = \begin{pmatrix} I_x + I_z \\ I_x - I_z \\ r_4 \\ r_5 \end{pmatrix}, \quad \boldsymbol{S}_{y\text{-}z} = \begin{pmatrix} I_y + I_z \\ I_y - I_z \\ r_6 \\ r_7 \end{pmatrix} \tag{5.62}$$

根据式 (5.62) 可分别求得三个正交投影平面内的椭率值和偏振方位角，进而获得任意一个三维完全偏振态的空间投影偏振椭圆分布，如图 5.7 所示。

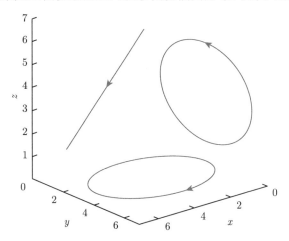

图 5.7 三维偏振态的投影偏振椭圆法

综上所述，上述所构造的三维投影偏振椭圆法适用于表征任意偏振光场的三维偏振态。然而，一个很重要的物理量——偏振度，却在这种几何表示方法中无从体现，尤其是对于一些退偏光学系统、激光谐振腔或散射介质等，在光与物质复杂的相互作用时，偏振度的演化特性对于系统的优化设计以及揭示复杂的光与物质作用起着非常关键的作用。针对上述问题，本书后续将基于三维相干矩阵的另一种矩阵分解方法——零值分解，并结合均值不等式，构造了三维偏振度的几何表示方法。

5.4　基于零值分解的三维偏振度的几何表示

5.4.1　三维相干转换矩阵的零值分解

对三维相干矩阵进行零值分解，其数学表达式为

$$\boldsymbol{\Phi} = I_{\text{3D-p}} \cdot \boldsymbol{\Phi}_{\text{3D-p}} + I_{\text{3D-pp}} \cdot \boldsymbol{\Phi}_{\text{3D-pp}} + I_{\text{3D-up}} \cdot \boldsymbol{\Phi}_{\text{3D-up}} \tag{5.63}$$

其中，$\boldsymbol{\Phi}_{\text{3D-p}}$，$\boldsymbol{\Phi}_{\text{3D-pp}}$ 和 $\boldsymbol{\Phi}_{\text{3D-up}}$ 分别表征三种特定偏振分量的三维相干矩阵；$I_{\text{3D-p}}$，$I_{\text{3D-pp}}$ 和 $I_{\text{3D-up}}$ 分别为分解所得的三个特定偏振分量的归一化光强值。其中三个特定偏振分量的三维相干矩阵表达式分别为

$$\begin{cases} I_{\text{3D-p}} = \lambda_{01} - \lambda_{02}, & \boldsymbol{\Phi}_{\text{3D-p}} = \boldsymbol{\nu}_1 \otimes \boldsymbol{\nu}_1^{\dagger} \\ I_{\text{3D-pp}} = \lambda_{02} - \lambda_{03}, & \boldsymbol{\Phi}_{\text{3D-pp}} = (\boldsymbol{\nu}_1 + \boldsymbol{\nu}_2) \otimes (\boldsymbol{\nu}_1 + \boldsymbol{\nu}_2)^{\dagger} \\ I_{\text{3D-up}} = \lambda_{03}, & \boldsymbol{\Phi}_{\text{3D-up}} = (\boldsymbol{\nu}_1 + \boldsymbol{\nu}_2 + \boldsymbol{\nu}_3) \otimes (\boldsymbol{\nu}_1 + \boldsymbol{\nu}_2 + \boldsymbol{\nu}_3)^{\dagger} \end{cases} \tag{5.64}$$

结合式 (5.58) 所包含的特征值分解结果可知：其特征向量 $\boldsymbol{\nu}_i (i = 1, 2, 3)$ 相互正交的完全偏振分量，结合式 (5.64) 中三个特定偏振分量的三维相干矩阵的表达式，显然，$\boldsymbol{\Phi}_{\text{3D-p}}$ 表征的仍为一个完全偏振光场，偏振度恒为 1。而 $\boldsymbol{\Phi}_{\text{3D-pp}}$ 则是两个强度相等且相互正交的三维完全偏振分量的叠加，由此可知：$\boldsymbol{\Phi}_{\text{3D-pp}}$ 为一个二维完全非偏振光场。但其振动面并不是唯一确定的，因此，确切地讲，$\boldsymbol{\Phi}_{\text{3D-pp}}$ 为一个三维部分偏振光场，且偏振度恒为 1/2。关于 $\boldsymbol{\Phi}_{\text{3D-pp}}$ 偏振状态的讨论，同一时期 Gil 在 *Physical Review A* 上也发表了相同的观点。最后，$\boldsymbol{\Phi}_{\text{3D-up}}$ 是三个强度相等且相互正交的三维完全偏振分量的叠加，由此可知：$\boldsymbol{\Phi}_{\text{3D-up}}$ 恒为三维完全非偏振光场，对应的偏振度恒为 0。

通过上述讨论分析可知，三维相干矩阵的零值分解的物理意义是将任意一个三维偏振光场等效分解为三个特定偏振分量：完全偏振光场、偏振度恒为 1/2 的部分偏振光场和完全非偏振光场的形式，其中分解所得的系数则对应为各个特定偏振分量在总光强中所占的比值。

5.4.2 三维偏振度的等边三角形表示法

结合三维相干矩阵零值分解的物理意义, 通过对测量所得的三维相干矩阵进行分解, 可获得完全偏振分量、部分偏振分量和完全非偏振分量的强度值, 因此, 可根据三维偏振度的定义构造两种几何表示方法: 等边三角形法和空心球壳第一卦限法。

关于三维偏振度的定义, 国际上曾引起过不小的争议, 目前普遍接受的是由 Setala 和 Gil 做出的三维偏振度的定义, 衡量任意一个三维偏振光场中偏振分量在总光强中所占的比值, 表达为三维相干矩阵特征值的形式为

$$\mathrm{DoP} = \sqrt{\frac{1}{2}\left[\frac{3\cdot(\lambda_1^2 + \lambda_2^2 + \lambda_3^2)}{(\lambda_1 + \lambda_2 + \lambda_3)^2} - 1\right]} \tag{5.65}$$

类似于对上述三维偏振度的定义, 对式 (5.63) 和式 (5.64) 中所包含的三个特定的三维偏振分量及其强度值, 定义了三个新的参数: 完全偏振度、部分偏振度和完全非偏振度, 分别衡量任意三维偏振光场中式 (5.64) 中所指定的三种特定偏振分量的强度权重值。具体的定义方式如下:

$$\begin{cases} \mathrm{DoP}_{3\mathrm{D\text{-}p}} = \dfrac{I_{3\mathrm{D\text{-}p}}}{I_{\mathrm{total}}} = \dfrac{\lambda_1 - \lambda_2}{\lambda_1 + \lambda_2 + \lambda_3} \\[3mm] \mathrm{DoP}_{3\mathrm{D\text{-}pp}} = \dfrac{I_{3\mathrm{D\text{-}pp}}}{I_{\mathrm{total}}} = \dfrac{2(\lambda_2 - \lambda_3)}{\lambda_1 + \lambda_2 + \lambda_3} \\[3mm] \mathrm{DoP}_{3\mathrm{D\text{-}up}} = \dfrac{I_{3\mathrm{D\text{-}up}}}{I_{\mathrm{total}}} = \dfrac{3\lambda_3}{\lambda_1 + \lambda_2 + \lambda_3} \end{cases} \tag{5.66}$$

三维相干矩阵的特征值始终满足 $\lambda_1 \geqslant \lambda_2 \geqslant \lambda_3 \geqslant 0$, 因此, 式 (5.66) 中定义的三个参数的取值范围均为从 0 到 1, 且三者始终满足以下恒等式:

$$\mathrm{DoP}_{3\mathrm{D\text{-}p}} + \mathrm{DoP}_{3\mathrm{D\text{-}pp}} + \mathrm{DoP}_{3\mathrm{D\text{-}up}} = 1 \tag{5.67}$$

结合式 (5.65)∼ 式 (5.67), 可得三维偏振度 DoP 与完全偏振度 $\mathrm{DoP}_{3\mathrm{D\text{-}p}}$, 部分偏振度 $\mathrm{DoP}_{3\mathrm{D\text{-}pp}}$ 和完全非偏振度 $\mathrm{DoP}_{3\mathrm{D\text{-}up}}$ 之间的关系式为

$$\mathrm{DoP}^2 = \mathrm{DoP}_{3\mathrm{D\text{-}p}}^2 + \frac{1}{2}\cdot\mathrm{DoP}_{3\mathrm{D\text{-}p}}\cdot\mathrm{DoP}_{3\mathrm{D\text{-}pp}} + \frac{1}{4}\cdot\mathrm{DoP}_{3\mathrm{D\text{-}pp}}^2 \tag{5.68}$$

结果表明: 三维偏振度只与完全偏振度和部分偏振度有关, 与完全非偏振度无关。这也很好地验证了 Setala 和 Gil 对三维偏振度的定义: 三维偏振光场中偏振分量的强度与总光强的比值, 其中偏振分量是指除了完全非偏振以外的偏振分量, 包含完全偏振分量和部分偏振分量。

结合式 (5.66)~ 式 (5.68)，分别以完全偏振度 $\mathrm{DoP_{3D\text{-}p}}$，部分偏振度 $\mathrm{DoP_{3D\text{-}pp}}$ 和完全非偏振度 $\mathrm{DoP_{3D\text{-}up}}$ 为空间坐标轴，并以三维偏振度 DoP 作为第四维，即伪彩信息，最终可得一个彩色的空间等边三角形，如图 5.8 所示。

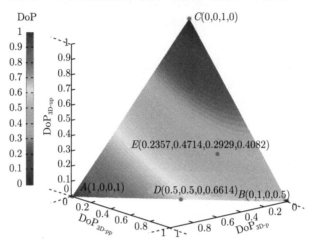

图 5.8　三维偏振度的等边三角形法 (彩图见封底二维码)

接下来，基于图 5.8 所示的等边三角形法，分别考察式 (5.63) 中包含的 3 种特定三维偏振光场：完全偏振光场、部分偏振光场和完全非偏振光场。首先，当被测光场为完全偏振光场时，根据式 (5.65) 中的定义可知，$\mathrm{DoP_{3D\text{-}p}}$ 恒等于 1，其余两个参数恒等于 0，这意味着被测光场中只包含有完全偏振分量。因此，对应的偏振测量结果为 $A(1,0,0)$ 点。同时，A 点所在位置的深红色表征的是被测三维偏振光场的三维偏振度值 ($\mathrm{DoP}=1$)。其次，当被测三维偏振光场为偏振度恒为 1/2 的部分偏振光场时，对应的完全偏振度和完全非偏振度均为 0，只有部分偏振度 $\mathrm{DoP_{3D\text{-}pp}}$ 恒为 1，因此，偏振测量点将落于 $B(0,1,0)$ 点，其中 B 点所在位置的颜色对应于 $\mathrm{DoP}=1/2$。最后，当被测三维偏振光场为三维完全非偏振光，其完全非偏振度 $\mathrm{DoP_{3D\text{-}up}}$ 恒等于 1，其余两个参数都等于 0，同时，三维偏振度值也为 0。这种情况所对应的偏振测量点将位于 $C(0,0,1)$ 点，该点对应的颜色为深蓝色 ($\mathrm{DoP}=0$)。

所有三维偏振光场的偏振测量结果都将落于上述所构造的空间等边三角平面内，且测量结果与该空间三角平面内的点满足一对一关系。但必须明确一点：等边三角形法只适用于表征任意三维偏振光场的偏振度信息，并不能直观表征其三维偏振态。

最后，为了论证所提出的投影偏振椭圆法和等边三角形法的正确性，以两个更具一般性的三维偏振光场为例，对其三维偏振态和三维偏振度进行定量表征。其三维相干矩阵以及特征值分解和零值分解结果如表 5.3 所示。

表 5.3 三维偏振光场的三维相干矩阵以及特征值分解和零值分解结果

三维相干矩阵	零值分解		特征值分解	
	偏振分量	系数	偏振分量	系数
$\Phi(D)=\dfrac{1}{2}\begin{bmatrix}1 & -\frac{i}{2} & 0 \\ \frac{i}{2} & 1 & 0 \\ 0 & 0 & 0\end{bmatrix}$	$\Phi_{3\mathrm{D}\text{-}\mathrm{p}}(D)=\dfrac{1}{2}\begin{bmatrix}1 & -i & 0 \\ i & 1 & 0 \\ 0 & 0 & 0\end{bmatrix}$	$1/2$	$\Phi_1(D)=\dfrac{1}{2}\begin{bmatrix}1 & -i & 0 \\ i & 1 & 0 \\ 0 & 0 & 0\end{bmatrix}$	0.5690
	$\Phi_{3\mathrm{D}\text{-}\mathrm{pp}}(D)=\dfrac{1}{2}\begin{bmatrix}1 & 0 & 0 \\ 0 & 1 & 0 \\ 0 & 0 & 0\end{bmatrix}$	$1/4$	$\Phi_2(D)=\dfrac{1}{2}\begin{bmatrix}1 & i & 0 \\ -i & 1 & 0 \\ 0 & 0 & 0\end{bmatrix}$	0.3333
	$\Phi_{3\mathrm{D}\text{-}\mathrm{up}}(D)=\dfrac{1}{3}\begin{bmatrix}1 & 0 & 0 \\ 0 & 1 & 0 \\ 0 & 0 & 1\end{bmatrix}$	0	$\Phi_3(D)=\begin{bmatrix}0 & 0 & 0 \\ 0 & 0 & 0 \\ 0 & 0 & 1\end{bmatrix}$	0.0976
$\Phi(E)=\dfrac{1}{3}\begin{bmatrix}1 & -\frac{i}{2} & 0 \\ \frac{i}{2} & 1 & \frac{i}{2} \\ 0 & -\frac{i}{2} & 1\end{bmatrix}$	$\Phi_{3\mathrm{D}\text{-}\mathrm{p}}(E)=\dfrac{1}{4}\begin{bmatrix}1 & -\sqrt{2}i & 1 \\ \sqrt{2}i & 2 & \sqrt{2}i \\ 1 & -\sqrt{2}i & 1\end{bmatrix}$	0.2357	$\Phi_1(E)=\dfrac{1}{4}\begin{bmatrix}1 & -\sqrt{2}i & 1 \\ \sqrt{2}i & 2 & \sqrt{2}i \\ 1 & -\sqrt{2}i & 1\end{bmatrix}$	$3/4$
	$\Phi_{3\mathrm{D}\text{-}\mathrm{pp}}(E)=\dfrac{1}{8}\begin{bmatrix}3 & -\sqrt{2}i & -1 \\ \sqrt{2}i & 2 & \sqrt{2}i \\ -1 & -\sqrt{2}i & 3\end{bmatrix}$	0.2357	$\Phi_2(E)=\dfrac{1}{2}\begin{bmatrix}1 & 0 & -1 \\ 0 & 0 & 0 \\ -1 & 0 & 1\end{bmatrix}$	$1/4$
	$\Phi_{3\mathrm{D}\text{-}\mathrm{up}}(E)=\dfrac{1}{3}\begin{bmatrix}1 & 0 & 0 \\ 0 & 1 & 0 \\ 0 & 0 & 1\end{bmatrix}$	0.0976	$\Phi_3(E)=\dfrac{1}{4}\begin{bmatrix}1 & \sqrt{2}i & 1 \\ -\sqrt{2}i & 2 & -\sqrt{2}i \\ 1 & \sqrt{2}i & 1\end{bmatrix}$	0

将表 5.3 中所列举的三维偏振光场的三维相干矩阵的特征值分解结果代入式 (5.63) 和式 (5.62),进而求得三个相互正交的完全偏振分量的椭率值以及偏振方位角,空间投影椭圆如图 5.9 所示。对于第一个例子,将其零值分解结果代入式 (5.66),可得该三维偏振光场的测量结果将位于图 5.8 所示的 D 点,即 $\text{DoP}_{3D\text{-}p} = 0.5$,$\text{DoP}_{3D\text{-}pp} = 0.5$,$\text{DoP}_{3D\text{-}up} = 0$ 和 $\text{DoP} = 0.6614$,显然,该三维偏振光场为一个三维部分偏振光场,其三维偏振态如图 5.9 中第一行三个子图所示。同理,将表 5.3 中第二个举例的零值分解结果代入式 (5.66),可得测量结果对应于 E 点,其坐标值为 $\text{DoP}_{3D\text{-}p} = 0.2357$,$\text{DoP}_{3D\text{-}pp} = 0.4714$,$\text{DoP}_{3D\text{-}up} = 0.2929$ 和 $\text{DoP} = 0.4082$。由此可知,该三维偏振光场也为一个三维部分偏振光场,其三维偏振态如图 5.9 中第二行三个子图所示。从图 5.9 中的空间投影偏振椭圆分布,可以发现:D 点的三个相互正交的完全偏振分量在图中得到了很好的验证:第三个偏振分量 $\Phi_3(D)$ 为 z 线偏振光,第一个 $\Phi_1(D)$ 和第二个偏振分量 $\Phi_2(D)$ 均为 x-y 平面内的完全圆偏振光,三者之间满足正交关系,这与理论结果完全一致;对于 E 点,可以得到同样的结论,由此可得,上述所提及的空间投影偏振椭圆法和等边三角形法都是完全正确的。

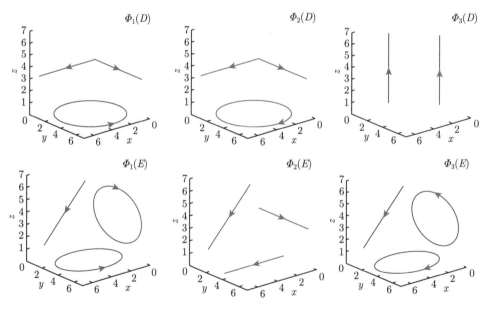

图 5.9 所列举的三维偏振光场的三维偏振态分布

5.4.3 三维偏振度的空心球壳第一卦限表示法

对式 (5.66) 中的三个参数 $\text{DoP}_{3D\text{-}p}$,$\text{DoP}_{3D\text{-}pp}$ 和 $\text{DoP}_{3D\text{-}up}$ 应用算术–几何均值不等式,可得

$$\mathrm{DoP}_{3D\text{-}p}^2 + \mathrm{DoP}_{3D\text{-}pp}^2 + \mathrm{DoP}_{3D\text{-}up}^2 \geqslant \frac{(\mathrm{DoP}_{3D\text{-}p} + \mathrm{DoP}_{3D\text{-}pp} + \mathrm{DoP}_{3D\text{-}up})^2}{3} \tag{5.69}$$

$$\mathrm{DoP}_{3D\text{-}p}^2 + \mathrm{DoP}_{3D\text{-}pp}^2 + \mathrm{DoP}_{3D\text{-}up}^2 \leqslant (\mathrm{DoP}_{3D\text{-}p} + \mathrm{DoP}_{3D\text{-}pp} + \mathrm{DoP}_{3D\text{-}up})^2 \tag{5.70}$$

将式 (5.67) 代入上式, 可得

$$\begin{cases} 1/3 \leqslant \mathrm{DoP}_{3D\text{-}p}^2 + \mathrm{DoP}_{3D\text{-}pp}^2 + \mathrm{DoP}_{3D\text{-}up}^2 \leqslant 1 \\ 0 \leqslant \mathrm{DoP}_{3D\text{-}up} \leqslant 1, \quad 0 \leqslant \mathrm{DoP}_{3D\text{-}pp} \leqslant 1, \quad 0 \leqslant \mathrm{DoP}_{3D\text{-}p} \leqslant 1 \end{cases} \tag{5.71}$$

综上所述, 结合式 (5.66) 和式 (5.71), 分别以完全偏振度 $\mathrm{DoP}_{3D\text{-}p}$, 部分偏振度 $\mathrm{DoP}_{3D\text{-}pp}$ 和完全非偏振度 $\mathrm{DoP}_{3D\text{-}up}$ 为空间坐标系的三个坐标轴, 最终可得一个空心球壳的第一卦限, 球半径 r 从 $\sqrt{3}/3$ 到 1, 三个坐标轴的有效范围均从 0 到 1。结合式 (5.68), 以完全偏振度、部分偏振度和三维偏振度作为另一空间坐标系的三个坐标轴, 可得一个空间二次曲面。在此需要特别强调一点, 为了更加清晰地表述完全偏振度、部分偏振度、完全非偏振度和三维偏振度 DoP 之间的内在联系, 使上述两个坐标轴的 x 轴与 y 轴完全重合, 而 z 轴方向正好相反。因此, 空心球壳第一卦限的正下方为对应上述所构造的空间二次曲面, 二者构成了严格的投影关系, 即将位于空心球壳内的测量点向正下方投影, 即可获得对应的三维偏振度, 如图 5.10 所示。其中右侧的彩色条表征的是三维偏振度值的大小, 有效区间从 0 到 1。

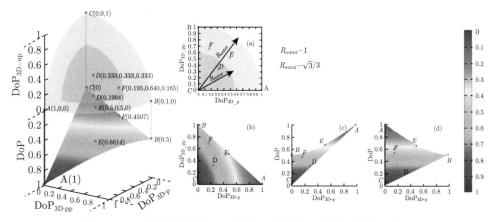

图 5.10　三维偏振度的空心球壳第一卦限法 (彩图见封底二维码)

接下来, 主要讨论如图 5.10 所示的半径从 $\sqrt{3}/3$ 到 1 的空心球壳第一卦限的物理有效区域。首先, 当式 (5.69) 中等号成立时, 联立式 (5.67) 可得, 只有当且仅当完全偏振度、部分偏振度和完全非偏振度三者相等时, 式 (5.69) 中等式成立, 即 $\mathrm{DoP}_{3D\text{-}p} = \mathrm{DoP}_{3D\text{-}pp} = \mathrm{DoP}_{3D\text{-}up} = 1/3$, 显然, 该测量点位于内球面上 $(r = \sqrt{3}/3)$, 如图 5.10 中 D 点所示。将完全偏振度、部分偏振度和完全非偏振度

代入式 (5.68)，可得该测量点对应的三维偏振度为 0.1994，对空心球壳第一卦限内球面上的 D 点向下作投影，与空间二次曲面相交于唯一的一点，在图 5.10 中标注为 D 点，由此可知：被测三维偏振光场为一部分偏振光，而且，在内球面上有且仅有一个物理有效点，该点表征的是所有三维偏振度为 0.1994 的部分偏振态。其次，我们考察式 (5.70)，显然，当且仅当完全偏振度、部分偏振度和完全非偏振度中有且仅有一个等于 1 时，式 (5.70) 中等式成立。由 5.4.2 小节中关于三种特定偏振情况的讨论可知：当 DoP_{3D-p}，DoP_{3D-pp} 和 DoP_{3D-up} 分别等于 1 时，这三种情况分别对应于三维完全偏振光场、三维偏振度恒为 1/2 的部分偏振光场和完全非偏振光场，在图 5.8 所示的等边三角形法中分别被标记为 $A(1,0,0)$，$B(0,1,0)$ 和 $C(0,0,1)$ 点。为了统一起见，在图 5.10 中也标记为 A，B，C 三点。显然，这三个测量点都位于外球面上 $(r=1)$。因此，可以得出：在外球面上有三个物理有效点，且始终表征三种特殊的三维偏振光场。最后，结合式 (5.69) 和式 (5.70) 中不等式的讨论分析结果，可得出结论：除了上述所讨论的四种特殊的三维偏振光场以外，其他的任意三维偏振光场的偏振测量点一定位于球壳之内 $(\sqrt{3}/3 < r < 1)$。在此，需要特别说明一点：从物理光学角度上讲，并不是位于球壳内的所有几何点都具有物理意义，当且仅当该点的坐标值之和恒等于 1 时，才能够完整地表征某一种特定的三维偏振光场。

为了更好地说明利用如图 5.10 所示的空心球壳第一卦限法表征任意三维偏振光场偏振度信息的适用性和有效性，以式 (5.72) 中包含的两个一般三维偏振光场为例，利用上述空心球壳第一卦限法表征其偏振度信息，其中所列举的三维偏振光场的 3×3 相干矩阵的表达式为

$$
\boldsymbol{\varPhi}(E) = \left[\begin{array}{ccc} 0.5 & -0.25i & 0 \\ 0.25i & 0.5 & 0 \\ 0 & 0 & 0 \end{array}\right], \quad \boldsymbol{\varPhi}(F) = \left[\begin{array}{ccc} 0.25 & 0.125 & 0.125i \\ 0.125 & 0.5 & -0.125i \\ -0.125i & 0.125i & 0.25 \end{array}\right] \tag{5.72}
$$

同理，对式 (5.72) 中的 3×3 相干矩阵进行零值分解，并将分解结果代入式 (5.66)，分别可得完全偏振度、部分偏振度和完全非偏振度为

$$
\begin{cases} DoP_{3D-p}(F) = 0.195, & DoP_{3D-pp}(F) = 0.640, & DoP_{3D-up}(F) = 0.165 \\ DoP_{3D-p}(E) = 0.5, & DoP_{3D-pp}(E) = 0.5, & DoP_{3D-up}(E) = 0 \end{cases} \tag{5.73}
$$

由此可得，这两个举例在图 5.10 所示的空心球壳第一卦限中分别对应于 $E(0.5, 0.5, 0)$ 和 $F(0.195, 0.640, 0.165)$ 点，两个测量点均位于球壳之内，即两个举例均为部分偏振光。为了验证这一判断，我们将计算结果代入式 (5.67)，分别求得对应的三维偏振度为

$$
\begin{cases} DoP(E) = 0.1664 \\ DoP(F) = 0.4507 \end{cases} \tag{5.74}
$$

由此验证了所列举的两个三维偏振光场分别为三维偏振度值为 0.1664 和 0.4507 的部分偏振光场。

参 考 文 献

[1] Leppanen L P, Friberg A T, Setala T. Partial polarization of optical beams and near fields probed with a nanoscatterer. J. Opt. Soc. Am. A. Opt. Image. Sci. Vis, 2014, 31(7): 1627-1635

[2] Gil J J. Polarimetric characterization of light and media. The European Physical Journal Applied Physics, 2007, 40(1): 1-47

[3] Arfken G B, Weber H, Harris F E. Mathematical Methods for Physicists: A Comprehensive Guide. Amsterdam: Elsevier, 2012

[4] Gil J J. Interpretation of the coherency matrix for three-dimensional polarization states. Physical Review A, 2014, 90(4): 1-20

[5] Ellis J, Dogariu A, Ponomarenko S, et al. Correlation matrix of a completely polarized, statistically stationary electromagnetic field. Optics Letters, 2004, 29(13): 1536

[6] Gil J J, Friberg A T, Setala T, et al. Structure of polarimetric purity of three-dimensional polarization states. Physical Review A, 2017, 95(5): 053856

[7] Sheppard C J. Partial polarization in three dimensions. J. Opt. Soc. Am. A. Opt. Image. Sci. Vis, 2011, 28(12): 2655-2659

[8] Gil J J. Interpretation of the coherency matrix for three-dimensional polarization states. Physical Review A, 2014, 90(4): 1-20

[9] Gell-Mann M. Symmetries of baryons and mesons. Physical Review, 1962, 125(3): 1067-1084

[10] Gil J J. Intrinsic Stokes parameters for 3D and 2D polarization states. J. Eur. Opt. Soc. Rapid, 2015, 10

[11] Dennis M R. Geometric interpretation of the three-dimensional coherence matrix for nonparaxial polarization. Journal of Optics A: Pure and Applied Optics, 2004, 6(3): S26-S31

[12] Gil J J. Polarimetric characterization of light and media. The European Physical Journal Applied Physics, 2007, 40(1): 1-47

[13] Gil J J. Interpretation of the coherency matrix for three-dimensional polarization states. Physical Review A, 2014, 90(4): 043858

[14] Born M, Wolf E. Principles of Optics. Beijing: Pubilishing House of Electronics Industry, 2011

[15] He W, Fu Y, Zheng Y, et al. Polarization properties of a corner-cube retroreflector with three-dimensional polarization ray-tracing calculus. Applied Optics, 2013, 52(19): 4527-4535

[16]　Niv A, Hasman E, Biener G, et al. Polarization: Spatial Fourier-transform polarimetry by use of space-variant subwavelength gratings. Optics & Photonics News, 2003, 20(28): 1940-1948

第6章 部分相干光场三维偏振理论的应用举例

6.1 浸液式高倍显微物镜的偏振特性计算与仿真

光学系统一般都是由一个或多个光学界面组成,无论是介质分界面还是镀有金属膜或介质膜的光学界面,自身都存在着一定的偏振效应,其本质原因是入射光的 S 波和 P 波在光学界面上具有不同的振幅反射/透射系数和相位反射/透射系数,而且其偏振效应的大小与入射角有直接关系。目前,随着光学加工技术的发展,光学系统中还会包含有二元衍射元件、微纳周期性结构、散射元件或偏振元件等,如偏振光谱成像系统中常利用亚波长光栅结构实现分光作用。从光学参数的角度讲,对于那些具有高数值孔径、大视场、高集成度和非近轴等特点的光学系统 [1-3],如高倍显微物镜和光刻投影物镜等 [4-6],在对这类系统工作性能的评估中,不得不考虑其偏振特性对系统成像质量、聚焦光斑以及分辨率的影响。

6.1.1 浸液式高倍显微物镜的光学参数

显微物镜具有高数值孔径的特点,为提高显微物镜的极限分辨率,常采用浸液式以提高物方数值孔径。本书利用光学软件 Zemax 设计一款如图 6.1 所示的浸液式高倍 (100×) 显微物镜 (NA = 1.25 @ $n = 1.52$),其系统参数如表 6.1 所示。

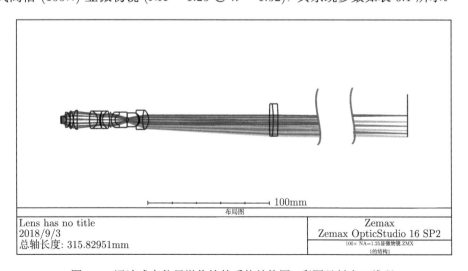

图 6.1 浸液式高倍显微物镜的系统结构图 (彩图见封底二维码)

表 6.1　浸液式高倍显微物镜的系统参数

放大倍率	100×
物方数值孔径	1.25
物高/mm	0.11
工作波长/nm	486～656
总长/mm	315.66
有效工作距/mm	0.42
后工作距/mm	199.447

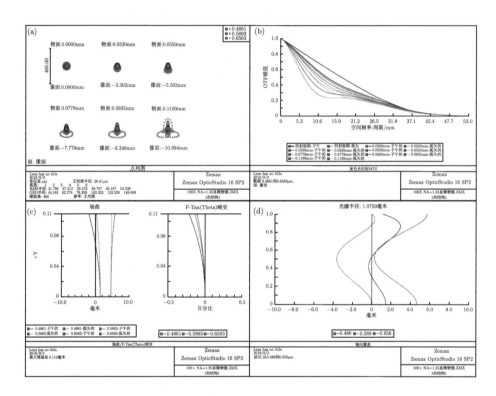

图 6.2　浸液式高倍显微物镜的成像质量分析结果 (彩图见封底二维码)

为进一步说明系统的设计结果, 对其点列图、光学传递函数 (modulation transfer function, MTF)、场曲、畸变以及复消色差等成像质量的分析结果如图 6.2 所示。其中在 0.5 倍归一化视场范围内弥散斑均方根半径 (root meam square, RMS) 接近衍射艾里斑半径 28.91μm, 弥散斑随视场增加而变大, 导致边缘成像质量有所下降, 但仍具有较高的能量集中度; 从 MTF 曲线图中可以看出: 系统在低频和高频处的各视场的 MTF 曲线都接近衍射极限, 尽管边缘视场的 MTF 值在中频区域有所降低, 但仍能保证在 0.2 以上, 说明系统满足成像的需求; 系统最大场曲小于

0.3μm, 在 0.589μm 波长的系统场曲进行了平场设计; 轴向像差表明, 边缘色光在孔径带上有两个离散的交点, 说明系统已完成复消色差的技术指标要求。因此, 系统满足技术指标和使用要求。

6.1.2 浸液式高倍显微物镜偏振特性的理论计算

利用第五章提出的基于 9×1 相干矢量的三维偏振算法, 针对所设计的浸液式高倍显微物镜的偏振特性进行了研究, 该系统的视场以物高 $h = 0.11\text{mm}$ 的形式给出, 因此, 对浸液式高倍显微物镜的矢量建模以及入射光线的光瞳采样详见 5.2 节。

本小节主要考察上述浸液式高倍显微物镜在中心视场 $h = 0\text{mm}$ 和边缘视场 $h = 0.11\text{mm}$ 下, 对入射光线的偏振改变作用。为了更为全面地研究上述浸液式高倍显微物镜对入射光的偏振改变作用, 分别对中心视场和边缘视场下, 采样光线经过浸液层入射到系统的第一光学界面上的入射角进行了数值计算, 其结果分别如图 6.3 中子图 (a) 和 (b) 所示, 其中横纵坐标分别为光瞳采样点数 256×256。

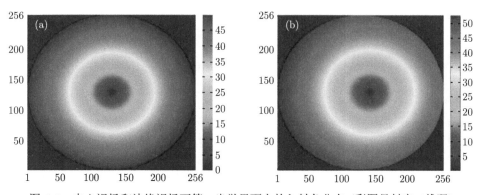

图 6.3　中心视场和边缘视场下第一光学界面上的入射角分布 (彩图见封底二维码)

以表 6.2 中所示的三维完全偏振光和三维部分偏振光 (二维完全非偏振光) 分别入射上述浸液式高倍显微物镜, 利用第 5 章中所提出的基于 9×1 相干矢量的三维偏振算法, 对浸液式高倍显微物镜的出射光的偏振特性进行了理论计算, 其结果分别从三维偏振度、椭率和偏振方位角这三个方面给出。当以三维完全偏振光入射时, 中心视场和边缘视场下浸液式高倍显微物镜的出射光的偏振特性计算结果分别如图 6.4 和图 6.5 所示; 当三维部分偏振光作为入射光时, 中心视场和边缘视场下出射光的偏振特性分别如图 6.6 和图 6.7 所示。其中子图 (a) 为出瞳处出射光的三维偏振度分布, 子图 (b) 和 (c) 分别为出射光在出瞳面内的椭率和偏振方位角分布, 子图 (d) 和 (e) 分别为出射光在子午面内的椭率和偏振方位角分布, 子图 (f) 和 (g) 分别为出射光在弧矢面内的椭率和偏振方位角分布。

表 6.2　　浸液式高倍显微物镜入射光的三维相干矢量

偏振度	偏振态	三维相干矢量
1	三维完全偏振	$\boldsymbol{\Phi}_1 = [1 \ -i \ -i \ i \ 1 \ -i \ i \ i \ 1]^{\mathrm{T}}$
1/2	三维部分偏振	$\boldsymbol{\Phi}_2 = [1 \ 0 \ 0 \ 0 \ 1 \ 0 \ 0 \ 0 \ 0]^{\mathrm{T}}$

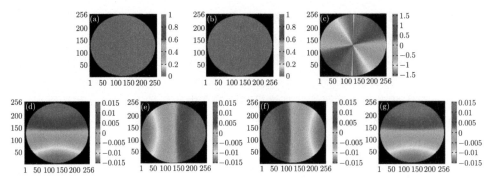

图 6.4　完全偏振光入射时，中心视场下浸液式高倍显微物镜的出射光的偏振特性分布 (彩图见封底二维码)

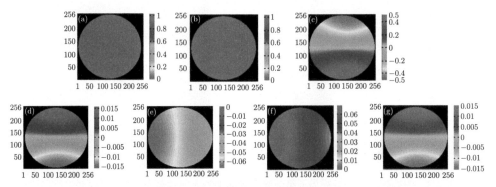

图 6.5　完全偏振光入射时，边缘视场下浸液式高倍显微物镜的出射光的偏振特性分布 (彩图见封底二维码)

　　由图 6.4 和图 6.5 中的子图 (a) 可以得出：无论是在中心视场还是边缘视场，浸液式高倍显微物镜的出射光的三维偏振度值都为 1，即出射光仍为三维完全偏振光，由此可得：该浸液式高倍显微物镜与表 6.2 中所示的三维完全偏振光相互作用时，对中心视场和边缘视场下出射光都不存在退偏效应。因此，可以初步判断该浸液式高倍显微物镜为一个非退偏光学系统。对比图 6.4 和图 6.5 中的子图 (b) 和 (c)，可发现：出瞳面内出射光的椭率角分布均为常数 1，由此可知，在中心视场和边缘视场下，出射光在出瞳面内都为圆偏振态，即使出瞳面内的偏振方位角不同。

　　对于子午面和弧矢面内出射光的偏振特性分布，显然，如图 6.5 中子图 (d)~(g)

所示, 中心视场下出射光的椭率分布和偏振方位角分布呈现出相互正交的关系, 而且分别关于水平轴和竖直轴呈对称分布, 这点并不难理解, 因为所研究的浸液式高倍显微物镜 (图 6.2) 是一个旋转对称式光学系统, 因此, 在中心视场下, 采样光线入射到浸液式高倍显微物镜上时, 如图 6.3 所示, 第一光学界面上的入射角完全呈旋转对称分布, 而边缘视场下的入射角分布将不再是旋转对称的。同理, 采样光线在浸液式高倍显微物镜中所经过的光程也都呈旋转对称分布, 结合菲涅耳公式可知, 最终所导致的出射光的偏振特性也必然会呈现对称性。而且, 在边缘视场下, 入射角分布以及光程分布不再是旋转对称分布, 因此, 出射光的偏振特性也不再具有对称性, 如图 6.5 中子图 (d)~(g) 所示。

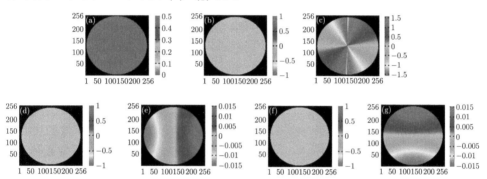

图 6.6 部分偏振光入射时, 中心视场下浸液式高倍显微物镜的出射光的偏振特性分布 (彩图见封底二维码)

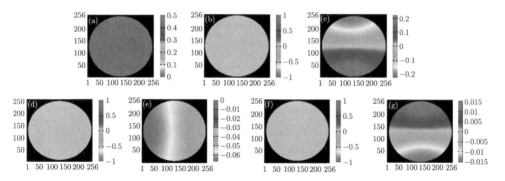

图 6.7 部分偏振光入射时, 边缘视场下浸液式高倍显微物镜的出射光的偏振特性分布 (彩图见封底二维码)

以三维部分偏振光入射上述浸液式高倍显微物镜时, 中心视场和边缘视场下, 出射光的三维偏振度值与入射光的三维偏振度值相等, 即出射光仍为偏振度值等于 1/2 的三维部分偏振光。因此, 可以再次判断所研究的浸液式高倍显微物镜是一个非退偏光学系统。观察图 6.6 和图 6.7 中子图 (b) (d) 和 (f)，显而易见，无论是在中心视场还是在边缘视场下，出射光在出瞳面、子午面和弧矢面上的椭率分布都恒等于 0，即线性偏振态。此外，对比图 6.6 中子图 (e) 和 (g) 所示的出射光在子午面和弧矢面上的偏振方位角分布，同样可以看到：在中心视场下，子午面和弧矢面内的偏振方位角分布依然呈相互正交的关系。然而，在边缘视场下，这种呈正交关系的分布规律不再出现，如图 6.7 中子图 (e) 和 (g) 所示。

6.1.3　浸液式高倍显微物镜偏振特性的数值仿真与分析

为了验证上述理论计算结果的正确性，本小节利用一款工程仿真软件 Virtual-Lab Fusion 进行数值仿真与分析，该软件由德国耶拿 Wyrowski Photonics 公司基于经典场追迹与几何场追迹联合使用的经典场追迹理论开发，并由德国 LightTrans 公司推出，是物理光学和几何光学的完美结合。当浸液式高倍显微物镜与图 6.2 中入射偏振光相互作用时，仿真分析了出射光分别在出瞳面、子午面和弧矢面上的偏振椭圆分布。

当以三维完全偏振光入射时，中心视场和边缘视场下出射光的仿真结果如图 6.8 和图 6.9 所示；当三维部分偏振光作为入射光时，其出射光偏振特性的仿真结果分别如图 6.10 和图 6.11 所示。其中子图 (a) 为出射光在出瞳面上的偏振椭圆分布，子图 (b) 为其在子午面上的偏振椭圆分布，子图 (c) 为其在弧矢面上的偏振椭圆分布。

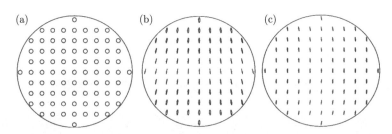

图 6.8　三维完全偏振光入射时，浸液式高倍显微物镜中心视场下出射光的偏振椭圆分布

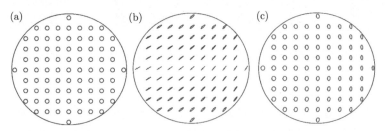

图 6.9　三维完全偏振光入射时，浸液式高倍显微物镜边缘视场下出射光的偏振椭圆分布

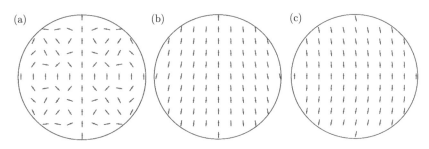

图 6.10 三维部分偏振光入射时，浸液式高倍显微物镜中心视场下出射光的偏振椭圆分布

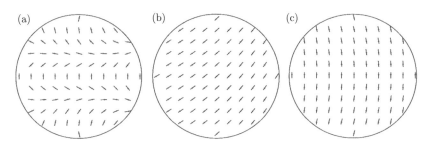

图 6.11 三维部分偏振光入射时，浸液式高倍显微物镜边缘视场下出射光的偏振椭圆分布

当三维完全偏振光入射浸液式高倍显微物镜时，无论是中心视场还是边缘视场，出射光在出瞳面内均为圆偏振分布，如图 6.8 和图 6.9 中子图 (a) 所示。与图 6.4 和图 6.5 中子图 (b) 和 (c) 中的理论计算结果相对比，不难发现：子图 (b) 中椭率均为 1，与仿真模拟结果圆偏振吻合。此外，结合图 6.8 中的子图 (b) 和 (c)，可以发现：中心视场下，子午面和弧矢面上的偏振椭圆分布也呈正交关系，这点与上述关于图 6.4 子图 (d)~(f) 的结论完全一致。对于图 6.9 中 (b) 和 (c) 所示的边缘视场的仿真模拟结果，显而易见，出射光在子午面的水平方向上为线偏振分布，对比图 6.5 中子图 (d) 和 (e) 中的理论计算结果，可发现在水平方位上对应的椭率也为 0，这与仿真模拟结果完全相符，因此，上述理论计算结果的正确性得到了验证。

结合图 6.10 和图 6.11，最显著的特点在于：当以三维部分偏振光入射上述浸液式高倍显微物镜时，中心视场和边缘视场下，出射光在出瞳面、子午面和弧矢面上均为线偏振分布，这点与图 6.6 和图 6.7 中子图 (b) (d) 和 (f) 中包含的理论计算结果 (椭率等于 0) 完全一致。其次，在中心视场下，也可以发现：出射光在子午面和弧矢面上偏振椭圆的偏振方位角也呈正交关系，这点再次证明了上述理论计算结果的正确性。特别地，对于出射光在出瞳面内的线偏振分布，而且其偏振方位角呈射线状分布，尤其在 0°，90° 和 ±45° 方位角方向最为明显，这与图 6.6 中子

图 (c) 达到了吻合。仿真模拟结果图 6.10 和图 6.11 中子图 (b) 和 (c) 中子午面和弧矢面内偏振椭圆的偏振方位角，与图 6.6 和图 6.7 中的理论计算结果也实现了一一对应。

综上所述，当以不同的三维偏振光入射上述浸液式高倍显微物镜时，利用第 5 章中所提出的基于 9×1 相干矢量的三维偏振算法对出射光的偏振特性进行理论计算，并结合 VirtulLab Fusion 软件进行了仿真模拟分析，通过对比分析其理论计算结果和仿真模拟结果，可知：基于 VirtulLab Fusion 软件的经典场追迹理论很好地验证了本书所提出的三维偏振算法的可行性和正确性。

6.2　显微物镜偏振特性的实验验证

6.2.1　显微物镜偏振特性的理论计算

基于上述三维偏振算法对任意光学系统进行偏振特性分析之前，除了需要对入射光线进行光瞳采样以外，还必须根据光学系统给出视场的具体类型对入射光线的传播方向进行矢量建模，在 5.2 节中以线视场/物高为例，详细推导得出了入射光线传播矢量的通用表示式，如式 (5.34) 所示。当光学系统以最大视场角 ω 的形式给出时，光学系统视场角的矢量建模如图 6.12 所示。根据如图所示的几何关系，推导可得，入射光的传播矢量 $\boldsymbol{k}_{\mathrm{in}}$ 的通用表达式为 $\boldsymbol{k}_{\mathrm{in}} = (0, \sin\omega, \cos\omega)$。

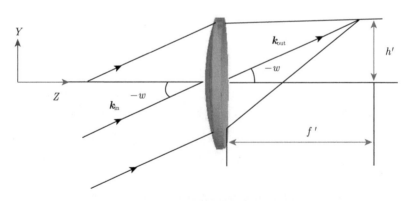

图 6.12　光学系统视场角的矢量建模

利用第 5 章中所提出的一种新的基于 9×1 相干矢量的三维偏振算法，对采用径向偏振光照明的显微物镜进行偏振特性的理论计算。当以视场角等于 1° 的径向偏振光场入射显微物镜时，出射光场在出瞳面上的偏振度、椭率角和偏振方位角的分布如图 6.13 所示，其中径向偏振照明光场在入瞳面内的偏振度、椭率角和偏振方位角的分布如图 6.14 所示。

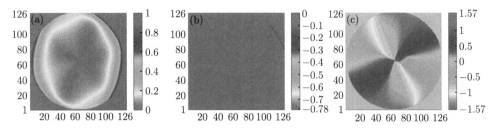

图 6.13 显微物镜出射光场的理论计算结果 (彩图见封底二维码)

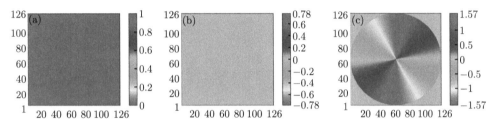

图 6.14 径向偏振照明光场的理论计算结果 (彩图见封底二维码)

6.2.2 实验验证

本小节针对 GCO-2133 显微物镜, 进行了偏振特性的验证性实验。实验过程分为两步: ① 用实验的方法产生一个高精度径向偏振光场; ② 考察径向偏振光场经过显微物镜后出射光场的偏振特性。

在实验室环境下, 基于 S 波片和双延迟器的偏振调控机理, 搭建了一种能够产生任意矢量光场的装置, 以获得径向偏振光束作为显微物镜的照明光场, 其实验原理如图 6.15 所示。

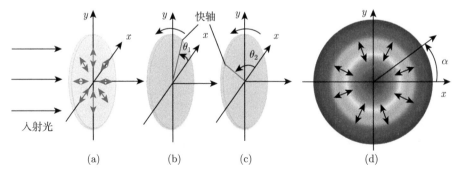

图 6.15 产生任意矢量光场的偏振调制原理示意图 (彩图见封底二维码)

(a) S 波片; (b) 延迟器-1; (c) 延迟器-2; (d) 径向偏振光场

在实验中, S 波片采用的是 WOP (Worhshop of Photonics) 公司运用飞秒激光雕刻加工技术以纳米结构的方式制造的高精度径向偏振转换器, 也称为径向偏振转换片, 型号为 RPC-632-08。该径向偏振转换器具有高损伤阈值, 高转换率, 无分割拼接等优点 [7]。基于上述光学元件, 在实验室环境下, 以 632.8nm 的氦氖激光作为工作波长, 所搭建的实验装置如图 6.16 所示。

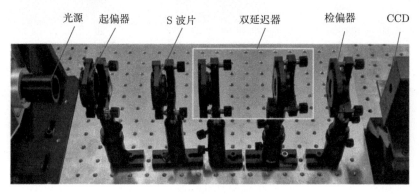

图 6.16　产生任意矢量光场的实验装置

实验装置中起偏器的方位角为水平方向, 保证入射到 S 波片的光场始终为水平线偏振态, 双延迟器可以根据偏振调控的实际需求选择双 1/4 波片组合或双 1/2 波片组合。本小节主要考察水平线偏振光入射 S 波片和双 1/4 波片或双 1/2 波片时, 当双波片快轴之间的夹角 $\Delta\theta$ 分别为 0°, 30°, 45°, 60°, 90°, 120°, 135° 和 150° 时的出射光场的偏振态分布, 其理论结果如图 6.17 和图 6.18 所示。

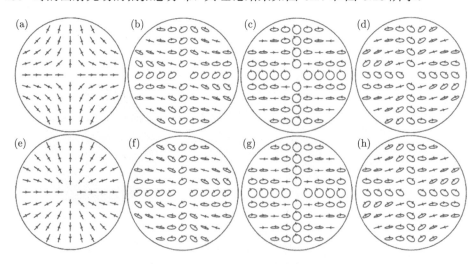

图 6.17　经过 S 波片和双 1/4 波片后出射光的偏振态分布

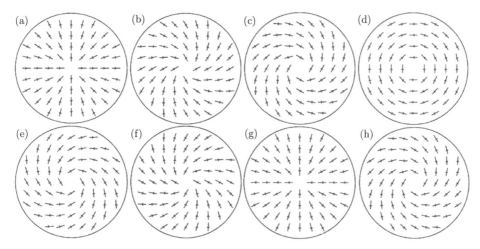

图 6.18　经过 S 波片和双 1/2 波片后出射光的偏振态分布

对比图 6.17 和图 6.18, 可以得出结论: 双 1/4 波片可以实现对椭率角和偏振方位角的同时调制, 进而获得任意偏振态分布的矢量光束, 而双 1/2 波片对椭率无偏振调制作用, 但是对偏振方位角可实现旋转调制作用, 且调控作用只取决于两波片快轴之间的夹角大小。为了验证上述所得结论的正确性, 分别从理论和实验的角度考察了 S 波片和双 1/4 波片或双 1/2 波片的出射光场经过检偏器后的光强分布, 透射光强分布如图 6.19 和图 6.20 所示。

图 6.19 和图 6.20 子图 (a)~(h) 中的 $\Delta\theta$ 为双波片快轴之间的夹角, β 为 S 波片和双波片的检偏方位角。对比分析图 6.19 和图 6.20 中不同检偏方向下透射光强分布的理论计算与实验测量结果, 可发现: 无论是对于双 1/4 波片还是双 1/2 波片, 其理论计算与实验测量结果均能达到对应一致的关系。综上所述, 图 6.16 中产生任意矢量光场的实验装置完全具有有效性, 同时也验证了上述关于双 1/4 波片和双 1/2 波片的调制机理所得出的结论是正确的。这对于研究显微物镜或光刻投影物镜的偏振照明系统设计、激光精密加工、超分辨成像以及矢量涡旋光束的强聚焦特性等具有重要意义。不仅如此, 基于双波片的偏振调控机理还可以应用于偏振调制型椭偏测量系统, 以实现对待测样品缪勒矩阵的快速高精度测量。

在图 6.16 所示的产生任意矢量光场的实验装置的基础之上, 利用加拿大 Lucid 公司 (采用 Sony IMX250MZR COMS 芯片) 最新推出的 PHX050s 偏振相机作为探测器, 可同时实现对显微物镜出射光场的光强采集和偏振采集。结合上述元件, 在实验室环境下, 搭建了显微物镜偏振特性的验证实验装置, 如图 6.21 所示。

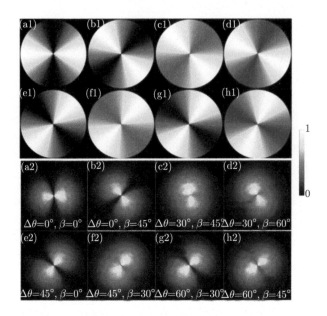

图 6.19　经过 S 波片和双 1/4 波片的出射光场在不同检偏方向下的透射光强分布 (彩图见封底二维码)

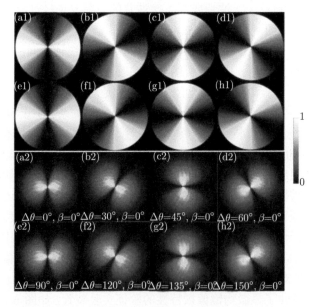

图 6.20　经过 S 波片和双 1/2 波片的出射光场在不同检偏方向下的透射光强分布 (彩图见封底二维码)

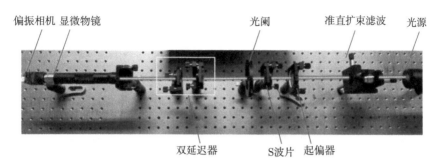

图 6.21 显微物镜出射光场偏振特性的实验测量装置

实验装置中 PHX050s 偏振相机的采集数据只能以 4 个斯托克斯参数, 即 0°, ±45° 和 90°(强度采集), 以及偏振方位角 (偏振采集) 的形式输出, 因此, 想要获得与图 6.13 和图 6.14 中理论计算结果相同的输出形式, 即偏振度、椭率角和偏振方位角, 对 PHX050s 偏振相机的采集数据基于偏振术测量原理[8] 进行处理, 即可获得同类型输出形式的实验测量数据。

在上述实验装置中, 利用 PHX050s 偏振相机分别对入射显微物镜的径向偏振光场和经过显微物镜后的出射光场进行强度采集和偏振采集, 其结果如图 6.22 和图 6.23 所示。

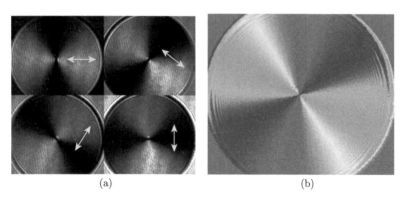

(a)   (b)

图 6.22 显微物镜径向偏振入射光场的实验测量结果 (彩图见封底二维码)

(a) 强度采集; (b) 偏振采集

对于径向偏振入射光场而言, 对比图 6.14 子图 (c) 和图 6.22 子图 (b) 中的偏振方位角分布, 显而易见, 实验测量结果与理论计算结果完美一致, 同时, 这也说明实验室中所采用的 S 波片与双延迟器组合的偏振调控装置具有很高的加工精度和偏振转换精度。同理, 对比图 6.13 子图 (c) 和图 6.23 子图 (b) 中显微物镜出射光场的偏振方位角分布, 可发现: 实验测量结果与理论计算结果也满足良好的一一对应关系。为了更好地说明上述验证性实验的正确性与有效性, 对图 6.23 子图 (a)

中的强度采集进行数据处理, 可获得显微物镜出射光场的偏振度和椭率角的分布, 如图 6.24 所示。

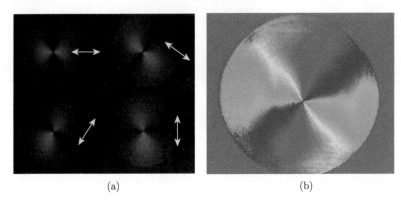

(a)　　　　　　　　　　　　　　　(b)

图 6.23　显微物镜出射光场的实验测量结果 (彩图见封底二维码)

(a) 强度采集; (b) 偏振采集

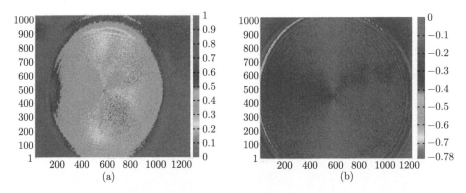

(a)　　　　　　　　　　　　　　　(b)

图 6.24　显微物镜出射光场实验数据的处理结果 (彩图见封底二维码)

(a) 偏振度; (b) 椭率角; 横纵坐标表示像素点数

　　综合考虑所用光学元件的加工制造误差以及实验误差等因素, 可以发现: 在图 6.24 中处理所得的显微物镜出射光场的偏振度分布在中间区域内呈现出花瓣状的分布规律, 这与图 6.13 子图 (a) 中的理论计算结果完全一致, 该花瓣状分布区域内对应的偏振度理论上最大约为 0.2, 而实验结果中偏振度最大测量值不超过 0.3, 由此也可说明, 从偏振角度考虑, 该验证性实验具有相对较高的测量精度。对于图 6.24 中子图 (b) 所示的椭率角分布, 显而易见, 在采样区域左侧 ±15° 有效范围内, 其椭率角的相对测量误差较大, 而在其他采样区域内椭率角呈现均匀分布的规律, 对应的椭率角在 0~0.1rad。综上所述, 可以发现: 当以径向偏振光束照明显微物镜时, 出射光的偏振度、椭率角和偏振方位角的分布规律的实验测量结果与理论计算结果均能达到一一对应的匹配关系,这不仅说明了上述验证性实验是完全有效的,同时,也验证了第 5 章中所提出的基于 9×1 相干矢量的三维偏振算法的正确性。这对于定量分析高数值孔径显微物镜或光刻投影物镜的偏振特性,对其进行偏振定标具有非常重要的意义。

6.3 深紫外光刻投影物镜的偏振特性计算

6.3.1 深紫外光刻投影物镜的光学系统及技术参数

利用 Zemax 软件对深紫外 (DUV) 光刻投影物镜进行优化设计,最终设计结果如图 6.25 所示,该 DUV 光刻物镜的光学参数为:像方数值孔径:0.75;放大倍率:−0.25;半物高:36.5mm;总长:1236.79mm;后工作距:10.84mm。

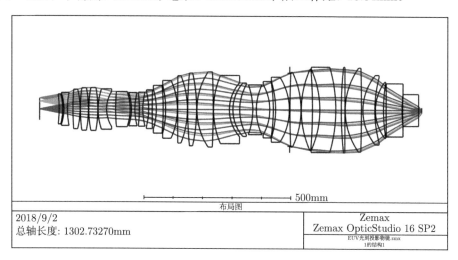

图 6.25 DUV 光刻投影物镜的系统结构图 (彩图见封底二维码)

照明光源采用输出波长为 193nm 的 ArF 激光器,照明光场为径向偏振态,系统由 29 片透镜组成,材料采用熔石英和氟化钙。根据优化结果,图 6.26 中分别给出了系统的波像差、MTF 曲线、场曲以及畸变的成像质量分析。

由图 6.26 (a) 中的波前图所示,光刻物镜的波前峰谷值 pk = 0.0422nm, 波前 RMS = 0.0149nm;由图 6.26(b) 中 OPD 光扇图可知,最大光程差小于 1/4 波长,说明系统波像差已得到很好的校正;如图 6.26(c) 所示,系统各视场的 MTF 曲线已接近衍射极限,表明系统已具有极佳的成像质量;而图 6.26(d) 中所示的场曲和畸变曲线表明,DUV 光刻投影物镜的场曲与相对畸变满足系统成像要求。

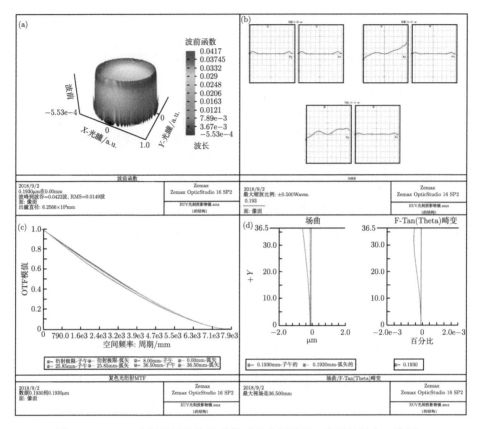

图 6.26　DUV 光刻投影物镜的成像质量分析结果 (彩图见封底二维码)

该系统的各个玻璃表面均镀有多层介质增透膜，膜系参数如图 6.27 所示，对应的透射率曲线和相移曲线如图 6.28 中 (a) 和 (b) 所示。

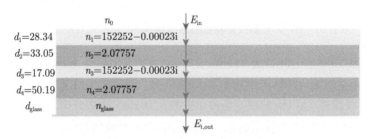

图 6.27　多层介质增透膜的光学参数

在此，需要特别强调一点：在展开分析之前，除了需要对上述镀有多层介质增透膜的 DUV 光刻投影物镜进行矢量建模和对入射光线进行光瞳采样，以确定入射光传播矢量以外，还需对径向偏振照明光场进行矢量建模，如图 6.29 所示。

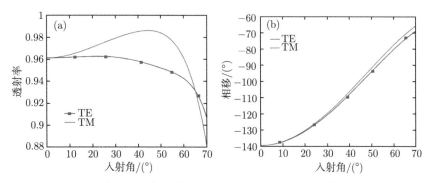

图 6.28 多层增透膜的透射率曲线和相移曲线

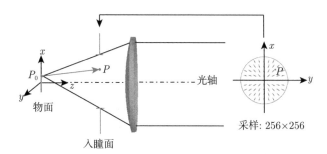

图 6.29 光刻径向偏振照明光场的矢量建模

上述 DUV 光刻投影物镜的视场也是以物高 $h/2 = 36.5\text{mm}$ 给出的, 因此, 结合 5.2.1 节中式 (5.34), 可得光瞳面上任意一个采样点 P 的坐标为

$$\boldsymbol{P} = (x, y, L_\lambda) \tag{6.1}$$

其中, L_λ 为入瞳距。

由此可得, 该入射光线所对应的方位角为

$$\gamma = \arctan(y/x) \tag{6.2}$$

结合第 3 章式 (3.8) 中三维相干矢量的定义, 可得该采样光线的三维相干矢量为

$$\boldsymbol{\varPhi} = \left[\cos^2\gamma \ \ \frac{1}{2}\sin 2\gamma \ \ 0 \ \ \frac{1}{2}\sin 2\gamma \ \ \cos^2\gamma \ \ 0 \ \ 0 \ \ 0 \ \ 0\right]^{\text{T}} \tag{6.3}$$

6.3.2 深紫外光刻投影物镜偏振特性的理论计算

当采用径向偏振光作为上述镀有多层介质增透膜的 DUV 光刻投影物镜的照明光场时, 结合式 (6.1)~ 式 (6.3) 以及 5.3.2 节中所提出的投影偏振椭圆法, 对径向偏振照明光场的偏振度、椭率角和偏振方位角进行数值计算, 其结果如图 6.30

所示，其中横纵坐标为光瞳采样点数 126×126，子图 (a)～(c) 分别为入瞳面内偏振度、椭率角 ($-\pi/4 \leqslant \varepsilon \leqslant \pi/4$) 和偏振方位角 ($-\pi/2 \leqslant \gamma \leqslant \pi/2$) 的分布。

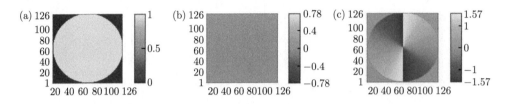

图 6.30　径向偏振照明光场的偏振分布 (彩图见封底二维码)

本小节主要考察上述镀有多层介质增透膜的 DUV 光刻物镜在中心视场和边缘视场下，与径向偏振照明光场的相互作用，定量计算其出射光场的偏振特性，其理论计算结果分别如图 6.31 和图 6.32 所示，其中子图 (a1)～(a3) 分别为出射光在出瞳面内的偏振度、椭率角和偏振方位角分布，子图 (b1)～(b3) 为子午面内三者的分布规律，子图 (c1)～(c3) 为弧矢面内三者的分布规律。

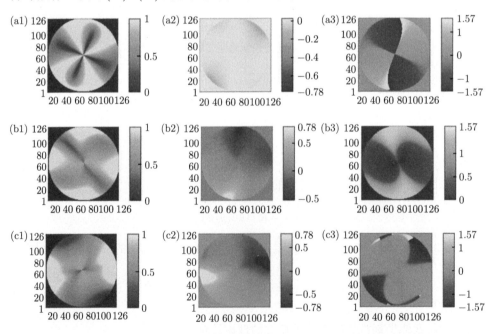

图 6.31　径向偏振光场入射时，在中心视场下镀膜 DUV 光刻投影物镜的出射光偏振
特性分布 (彩图见封底二维码)

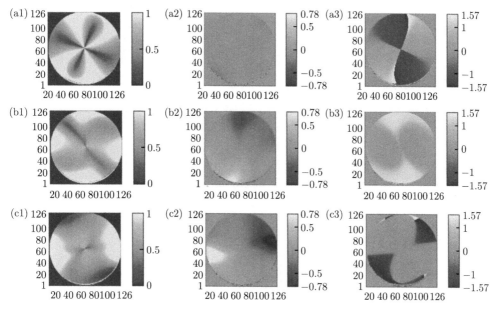

图 6.32 径向偏振光场入射时, 在边缘视场下镀膜 DUV 光刻投影物镜的出射光偏振
特性分布 (彩图见封底二维码)

其中, 中心视场和边缘视场下, 出射光场的三维偏振度分布如图 6.33 中 (a) 和 (b) 所示。

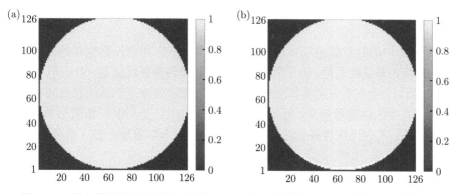

图 6.33 径向偏振光场入射时, 镀膜 DUV 光刻投影物镜出射光场的三维偏振度
分布 (彩图见封底二维码)

从图 6.33 中可以得出: 视场的改变对出射光的偏振度无影响, 且出射光始终都为完全偏振态。该分析结果可以说明两点: ① 所研究的 DUV 光刻投影物镜自身可以实现对偏振度的保偏; ② 上述多层介质增透膜对入射光束的偏振度无影响, 这对于光学系统的保偏设计的研究具有非常重要的意义。对比图 6.31 和图 6.32 中

所示的中心视场和边缘视场下出射光场偏振特性的理论计算结果, 可知: 对于镀有多层介质增透膜的 DUV 光刻投影物镜而言, 视场 (物高) 的改变对出射光偏振特性的影响是非常微弱的。为了更为精确地定量视场的改变对出射光偏振特性的影响, 对图 6.31 和图 6.32 做差分析, 其结果如图 6.34 所示。

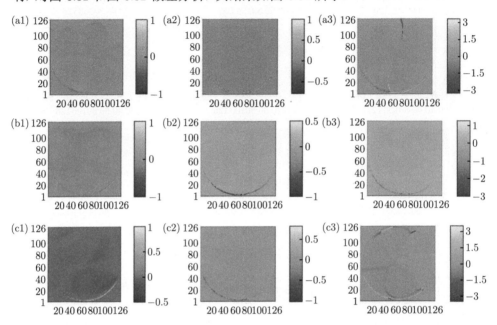

图 6.34   视场的改变对镀膜 DUV 光刻投影物镜出射光偏振特性的影响 (彩图见封底二维码)

图 6.34 中的计算结果同样也表明了视场对 DUV 光刻投影物镜的出射光偏振特性的影响是非常微弱的。由于所研究的 DUV 光刻投影物镜是一个旋转对称式光学系统, 所以, 考察第一光学界面的入射角分布对研究该光学系统自身固有的偏振特性具有直接的决定性意义。为此, 对所研究的 DUV 光刻投影物镜在中心视场和边缘视场下, 入射光线传播到达第一光学界面上的入射角分布做了数值仿真计算, 结果如图 6.35 所示。

从入射角分布的数值仿真结果, 可以得出: 当改变视场时, 第一光学界面上的入射角的最大改变量也仅仅只有 4°, 结合菲涅耳公式, 可以很容易地得到验证: 入射角 4° 的改变量所引起的偏振特性的改变是非常小的。因此, 在这种情况下, 非常有必要去综合考虑多层介质增透膜对 DUV 光刻投影物镜自身偏振特性的影响, 为了与图 6.31 中的理论计算结果相对比, 在此, 以中心视场为例, 同样也采用径向偏振光束照明时, 对未镀膜 DUV 光刻投影物镜的自身固有偏振特性也进行了定量计算, 其结果同样仍然以出射光的偏振特性分布给出, 如图 6.36 所示。

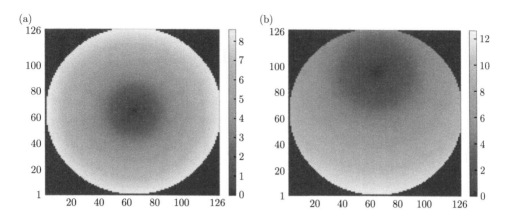

图 6.35 DUV 光刻投影物镜的第一个光学界面上的入射角分布 (彩图见封底二维码)

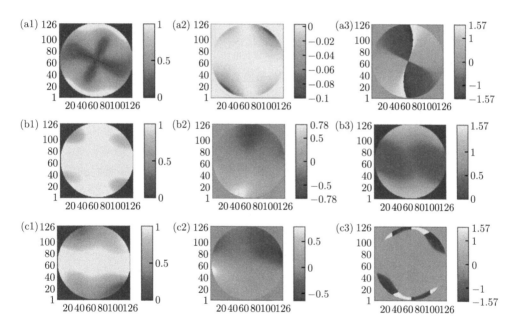

图 6.36 在中心视场下, 未镀膜 DUV 光刻投影物镜的出射光偏振特性分布 (彩图见封底二维码)

对比图 6.31 和图 6.36, 可以发现: 多层介质增透膜对 DUV 光刻投影物镜的偏振特性影响相对较大。同理, 为了更为精确地定量多层介质增透膜对 DUV 光刻投影物镜的偏振特性的影响, 对上述图 6.31 和图 6.36 做差分析, 其结果如图 6.37所示。

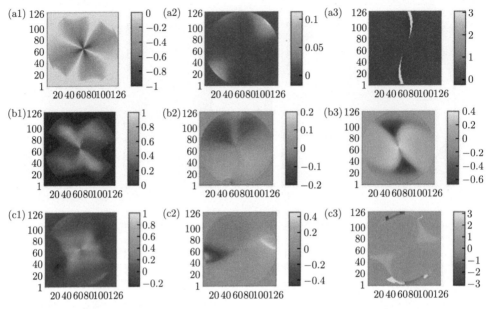

图 6.37　多层介质增透膜对 DUV 光刻投影物镜偏振特性的影响 (彩图见封底二维码)

通过分析可得以下结论: 多层介质增透膜对 DUV 光刻投影物镜偏振特性的影响要远大于视场对 DUV 光刻投影物镜偏振特性的影响, 因此, 对于 DUV 光刻投影物镜而言, 为了提高系统的工作性能, 除了保证光学设计校正像差以外, 膜系的设计对提高系统工作性能也是至关重要的。同时, 这也为系统偏振照明的设计提供了理论指导。

综上所述, 当采用径向偏振光束作为 DUV 投影物镜的照明光场时, 无论 DUV 投影物镜的光学界面是否镀有多层介质增透膜, 无论在中心视场下还是边缘视场下, 出射光的三维偏振度值始终等于 1, 即出射光为完全偏振态。该研究结果完美验证了一些文献中所得出的重要结论: 为了提高光刻投影物镜的成像对比度等因素, 由于光刻投影物镜成像属于相干成像的范畴, 在实际工程应用中, 一般都采用完全偏振的径向偏振光作为照明光源, 相应地, 出射光仍为完全偏振态, 根据第 5 章中相干与偏振之间的内在关系可知, 出射光也是完全相干光束, 此时, DUV 光刻投影物镜的相干成像质量最优。

6.3.3　深紫外光刻投影物镜偏振特性的数值仿真与分析

为了验证上述理论计算结果的正确性, 利用 VirtulLab Fusion 软件对上述镀有多层介质膜的 DUV 光刻投影物镜分布中心视场和在边缘视场下与径向偏振照明光场的相互作用进行了仿真模拟, 其结果以出射光在出瞳面、子午面和弧矢面内偏振椭圆分布的形式给出, 如图 6.38 和图 6.39 所示。

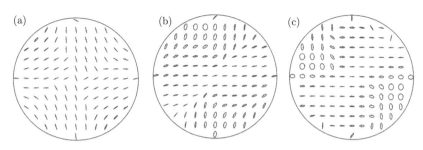

图 6.38 镀有多层介质增透膜的 DUV 光刻投影物镜在中心视场下出射光的偏振椭圆分布

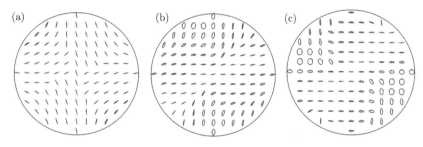

图 6.39 镀有多层介质增透膜的 DUV 光刻投影物镜在边缘视场下出射光的偏振椭圆分布

仿真模拟结果表明: 无论是中心视场还是边缘视场, 当镀有多层介质增透膜的 DUV 光刻投影物镜与径向偏振照明光场相互作用时, 出瞳面、子午面和弧矢面上的出射偏振态分布均没有呈现出一致的均匀分布, 这点由图 6.31 和图 6.32 中的子图 (a2) 中的椭率角分布也可得到验证。

对于中心视场, 对比图 6.31 和图 6.38, 不难发现: 在出瞳面中心位置处, 椭率角等于 0, 即为线偏振态, 在靠近采样区域的边缘, 椭率角可增大至约 0.2rad, 也就是说, 在边缘区域出现了椭圆偏振态。这点不难理解, 因为当光线在镀有上述多层介质增透膜的界面上发生折射时, S 波和 P 波的振幅透射系数一般均为复数, 即同时产生两种偏振效应: 二向衰减和相位延迟效应, 而且一般都是随着入射角度的增大而增大, 因此, 结合图 6.35 中所示的第一光学界面上的入射角分布, 可知采样区域边缘的偏振效应一定大于中心区域, 仿真模拟结果也很好地说明了这一点。同理, 由图 6.31 中的第二行子图 (b2) 可知, 在子午面上采样边缘区域内椭率角最大可达到 $\pm\pi/4$, 即出现圆偏振态, 这点在仿真模拟结果图 6.38 中子图 (b) 也得到了很好的验证。相应地, 由图 6.31 中第三行子图 (c2) 可知: 在弧矢面内的偏振态分布也并不是呈均匀分布的规律, 在采样边缘区域内椭率角最大可达到 $\pm\pi/4$, 即同样也会出现圆偏振态, 显然在图 6.38 子图 (c) 所示的仿真模拟结果中也已得到了完美验证。此外, 在中心视场下, 弧矢面内的椭率分布和方位角分布与子午面内二者的分布依旧呈正交的关系。对于边缘视场, 对比图 6.31 和图 6.38, 同样也可发现：在出瞳面的中心采样区域内，椭率角几乎全为 0，即为线偏振态，而在靠近采样边缘区域也出现了椭率角等于 $\pm\pi/4$，因此，在出瞳面内将出现圆偏振态；这点由图 6.39 中子图 (a) 中的偏振椭圆分布也可以得到验证。对比分析图 6.31 中第二行 (b) 子图与图 6.39 中子图 (b)，可以看到在椭率角达到 $\pm\pi/4$ 的采样位置处，仿真结果中相应位置则表现为圆偏振态；同理，弧矢面上出射光的偏振态分布也可以从图 6.31 第三行 (c) 子图和图 6.39 子图 (c) 看出，二者之间满足一一对应的匹配关系。

综上所述，对于中心视场和边缘视场下出射光的偏振态分布，结合上述对理论计算结果和仿真模拟结果的对比分析讨论可知，视场对光学系统偏振特性的影响是非常微弱的，这点从图 6.34 中的差分析结果可得到定量验证。在所研究的 DUV 光刻投影物镜中，影响其偏振特性的主要因素是所镀制的光学薄膜。对于镀膜的光学界面而言，无论是折射光线还是反射光线，其振幅系数一般都为复数，即同时改变光束的振幅和相位，产生相对较为明显的偏振效应，由图 6.28 中所示的多层增透膜的透射率曲线和相移曲线可知，镀膜光学界面将会对 S 波和 P 波引入一定的相位差，称之为相移，且相移大小随着入射角的改变而改变。对于边缘光线和中心光线，由光学薄膜所引入的相移是不同的，因此会对光学系统的偏振特性造成不可忽视的影响。由此可得：DUV 光刻投影物镜出射光场的偏振特性不仅与光学系统的自身参数以及所镀制膜系的光学特性直接相关，与偏振照明光场的偏振态也紧密相连。因此，在光刻系统的优化设计过程中，需要综合考虑偏振照明系统和膜系的设计。

参 考 文 献

[1] Mcguire J P, Chipman R A. Polarization aberrations: Rotationally symmetric optical systems. Applied Optics, 1994, 33(22): 5080-5100

[2] Chipman R A, Lam W S T, Breckinridge J. Polarization aberration in astronomical telescopes. Polarization Science and Remote Sensing VII, 2015: 13-23

[3] Zhang H Y, Yi L I, Yan C X, et al. Calibration of polarized effect for time-divided polarization spectral measurement system. Optics & Precision Engineering, 2017, 25(2): 325-333

[4] Bubke K, Cotte E, Sczyrba M, et al. Pellicle-induced aberrations and apodization in hyper-NA optical lithography. Proceedings of SPIE-The International Society for Optical Engineering, 2006, 6283: 628318

[5] Sheppard C J. Aberrations in high aperture conventional and confocal imaging systems. Applied Optics, 1988, 27(22): 4782-4786

[6] 贺文俊, 贾文涛, 冯文田, 等. 深紫外光刻投影物镜的三维偏振像差. 红外与激光工程,

2018, (8): 237-244

[7] Beresna M, Gecevicius M, Kazansky P G, et al. Radially polarized optical vortex converter created by femtosecond laser nanostructuring of glass. Applied Physics Letters, 2011, 98(20): 233901

[8] Tompkins H G, Irene E A. Handbook of Ellipsometry. Berlin: Willian Andrew Publishing, 2005